今昔：鉄と鋳物

——日本刀・茶釜・大仏・鐘 めぐり——

───────────

塚原茂男 著

養賢堂

まえがき

　日本の近代国家を築いた鉄の起源，それは「たたら」といわれる古代製鉄法で，土で炉を築き，砂鉄を原料とし，木炭を燃料に鉄をつくる技術である．できた鉄は，木炭や滓が介在してそのままでは使えないが，現代の技術でも難しいほど不純物元素が少ない良質な鉄である．鉄のイメージは，すぐに錆びて，しばらくするとボロボロになってしまうと考えられがちである．その鉄という素朴な材料を工芸品の粋に高めたものとして，日本刀と茶釜がある．これは，日本固有の文化でもある．また，古くから私たちの身近に感じてきた大仏や鐘，これらの金属製品はいつ頃，どのような方法でつくられ，その技術は現在どのように伝承されているのか．本書は，これらについて，私自身が疑問に感じたことや関心を持ったことについて記した．

　弘法大師（空海）の書道の教えのことばを松尾芭蕉が意訳して，風雅（ここでは俳諧）について「古人の跡を求めず　古人の求めたるところを求めよ」といっている．私も同様な気持ちで現地へ足を運び，実際に作業やそのものを肌で感じ，現地で話を伺い，さらに，不足な部分は，文献，図書，資料を参考に記した．また，写真や図表を多く取り入れて理解の助けとし，参考文献，図書，資料の出典を明らかにして，さらに詳しく知りたい方への道しるべとした．

　これまで，古代の製鉄や鋳物に関しては，多くの研究書や書物が出版されている．しかし，専門書となると学術的で難解となり，手が遠のいてしまうし，書物についてもやはり専門的な内容が多く，その重圧に押されがちである．そこで，なるべく一般の読者にわかりやすくと心掛けて記した．

　近年，モノづくりに対し関心が高まっている．本書によって，先人がつくり上げた古代の製鉄技術，大仏や鐘のつくり方や製作者の思い入れを少しでも理解していただければ幸いである．

　なお，本文は，『機械の研究』（養賢堂）に連載講座として書いたものに，加筆，訂正を加えたものである．

2007年6月

塚原　茂男

目　次

Ⅰ部　古代製鉄技法『たたら』

1章　『たたら』と『玉鋼』

1.1　はじめに ……………………………………………………… 1
1.2　「神話とたたらの里」横田町へ …………………………… 1
1.3　たたら精錬の特徴 …………………………………………… 2
1.4　操業前の準備 ………………………………………………… 2
1.5　操業中の『たたら』 ………………………………………… 2
1.6　けら出し ……………………………………………………… 4
1.7　『玉鋼』の良さ ……………………………………………… 6
1.8　おわりに ……………………………………………………… 6

2章　アニメ「もののけ姫」に見るたたら製鉄

2.1　はじめに ……………………………………………………… 7
2.2　鉄をつくる …………………………………………………… 7
2.3　たたら製鉄の場面 …………………………………………… 7
2.4　自然とたたら製鉄との関わり ……………………………… 11

3章　刀鍛冶を訪ねて

3.1　はじめに ……………………………………………………… 13
3.2　日本刀のできるまで ………………………………………… 13
3.3　工房見学 ……………………………………………………… 15
3.4　焼入れ実験風景 ……………………………………………… 18
3.5　見学を終えて ………………………………………………… 19

4章　日本刀の鑑賞

4.1　はじめに ……………………………………………………… 20
4.2　姿・形 ………………………………………………………… 20
4.3　展示の仕方 …………………………………………………… 21
4.4　刀剣の分類 …………………………………………………… 21
4.5　刀の装具 ……………………………………………………… 21
4.6　刃　紋 ………………………………………………………… 22
4.7　錵，匂 ………………………………………………………… 22
4.8　相州正宗 ……………………………………………………… 23

5章　茶の湯釜

5.1　はじめに……………………………………………………24
5.2　茶釜の歴史…………………………………………………24
5.3　茶釜の産地…………………………………………………25
5.4　季節による釜の使いわけ…………………………………27
5.5　変容する茶の湯……………………………………………28
5.6　底の張替え…………………………………………………28
5.7　和銑へのこだわり…………………………………………28
5.8　釜を科学的に見る…………………………………………29
5.9　おわりに……………………………………………………30

6章　釜をつくる

6.1　はじめに……………………………………………………32
6.2　デザインの決定……………………………………………32
6.3　引き板の製作………………………………………………33
6.4　造型作業……………………………………………………33
6.5　塗　型………………………………………………………36
6.6　鐶付の型づくり……………………………………………37
6.7　地紋付け（模様入れ）……………………………………38
6.8　肌打ち（荒らし）…………………………………………39
6.9　中子納め……………………………………………………39
6.10　溶　解………………………………………………………40
6.11　鋳込み………………………………………………………41
6.12　型ばらし……………………………………………………41
6.13　焼締め（焼抜き）…………………………………………42
6.14　補　修………………………………………………………42
6.15　表面仕上げ…………………………………………………42
6.16　蓋の製作……………………………………………………43
6.17　おわりに……………………………………………………43

II部　鋳物をつくる

1章　奈良の大仏はどのようにしてつくられたか

1.1　はじめに……………………………………………………45
1.2　背　景………………………………………………………45
1.3　奈良の大仏は一体でつくられたのではない……………46
1.4　おわりに……………………………………………………49

2章　鎌倉の大仏はどのようにしてつくられたか

- 2.1　はじめに ··· 50
- 2.2　背　景 ··· 50
- 2.3　鎌倉の大仏も一体にはつくられていない ······················ 51
- 2.4　外型をつくる ··· 51
- 2.5　中子をつくる ··· 52
- 2.6　鋳込み作業 ·· 53
- 2.7　各段の接合方法 ·· 54
- 2.8　型ばらし ·· 54
- 2.9　仕上げ ·· 55
- 2.10　鍍金（金めっき） ··· 55
- 2.11　おわりに ··· 55

3章　昭和の大仏はどのようにしてつくられたか

- 3.1　はじめに ··· 57
- 3.2　鋳造と溶接の複合技術による製作 ································ 57
- 3.3　基礎工事 ·· 57
- 3.4　模型の製作 ··· 57
- 3.5　鋳型をつくる ··· 58
- 3.6　鋳込み作業 ·· 59
- 3.7　組立て作業 ·· 59
- 3.8　仕上げ加工 ·· 60
- 3.9　おわりに ·· 60

4章　大物鋳物の製作法

- 4.1　はじめに ··· 61
- 4.2　鋳物とは ·· 61
- 4.3　製作物（ケーシング）の概要 ······································ 61
- 4.4　鋳造方案 ·· 62
- 4.5　鋳型をつくる ··· 62
- 4.6　鋳込み作業 ·· 66
- 4.7　型ばらし作業 ··· 67
- 4.8　仕上げ作業 ·· 67

5章　鋳掛け作業

- 5.1　はじめに ··· 69
- 5.2　鋳掛け ·· 69
- 5.3　鋳掛け作業の方法 ··· 69

5.4 大仏の鋳掛け作業·· 70
5.5 鋳掛け師と鋳物師·· 70
5.6 江戸時代の鋳掛け職人·· 72
5.7 強度評価·· 73
5.8 鋳ぐるみ·· 75
5.9 おわりに·· 75

6章　鋳物のお医者さん

6.1 はじめに·· 76
6.2 鋳物のお医者さん·· 76
6.3 ねずみ鋳鉄の溶接性·· 76
6.4 溶接補修の方法·· 77
6.5 大物鋳物の溶接補修·· 78
6.6 小物鋳物の溶接·· 79
6.7 溶接箇所は下向きにする·· 80
6.8 強度評価·· 80
6.9 なぜガス溶接なのか·· 81
6.10 おわりに··· 81

III部　鋳造の伝統技法

1章　現代の鋳物師

1.1 はじめに·· 83
1.2 川口の鋳物·· 85
1.3 現代の鋳物師·· 86
1.4 天水鉢·· 87
1.5 おわりに·· 88

2章　鐘をつくる-1

2.1 はじめに·· 90
2.2 梵鐘の形式·· 90
2.3 和鐘各部の名称·· 90
2.4 鋳物の歴史·· 91
2.5 梵鐘の製作·· 91
2.6 平和の鐘·· 96
2.7 おわりに·· 96

3章　鐘をつくる-2

3.1 はじめに ……………………………………………… 98
3.2 鐘の市場性 …………………………………………… 98
3.3 造型作業 ……………………………………………… 98
3.4 溶解作業 ……………………………………………… 101
3.5 仕上げ作業 …………………………………………… 102
3.6 表面処理 ……………………………………………… 104
3.7 おわりに ……………………………………………… 104

4章　鐘をつくる-3

4.1 はじめに ……………………………………………… 105
4.2 造　型 ………………………………………………… 105
4.3 溶解・鋳込み ………………………………………… 108
4.4 仕上げ ………………………………………………… 109
4.5 製　品 ………………………………………………… 109
4.6 おわりに ……………………………………………… 111

5章　こしき炉による溶解

5.1 はじめに ……………………………………………… 113
5.2 こしき炉 ……………………………………………… 114
5.3 溶解準備 ……………………………………………… 115
5.4 溶解作業 ……………………………………………… 116
5.5 出　湯 ………………………………………………… 117
5.6 鋳込み ………………………………………………… 118
5.7 操業終了 ……………………………………………… 118
5.8 おわりに ……………………………………………… 119

IV部　鐘を訪ねて

1章　天下の三鐘

1.1 はじめに ……………………………………………… 121
1.2 東大寺の鐘 …………………………………………… 121
1.3 園城寺の鐘 …………………………………………… 124
1.4 平等院の鐘 …………………………………………… 125
1.5 神護寺の鐘 …………………………………………… 125
1.6 おわりに ……………………………………………… 128

2章　三大鐘

2.1　はじめに ……………………………………………………… 129
2.2　方広寺の鐘 …………………………………………………… 129
2.3　知恩院の鐘 …………………………………………………… 131
2.4　古鐘における三大鐘 ………………………………………… 131
2.5　世界最大の鐘 ………………………………………………… 133
2.6　中国最大の鐘 ………………………………………………… 133
2.7　韓国最大の鐘 ………………………………………………… 135
2.8　幻の大鐘 ……………………………………………………… 136
2.9　おわりに ……………………………………………………… 137

3章　鎌倉の三名鐘

3.1　はじめに ……………………………………………………… 138
3.2　鎌倉時代の鐘の特徴 ………………………………………… 138
3.3　鎌倉の三銘鐘 ………………………………………………… 139
3.4　おわりに ……………………………………………………… 143

4章　中国鐘

4.1　はじめに ……………………………………………………… 144
4.2　鋳造法 ………………………………………………………… 144
4.3　和鐘の祖型 …………………………………………………… 146
4.4　中国南方域でつくられた鐘 ………………………………… 146
4.5　中国北方域でつくられた鐘 ………………………………… 148
4.6　龍頭の製作法 ………………………………………………… 153
4.7　龍頭の下に見られる穴 ……………………………………… 153
4.8　おわりに ……………………………………………………… 154

5章　朝鮮鐘—新羅時代

5.1　はじめに ……………………………………………………… 155
5.2　特　徴 ………………………………………………………… 155
5.3　各部の名称 …………………………………………………… 156
5.4　鋳造法 ………………………………………………………… 158
5.5　日本に現存する新羅時代の朝鮮鐘 ………………………… 159
5.6　おわりに ……………………………………………………… 163

6章　朝鮮鐘—高麗時代

6.1　はじめに ……………………………………………………… 164
6.2　特　徴 ………………………………………………………… 165

6.3 高麗時代の鐘・・165
6.4 おわりに・・171

7章　韓国鐘をつくる

7.1 はじめに・・173
7.2 背　景・・173
7.3 模型製作・・174
7.4 造型作業・・177
7.5 型被せ・・178
7.6 溶解・鋳込み作業・・179
7.7 蝋型の復元・・・181
7.8 製品例・・182
7.9 おわりに・・・183

8章　時の鐘

8.1 はじめに・・184
8.2 「時の鐘」を撞く数・・184
8.3 江戸の「時の鐘」・・・185
8.4 川越の「時の鐘」・・・190
8.5 わが国の時計・・・191
8.6 韓国・中国の「時の鐘」・・・・・・・・・・・・・・・・・・・・・・・・・・・・・・・・・・191
8.7 おわりに・・192

9章　半　鐘

9.1 はじめに・・194
9.2 梵鐘と半鐘（喚鐘）・・・・・・・・・・・・・・・・・・・・・・・・・・・・・・・・・・・・・・194
9.3 火消しと火の見櫓・・195
9.4 半鐘の鳴らし方・・・197
9.5 半鐘の行方・・・197
9.6 寺院の半鐘（喚鐘）・・・・・・・・・・・・・・・・・・・・・・・・・・・・・・・・・・・・・・199
9.7 おわりに・・200

10章　音を奏でる鐘

10.1 はじめに・・202
10.2 編　鐘・・・202
10.3 銅　鐸・・・205
10.4 カリヨン・・208
10.5 ハンドベル・・・213

10.6 おわりに………………………………………………………213

11章　鐘こぼればなし

11.1 はじめに………………………………………………………215
11.2 金石文…………………………………………………………215
11.3 国宝，重要文化財の鐘………………………………………215
11.4 妙心寺の鐘……………………………………………………217
11.5 興福寺の鐘……………………………………………………218
11.6 大聖院の鐘……………………………………………………219
11.7 広隆寺の鐘……………………………………………………220
11.8 龍王寺の鐘……………………………………………………220
11.9 円照寺の鐘……………………………………………………222
11.10 ドラム缶の鐘…………………………………………………222
11.11 関東大震災慰霊鐘……………………………………………223
11.12 おわりに………………………………………………………224

索　引………………………………………………………………225
あとがき……………………………………………………………230

I部
古代製鉄技法『たたら』

1章 『たたら』と『玉鋼』………………………………… 1
2章 アニメ「もののけ姫」に見るたたら製鉄 ………… 7
3章 刀鍛冶を訪ねて ……………………………………… 13
4章 日本刀の鑑賞 ………………………………………… 20
5章 茶の湯釜 ……………………………………………… 24
6章 釜をつくる …………………………………………… 32

1章 『たたら』と『玉鋼』

1.1 はじめに

　製鉄業は，日本の高度成長を支えたといえる．その鉄を生み出す炉といえば，明治時代に洋式の製鉄技術として導入された高炉を思い出すが，それ以前は『たたら』という製法で『玉鋼』のような品質の良い鉄類を生産していた．その歴史は，製鉄遺跡から古墳時代6世紀後半まで遡ることができる[1),2)]．鉄冶金のふるさとといわれるヒッタイトの紀元前2300年頃[2)]と比べると決して古くはないが，日本刀に代表されるように，そこには東洋の鋼として神秘さも秘めた製鉄技法が存在していた．

　学生時代，鉄の学問の難解さに辟易としていたとき，『たたら』とそこから生み出される『玉鋼』のことを知り，古代製鉄法にメルヘンを感じ，その後も機会があったらその操業を見たいと思っていた．それが十数年を経過して実現した．

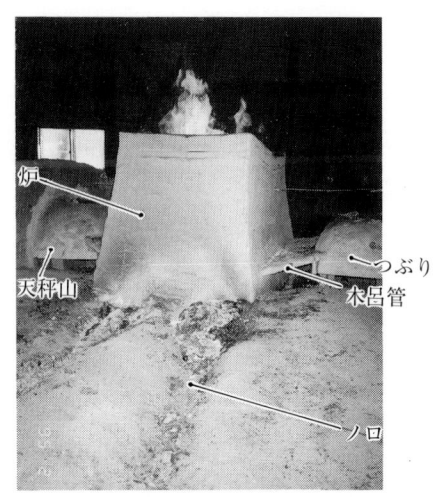

図1.1　操業中の「日刀保たたら」

　見学をさせていただいたのは，島根県仁多郡横田町の「日刀保たたら」（図1.1）である．「日刀保たたら」は，昭和52年，（財）日本美術刀剣保存協会（以下，日刀保という）が日本の伝統技術である日本刀鍛錬技術を保存するうえにおいて，日本刀の材料の『玉鋼』の確保と，その生産技術者養成のために再興させものである．

　『たたら』の操業は約70時間連続して行われ，筆者は3日目の炉の操業中と4日目の『けら出し』（炉から鉄の塊を取り出す作業）を見学した．

1.2 「神話とたたらの里」横田町へ

　長い間思い描いていたたたらの操業を実際に見ることができる期待を抱いて小雪が舞う出雲空港に到着した．これから向かう山間の横田町の方向に目をやると，どんよりとした雪雲が峰々に垂れこめ，この町を舞台にしたといわれる神話『八岐大蛇』[4)]のオロチが息を潜めているような神秘的な感じがした．目指す「日刀保たたら」は，空港から車で1時間ほど行った横田町の町外れの山間にひっそりとその建屋を構えていた（図1.2）．

図1.2　「日刀保たたら」の建物

1.3 たたら精錬の特徴

たたら精錬の大きな特徴は，原材料の砂鉄（鉄酸化物）を膨大な木炭（炭素）により長時間かけ直接還元または一酸化炭素（CO）ガスにより還元し，直接半溶融状態の鋼をつくる直接法[5]である．その製品の善し悪しは，村下と呼ばれる操業技師長の経験と勘に大きく左右される．

それに対し，現代の高炉による製鉄法は鉄鋼石から溶融状態の銑鉄を短時間につくり，これを電気炉などで精錬して鋼にする間接法であり，科学的に高度に管理された条件下で大量生産される．高炉では，1日で約1万トンの生産が可能である．

なお，高炉は，コークスを燃料として高温空気を吹き込むことにより，羽口前で約2000℃にもなり，出湯温度も約1550℃と高温である．それに対し，たたらの炉内温度は約1350℃であり[5]，これが冶金学的に鉄の性状に大きく影響を及ぼす．

図1.3 『たたら』地下構造の実物大模型（島根県横田町・奥出雲たたらと刀剣館）

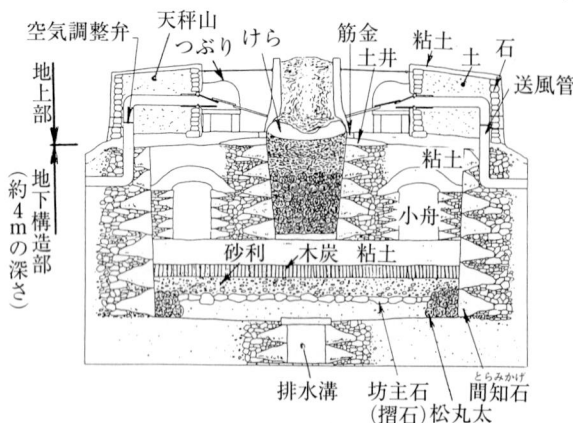

図1.4 炉および地下構造詳細図（奥出雲たたらと刀剣館パンフレット）

1.4 操業前の準備

千数百度の高温で行う溶解作業は水気を嫌う．特に，「けら」（『たたら』で生産される鉄の塊で炉床で成長する）の下に水気があれば，水蒸気爆発を起こす危険や，爆発に至らないまでも水蒸気中の水素や酸素が鉄と反応して品質を劣化させる．現在の『たたら』は，それまでの数多くの犠牲者や不良品を基に改良に改良を加え，炉の下にも精緻な地下構造がつくられている（図1.3，図1.4）．

炉は操業ごとに壊されるため，操業ごとに製作しなければならない．炉を設置する場所は，薪を燃やして充分乾燥し，炉体となる土を練り，3日間かけて炉を築き上げ乾燥させる．

1.5 操業中の『たたら』

操業は，高殿式と呼ばれる黒くすすけた木造の建物の中で行われる．建物の中は薄暗く，ふいごの風の音が呼吸をするように静かに響き，それに合わせて作業場中央に据えられた『たたら』の炉頂からは炎が断続的に吹き上げている．作業場では，機械の音や物がぶつかり合う音，責任者の作業指示の声などが飛び交っているのを想像していただけに，あまりの

表1.1　作業者の呼び名とそれぞれの職務

呼び名	職務内容
村下（むらげ）	たたら操業技師長で砂鉄装入という重要な任務も行う．長さ3mの炉を中央より表，裏という呼び名で分け，それぞれ表村下，裏村下の2人が担当し，表村下が統括
炭炊（すみたき）	村下の意志どおりに炭を炉へ入れる
小廻（こまわり）	広範囲にわたる雑用を担当する

図1.5　踏みふいご〔シーソーのように大きな板を交互に踏んで空気を送る（大阪府枚方市・鋳物民族資料館）〕

図1.6　木製の種鋤で砂鉄を混ぜ合わす村下

図1.7　砂鉄を装入

　静けさに驚いた．作業は決められたことを手順よく，大きな音をたてることもなく静かに行われる．そこは，さながら『たたら』と呼ばれる長さ約3m，幅約1m，高さ約1.4mの1匹の怪物が寝息をたてて横たわり，作業者はそれを気づかい作業を進めているようである．なお，ふいごは踏みふいご（図1.5）ではなく，電力によりふいごを動かしている．

　作業は，村下2名による指示のもと，10名ほどで表1.1のような役割で行う[2)]．操業が始まると，木炭と砂鉄（図1.6）を炎の形や色により，その量を微妙に変えながら炉の上部より装入する（図1.7，図1.8，図1.9）．1回の操業で，砂鉄は種鋤1杯約4kgを2 000杯（約8トン），木炭を炭取り1杯約10〜15kgを1 000杯（約13トン）使用する．これらの作業は，長時間連続して腰より上に持ち上げるため，道具は木や竹製で軽く使いやすく工夫されている．

　村下は操業中，炎の形や色，ノロ（かす）の状態，炉壁から聞こえる砂鉄の溶ける音，木呂管（きろかん）（送風管）や炉内を流れる風の音に気を配り，そして炉の両側に20個ずつ合計40個あけられた

1章 『たたら』と『玉鋼』

図1.8 木炭を装入

図1.9 木炭は平にならす

ホド穴から炉内の状況を診断し，絶えず炉内の状況を把握する．ノロで木呂管がふさがり適正な送風が阻害されるのを防止するため，ホド穴から棒を挿入して炉内をつつく作業も行う（図1.10）．これらは，村下の長年の経験と勘による．

責任者の村下は，70時間に及ぶ作業中，作業場脇の部屋で仮眠をとるぐらいで，ほと

図1.10 ホド穴から鉄製の棒を装入して炉内の通風の確保と炉内の状況を診断

んど徹夜に近い状態で作業を行う．作業場は，木炭の燃える熱で暖かいものの，照明は暗く，粉塵が舞い，非常に悪い環境である．そして，労働は苛酷である．しかし，そこに働く人は玉鋼をつくるというモノづくりへの情熱と，『たたら』の技術を後世に残さなければならない責任感とで，誇らしげに作業をしているように思えた．

1.6 けら出し

送風を開始してから70時間，その間に砂鉄，木炭のかすなどはノロとして排出され，鉄分は「けら」として炉底で成長を続け，翌朝5時，炉壁の侵食が増し，「けら」も充分成長したころ操業を停止する．ふいごが止まり，周囲は一瞬静寂となる．

いよいよ炉の中から「けら」を取り出す作業にかかる．あたりは緊張感を伴った慌ただしい動きに一転する．作業は慎重に炉壁を崩すことから始まり（図1.11），燃焼し続ける木炭，炉壁や木炭の粉塵が舞い上がる中で続けられる．「けら」は果たしてうまくできているか，不安と緊張の入り交じった気持ちでじっと作業を見守った．周りで見守る人たちも同じ気持ちで見ているのか，話し声も聞こえない．

炉壁は音をたてて崩れ落ち，粉塵は舞い，さながら作業者は「けら」という怪物と格闘をしているようである．しかし，「けら」が木炭の下からその姿を現わすと，戦いが終わったかのように

作業者の動きも緩やかになる.「けら」は,戦に負け,観念したかのように,長さ3m,幅1m,厚さ20cm,重量約2トンの真っ赤な巨体を横たえている(図1.12).「けら」や燃焼中の木炭からのふく射熱を避けるために,それらの上を藁灰で覆う.そして周囲のかたづけを終えると,「けら」を屋外に出す.しかし,スムーズには運び出せない.「けら」は,最後の悪あがきのように鎖に巻かれた巨体を左右に動かし,作業をてこずらせる(図1.13).「けら」を出した後は,炉を築いた場所を整地して作業は終了する.

これで70時間に及ぶたたら操業は終わるが,「けら」の断面には,図1.14に示すように,鉄類のほか木炭やノロなどが混在する.そこで,「けら」はこの後,鋼づくりの作業場で約1カ月の月日をかけ破砕,分別され,木炭やノロなどの不純物を除去して表1.2のような製品とする[2].その量は約1.8トン(砂鉄に対する製品歩留まりは25%弱)に減少してしまう.できた鋼は全国の刀匠約250名に分与され,丹念に鍛えられて日本刀として生まれ変わる.な

図1.11 炉崩し作業

図1.12 木炭に覆われたけら

図1.13 けら出し作業

図1.14 けらの断面(島根県安来市・和鋼博物館)

表1.2 鋼の種類

品目	炭素量・形状などの特徴
玉鋼一級品	炭素1.0〜1.5%含有し,破面が均質なもの
玉鋼二級品	炭素0.5〜1.2%含有し,破面が均質なもの
玉鋼三級品	炭素0.2〜1.0%含有し,破面が粗いもの
目白	炭素1.0〜1.5%含有し,破面が均質で大きさが2cm以下の小粒のもの(質的には一級品と同等)
銑	炭素1.7%以上含有し,完全に溶解したもの
大鍛冶屋用	鋼・半還元鉄・鉱滓・木炭などが混ざったもの
鋼下	玉鋼二級品とは,ほぼ同成分で形状が2cm以下のもの
大割下	玉鋼三級品とは,ほぼ同成分であるが,多少の半還元鉄や鉱滓を含む

お，日本刀1振り1kgとすると，『玉鋼』は約5kg必要といわれている．この作業は，『たたら』という怪物の体内から取り出した『玉鋼』から刀をつくり上げるようで，神話『八岐大蛇』の「ムラクモノツルギ」の場面を思わせる．

1.7 『玉鋼』の良さ

『玉鋼』の良さは，化学成分からみると極めて純度が高く，炭素以外の成分はほとんどなく，鉄鋼において脆性をもたらすことから，有害元素とされるリン，硫黄の含有量が少ないという特徴がある．有害元素のリン，硫黄が極めて少ないのは，工業用の鋼は材料，燃料のコークスや補助材などから混入するのに対し，『たたら』は品位の高い砂鉄，木炭そして造滓剤(ぞうさいざい)としても作用する吟味された炉壁の土を使用することによる．そして，たたら精錬は砂鉄を低温で溶解するため，できた鉄類は完全溶解していない低温還元にもよる．

ただし，『玉鋼』は非金属介在物，いわゆるスラグのようなものは多い（図1.14）．しかし，その介在物も加工によって粘性変形する良質なものと考えられている．以上が『玉鋼』の良さで，日本刀製作における「折り返し鍛錬」に耐えられる理由であろう．なお，折り返し鍛錬とは，鋼を高温に加熱し，打ち延ばし，2枚に折り返す作業で，日本刀製作では約15回位行われる．すなわち，$2^{15} = 32768$と非常に薄い層状となり，これが日本刀を強く粘りのあるものとする一つの理由であろう．

1.8 おわりに

奥出雲の山間の中で長年にわたる手づくりの経験を通じて，科学の体系を持つことなしに育まれた優れた鉄の技術『たたら』と『玉鋼』について紹介した．

現代の高度に進んだ製鉄技術で連続的に大量生産される鉄（日本の2005年の粗鋼生産量は約1億1300万トン）に対し，ゆったりとした時を費やして生み出される『玉鋼』，それはさながら『たたら』という生き物が苦難の末に生み出したと思えるほど神秘的なプロセスであった．

「たたら技術の伝承は多くの困難を抱えている．労働は苛酷であるし，技術は経験を通じて学ぶことが多い．そして，年間4～5回の操業で，現在関わっている後継者にどれだけ伝えられるかを考えると，彼らはかわいそうだ．しかし，一度その火を消したら，再開は難しいいだろう」と，村下は『たたら』とその後継者の今後を心配していた．これは，空洞化が叫ばれている日本の産業にも共通した悩みである．筆者がこれまで関わってきた鋳造，木型そして鋳造品の溶接補修においても同様の悩みを抱えているのを思い出しながら神話と『たたら』の里を後にした．

参考文献

1) 岡田廣吉編：たたらから近代製鉄へ，平凡社 (1990).
2) 鈴木卓夫：たたら製鉄と日本刀の科学，雄山閣 (1990).
3) 大村幸弘：鉄を生みだした帝国，NHKブックス (1981).
4) 石渡信一郎：日本書紀の秘密，三一書房 (1992).
5) 清水欣吾：「古代製鉄試論」，素形材，**26** (1985) p.22.
6) 永田和宏：鉄と鋼，**86** (2000) p.633.

2章 アニメ「もののけ姫」に見るたたら製鉄

2.1 はじめに

　宮崎 駿監督のアニメ「もののけ姫」は，1997年7月12日に封切られ，11月末には観客動員数は1 200万人を超え，配給収入は100億円を突破し[1]，社会現象とまでなった．映画では自然とたたら製鉄とを対比し，「人間は自然とどうかかわればよいか」という重いテーマにもかかわらず，初めの頃は，中・高校生が客の4割，20歳代が2割と圧倒的に若者の支持を受け，その後，50歳代以降の熟年女性のグループも目立つようになった[2]．
　物語は，日本の中世から近世に移る混沌とした室町時代中期を舞台とした幻想物語で，「シシ神の森」と呼ばれる出雲山地を舞台に，森を破壊して人間の村をつくろうとするたたら製鉄民と森の神々とのし烈な戦いを軸に，エミンの少年・アシタカと「もののけ姫」サンとの心の交流と葛藤を描いたものである[3]．
　本章では，現在操業されているたたらと文献をもとに，映画の製鉄場面について解説を加え，またこの映画のテーマについて考えてみたいと思う．

2.2 鉄をつくる

　世界の技術および経済の水準は，鉄鋼の生産に極めて密接な関係がある．鉄鋼の生産方式と生産量は，すべての工業生産に影響し，人間の生活を支配し，そして最も重要な金属の一つといわれている[4]．
　鉄をつくる原理は，自然界に大量に存在する鉄鉱石から酸素を取り除くことをいい，この酸素を取り除くのに，昔は木炭を使用していたが，産業革命期からコークスを使用するようになった．たたら製鉄は，粘土で築いた炉（たたら）に砂鉄を原料，木炭を燃料とし，ふいごを用いて送風し，極めて純度の高い鉄を生産する日本古来の製鉄技術である．
　たたら製鉄によって生産された鉄類は「和鉄」と呼ばれ，極めて高純度である．しかし，その生産性は非常に悪く，現在操業が行われている「日刀保たたら」でも，砂鉄約8トンに対し，生産される鉄類は約1.8トンと，歩留まりは25％弱しかなく，そのうえ，木炭を13トンと砂鉄の1.6倍も消費する．そして，操業に要する時間は4日5晩（70時間）と長時間に及ぶ．

2.3 たたら製鉄の場面

　映画では，以下のようなたたら製鉄の場面が見られる．
　（1）たたら製鉄が操業されている集落
　たたら製鉄は，画面中央の屋根から煙が立ち登る建物で操業が行われている．たたら製鉄は，大量の砂鉄と木炭を消費するため，同一場所で長期間の操業が難しく，木材を求めて山間部を

周期的に移動した．そのため，次第に農民層とまったく違った生活をするようになり，社会からだんだんと離れていき，風俗，習慣も長い間には根本的に異なる特殊な集団をつくるようになった[5]．下級労働者の番子と呼ばれる送風労働者などは質（たち）が悪かったようで，どこでも碌なことがいわれない存在のようであった[6]．

画面に出てくるような大きな集落は，江戸時代中期以降，天秤ふいごなどの設備や輸送体制の整備と資本力のあるたたら経営者や豪商，豪農出身者が経営に関わるようになってからのものである．

(2) 山砂鉄を採取

山の斜面を切り崩し，風化した花崗岩に含まれる砂鉄（1～2％）を水の流れる樋に土砂とともに流している．これは一種の比重選鉱法で，比重の小さい土砂は水とともに流れ，砂鉄は下に溜まり，分離・選鉱される．しかし，流された大部分の土砂は下流に流れ，川底に堆積し，大雨が降れば川が氾濫する原因となる．

このように，山から採取される砂鉄を山砂鉄と呼ぶ．なお，近代の鉄穴（かんな）流しの方法は，慶長時代（1596～1614年）に始まったといわれ[7]，現代は，磁力選鉱機で磁選し，比重選鉱で精鉱としている．

(3) 炭焼き

たたら製鉄では「粉金七里に炭三里」といわれている．ここで，粉金（こがね）とは砂鉄のことで，里（り）は長さの単位で約3.9kmを示す．たたら製鉄では大量の木炭を消費するため，炭焼きの場所は砂鉄を採取する場所よりもより近いところにあった．大量の木の伐採は，山をハゲ山とし，保水能力を低下させ，大雨が降ると鉄砲水となって川に流れ込み，下流域に洪水を引き起こす原因となった．

(4) 川底の砂鉄を舟で採取

砂鉄を含んだ土砂が川に流れ出ると，川の流れによって砂鉄は下流の川底に堆積する．これを川砂鉄といい，専用の舟と道具を使って採取した．

(5) 鉄の材質をハンマでチェックし，台帳に記録して，むしろで包み発送

たたら製鉄では，鉄は炉の底に塊（けらという）となって成長していく．けらには，鉄のほか，木炭や金属を製錬する際発生するかす（ノロという）が介在する．鉄類にしても，均一の材料ではなく，異なる炭素量のものが一緒になっている．この塊を破砕して品質ごとに分類する（図2.1）．

(6) 鋼づくり

けらは，拳大に破壊した後，品質ごとに選別される．画面では，選別された鉄の表面に残るノロなどの不純物を取り除いている．日本刀に使われるような品質の良い鋼を『玉鋼』と呼ぶ．

(7) たたら炉に木炭，砂鉄を装入

作業者が木炭，砂鉄を次々と装入しているが，実際のたたら操業では溶解速度が遅いため，木炭や砂鉄は30分ごとに，砂鉄 約4kgを14回，計約56kg，木炭10～15kgを6回装入する．木炭や

図2.1 こぶし大に破砕された後品質別に分類された玉鋼（和鋼博物館）

図2.2 高炉断面模型（千葉県立現代産業科学館）

図2.3 炉から流れ出るノロ（ノロはすぐに固まって流出口をふさいでしまうため，木炭で覆って保温する．作業者は，通風口の木呂管の通風を確保している）

砂鉄の装入は，できる鉄類の品質を大きく左右する．特に，砂鉄の装入は重要で，現場責任者の村下（通常，正副2人）が行う．木炭や砂鉄は，装入後，炉全体に均一になるようにならす．

高さ約30m，羽口周囲の直径約10m，内容積5000m^{3}以上もある現代の高炉による製鉄でも，鉄鋼石とコークスは，図2.2のように層状になるように装入される．

（8）たたら炉から鉄が勢いよく流出

高炉をイメージすると，炉から勢いよく鉄が流れ出るように思われるが，たたら製鉄は溶解速度が遅く，炉内の温度も低いため，鉄は半溶融状態で炉の底に徐々に塊となって成長する．

炉の中では，鉄より密度の小さいノロが鉄の上に溜まる．これを炉に穴を開け外に流し出すが，温度も低く流出量も少ないため，炉の外に出るとすぐに固まってしまう（図2.3）．ノロを排出させないと炉内の温度は上がらず，良質の鉄をつくることができない．映画に見られるように，もし鉄を勢いよく流出させるには，高炉のように高温で溶解しなければならない．そして，粘土質の土でつくられている炉体の耐火度と強度は，十分高くなければ長時間の操業に耐えきれず，炉体はたちまち浸食されて崩れ落ちてしまう．

（9）たたら炉全景

画面では炉が人物よりかなり大きく描かれているが，現存する日刀保たたらの大きさ（長さ2.7m，幅0.95m，高さ1.25m）と比較すると非常に大きい．当時のふいごの風量，風圧能力，そして溶解後炉を壊して鉄の塊を屋外に出し，小割りにしたり，さらに炉は操業のつどつくることを考えると，現存する炉より大きくはないと思われる．

（10）たたら踏み

踏みふいご（図2.4）は，たたらに風を送るため，天井から吊り下がるひもにつかまり，左右の足を交互に動かして踏み板を踏む．画面では，女性が楽しそうに片側8人，計16人で作業をしているが，画面の中でも書かれているように，昔は女性が作業場に入ることは厳禁だった．それは，作業場内に祀った神のためであった．「金屋子神」は女神であることから，特に美人に対しては嫉妬し，そのために神の庇護が得られず，良い操業ができないと考えられていた．しか

図2.4 踏みふいご〔炉は，ふいごとついたてで仕切られた後方にある〕(日本山海名物図絵)

し，近年ではそれほど厳しくはなく，不浄といわれたときの入場に問題があったくらいであった[8]．

また，この作業は「番子」と呼ばれ，いまも出雲地方に以下のような歌があるくらい，たたら作業の中でも苛酷な仕事であった．

『番子かわいや乞食に劣る，乞食寝もすりゃ，楽もする』

映画でも「4日5晩踏みぬく」といっているように，作業は休みなく長時間に及ぶ．大正の初め，鳥取県日南町での操業では，6人の番子が2人ずつ3班で1時間半交替で仕事に当たっていた[8]．

送風は，現代の高炉でも同じであるが，一度操業が始まると終わるまで休みなく行われる．もし途中で送風を止めると，炉の中で鉄が固まり，再度送風を行っても溶かすことはできないため，炉を壊して取り出すしかない．映画の中でも，「火を落としたら，取り返しがつかない」といっているのはこのことを意味する．

なお，踏みふいごは室町時代初期，天秤ふいご(図2.5)は江戸時代元禄期(1690年頃)の発明といわれている[7),9)．それぞれの発明により，番子の数の減少と送風能力が上がり，生産力は上昇したと考えられる．それまでは，手動式の箱ふいご(差しふいご，図2.6)が使われていた[7)．箱ふいごも天秤ふいごも，ピストンの気密性を高めるため，狸の毛皮がピストン外周に貼られている[5),10)．この箱ふいごは鍛冶の分野では長い間にわたり使われている．

(11) 鉄砲(石火矢)の製作現場

石火矢は，古代の兵器で大砲に相当し，日本には1510年に伝来した．弾丸には石が用いられたが，後に鉛丸となり，城を攻撃する兵器として重要視された．弾丸の重量により1貫目(3.75kg)

(a) 天秤ふいご(出雲たたらと刀剣館)

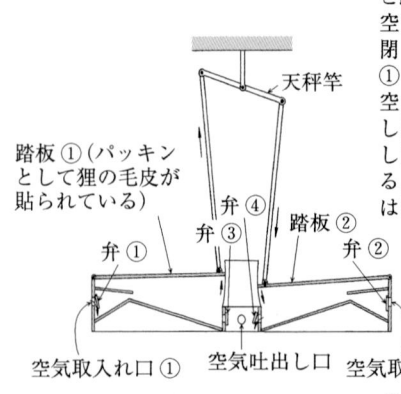

(b) 天秤ふいごの構造[9)

図2.5 天秤ふいごとその構造

以上が石火矢といわれ，木製の車輪付き砲架に乗せて使用した．しかし，火縄銃の登場により取って代わられた[11]．

火縄銃は，1543年にポルトガル人が種子島に伝えたことに始まる．そして，島主の種子島時堯(ときたか)は，早々と刀鍛冶の八板金兵衛に鉄砲製造法を研究させている．その後，刀鍛冶の技術が鉄砲鍛冶に貢献し，和製鉄砲の製造は広く各地に広がり，目覚しい普及をとげた[12]．

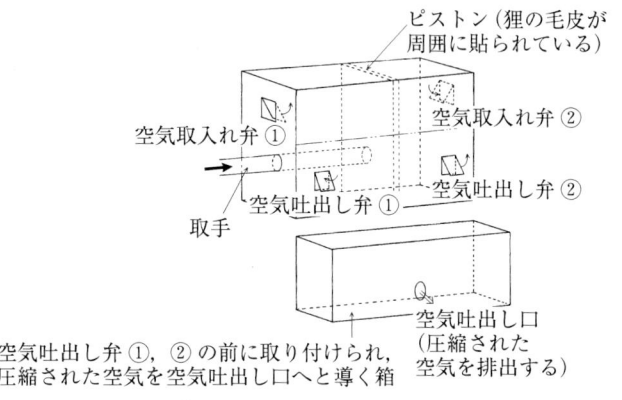

図2.6 箱ふいごの構造（大きい箱と小さい箱は一体となっている）

2.4 自然とたたら製鉄との関わり

近代日本の製鉄技術の始まりは，明治時代になって欧米各国の技術の導入による．そして，「鉄は国家なり」という言葉のもとに，その技術は高度に発達を遂げ，炉も超大型化し，現在に至っている．現在の高炉は，全体の高さが120～130mで，炉内部の壁は耐火材で覆われ，容積は500m^{3}にもなり，1日に1万トンの鉄を製造する．そして，その円滑な操業は省力化・省エネ化がいきとどき，コンピュータで管理されている．

たたら製鉄は，高炉に比べると比較にならないほど小規模で頼りない．しかし，材料の鉄鋼石がないにもかかわらず，砂鉄を用いて経験と勘を頼りに改善に改善を重ね，卓越した技術により『玉鋼(たまはがね)』という和鉄をつくり出した．その品位は，現代の技術でもつくり難い優れた性質を持っている．さらに鍛錬技術により，日本刀を初めとする数々の芸術品を生み出している．このように，積み重ねた技術が日本の製鉄業の潜在的な活力となったと考えても不思議ではない．

自然と人間との関わりについて，製作者の宮崎駿監督は，「自然と人間との関わりというのは，もっと業というべきような恐ろしい部分を持っている．……自然を攻撃して改変して，自分の都合のよいものをつくる．それは，確かに自分たちにとって心地よくて美しいけれども，自然の本当の姿というのはもっと凶暴で残忍なものなのです．生命そのものも凶暴で残忍なものに晒される不条理なものだというところが抜け落ちたままで，環境問題とか自然の問題を論じると，どうも底が浅くなってつまらないんです」と述べている[3]．

たたら製鉄が生み出す鉄により人は豊かになった．しかし，木炭づくりによる木の伐採は山の荒廃をもたらし，砂鉄採取の土砂の流出は下流部での土砂の堆積，そして天井川となった．そして，ひとたび大雨が降れば，川は氾濫し，下流域に災害を及ぼした．

昔から生産活動は，その地域の自然条件，資源条件と関連して発達してきた．しかし，モノを生産する各過程ではエネルギーと情報が投入され，廃棄物が発生する．モノの生産とは，人間が自然に働きかけると同時に，働きかけられた自然が人間に働きかけるという反作用の側面がある．

昔は，それでも人が使う物質やエネルギー量が少なく，狭い地域ごとで行われていたため，自然の営みの中に吸収されてきた．しかし，20世紀になってから大量生産，大量消費になり，範

囲も世界規模に展開されたため，環境問題も地球規模に拡大し，人類全体への問題となった．

モノをつくるということは，広がりのある自然の中で捉えなければならなし，消費者もそこをよく理解する必要がある．

宮崎昭氏は，「……われわれが，日本の古代の人たちの識見を他の民族に比べて最も高く評価し，見習わなければならないことは，彼らは決して自分たちの集落の裏山の斜面の森は破壊しなかったことである．そして宗教が導入されるに至り，聖域的タブー意識に支えられて，村の中の最もよい場所に神社や寺院を建て，そのまわりにその土地固有のふるさとの森を復元し，保護してきたことである．……」と述べている[13]．

われわれの先祖は，人間の役に立つとか役に立たないとかという理屈で割り切れないような大切なことを宗教心や「たたり」という畏怖心を持った言葉をかりて，自然や他の生き物と共存してきた．そして，現在のわれわれの心の中にもあると思う．

いま，世界的な環境汚染や資源の欠乏は人類の将来に暗い影を投げかけている．しかし，嘆いてばかりいても何も始まらない．製鉄の歴史を見てもそうだが，技術の発展はその時々の現実の壁を打破し，新しい可能性を次々に切り開いてきた．さらなる発展をわれわれが望むなら，新しい価値観に基づく社会システムの再構築を行わなければならない．幸い，そのような認識と活動は確実に広がりつつある．

技術によるクリーナプロダクションの開発，廃棄物の再資源化あるいは再生に必要な技術開発，そして消費者の意識改革によるリサイクリングの徹底，必要としないものは買わない，貰わないなど資源の利用を節約するなどにより，今後も豊かな社会が続くことを願う．

参考文献

1) 朝日新聞社，1997年12月31日朝刊
2) 朝日新聞社，1997年9月2日夕刊
3) 宮崎　駿・佐藤忠男：キネマ旬報，No.1233，臨時増刊，9月2日号(1997).
4) 鉄鋼精錬，日本金属学会(1965-8) p.6.
5) 窪田蔵朗：金属(1965-1) p.89.
6) 窪田蔵朗：金属(1964-6) p.81.
7) 斎藤　潔：鉄の社会史，雄山閣．
8) 鈴木卓夫：たたら製鉄と日本刀の科学，雄山閣(1990).
9) JFE21世紀財団編：たたら―日本古来の製鉄，JFE21世紀財団(2004).
10) 奥村正二：小判，生糸，和鉄，岩波新書．
11) 世界大百科事典2，平凡社．
12) 奥村正二：火縄銃から黒船まで，岩波新書．
13) 宮崎　昭：幻の森―古代関東のシラカシ林―，月報4(1970-6).

3章　刀鍛冶を訪ねて

3.1　はじめに

　鎌倉の寿福寺門前は，かつて仏師や刀鍛冶などの屋敷が並び，運慶や相州正宗の屋敷もあったといわれている．その寿福寺からほど近いところに刀鍛冶の山村綱広氏の工房がある．たたら製鉄でつくられた『玉鋼（たまはがね）』が日本刀になる過程を見学するために山村氏の工房を訪ね，作刀の『鍛錬』の過程を見学させていただいた．

　本章では，作刀までの一般的な過程と見学した『鍛錬』風景を以下紹介する．

3.2　日本刀のできるまで

　日本刀の制作技術は，時代，流派，個人によってかなり異なる．以下に，一般的な作刀工程について記す．使用する素材は，大別すると鋼，銑，鉄に分けられる．鋼の中で，特に炭素量が適量で優れたものを玉鋼と称し．直接日本刀の素材として使用する．

　銑は炭素量が多いため炭素を除き，また鉄は逆に炭素量が少ないので炭素を加える加工をする．この加工法を「御し鉄（おろしがね）」と呼ぶ．

（1）水減し（みずべらし）

玉鋼は不定形な形をしているので，炉で熱し，たたいて約5mmの薄さに延ばす．

（2）小割り（こわり）

水減しで打ち延ばした鋼を20～25mmの大きさに割る．

（3）積み沸かし（つみわかし）

① 積み重ね

　てこ棒の先に玉鋼を熱して数回折り返し，薄く打ち延ばしたてこ台に接合する．その上に小割りにした玉鋼 約2kgをてこ台の上に積み重ねる（図3.1）．材料を小割りにするのは，熱が平均に加わり，材料中に含まれる不純物（鉄滓）を抜きやすくするためである．

② 灰と泥水をまぶす

　てこ台に積まれた小割の材料の上を崩れないように和紙で包み水で濡らし，泥水をかけ，その

(a) てこ台に小割りにした玉鋼を積み上げる

(b) てこ台に積み重ねた玉鋼

図3.1　積み沸かし（東京都渋谷区・刀剣博物館）

上に藁灰をまぶす．泥水や藁灰は，空気を遮断し，鉄の酸化を防ぐことと熱が全体に均一に加わるようにするためである．泥水は，材料中に含まれる不純物を除去する作用があるといわれている SiO_2 を含んだ土を用いる．

③ 積み沸かし

てこ台に積んだ材料を炉で時間をかけてじっくり加熱する．この熱を加える作業を「沸かす」と称し，この温度管理が日本刀のでき映えを大きく左右する．

（4）鍛　錬

材料が所定の温度に達したら，最初は軽くたたき，材料同士を固定させる．そして，材料を覆うように藁灰をまぶしてから炉に入れて沸かす．

（5）折り返し鍛錬

沸かし終えたら，ハンマで材料を長方形に打ち延ばし，タガネで切込みを入れ，2枚に折り返す折り返し鍛錬を行う．同様に，15回程度折り返し鍛錬を行い，これを皮鉄とする．

（6）造り込み

「造り込み」は，皮鉄をU字型に形成し，その中に芯鉄を包み込む．心鉄は，炭素量の少ない鋼または鉄が用いられ，数回折り返し，鍛えてつくられる．皮鉄に比べて，炭素量が極めて少なく軟らかいところに特徴がある．

（7）素延べ

造り込み後は再び加熱して，たたいて平らな棒状に打ち延ばす．このときの沸かしの温度や打ち延ばす力加減を誤ると傷などを生ずる原因となる．

（8）切先の打ち出し

素延べが終わると，刀の長さに先端を斜めに切り取り，さらに熱して切先の部分を打ち出す．

（9）火造り

「火造り」は，日本刀としての姿，形を小鎚を用いて打ち出す作業である．この作業は，素延べ同様に何回も加熱，打ち出しを繰り返して行う．

（10）荒仕上げ

ヤスリ，センなどにより刀の形を整える作業は，焼きを入れた後では材料が硬くなってしまうため，必ず焼入れ前に行う．そして，刀の形を整えたら，焼刃土を落ちにくくするため刀身全体を軽く砥石で研ぐ．

（11）焼刃土を塗る

「焼刃土」は，粘土，荒砥石，木炭の粉末を練り合わせ，焼入れのときに落ちないように調合する．この調合は各刀匠の秘伝とされ，また季節，天候によっても微妙にその割合を変える．

土は，焼きの入る刃の部分は焼入れ効果を増して硬くするために薄く塗り，他の部分は粘さを持たせるために厚めに塗る．また，この土の置き方により刃紋が生まれ，それぞれの流派によりその形は異なる．多くが山並や波頭など自然の形を取り入れている．

（12）焼入れ

焼入れの温度は刀の出来を大きく左右するため，刀身の温度，すなわち赤らんだ色合いを誤らないよう日暮れを待って行う．およそ800℃の温度である[1]．この焼入れにより，刃に硬い組織の「マルテンサイト」が形成され，この組織形成により刃紋や様々な文様，刀身の反りなどが生じる．

(13) 鍛冶研ぎ

反りなどを補正し150～200℃で少し焼戻しを行った後，荒砥で刀身全体を研ぎ，刃紋や傷の具合を確かめる．そして，棟，刃，刃形の線を整えた後，茎の部分に目釘穴をあける．このとき，傷が生じていたり出来が悪い場合は，もちろん不要のものとなる．

(14) 銘を刻む

刀匠は，研磨後，充分納得のいったものに銘を刻み，作品に対し責任と誇りを表す．
以上が，一般的な日本刀の鍛錬法である．

3.3 工房見学

日本刀の制作技術は，一子相伝といった方法で技を伝え，かつ互いに技を磨き合い，後世に受け継がれてきた背景がある．そのため，作業の随所に秘伝といわれる部分があり，写真を撮らせることはもちろん，多くを語ろうともしない．また，火の粉が飛んだりするので，安全面や作業の邪魔になるため見学は難しい．

筆者は，刀匠の好意により工房内で話しを伺い，写真撮影をさせていただいた．

3.3.1 木炭を小割りにする

日本刀の制作では，木炭を大量に消費する．その量は，1振りの刀をつくるのに約100kg使う．木炭は，ふいごの空気の通りをよくするため3～4cmに小割りにして使用する（図3.2）．

刀鍛冶では，良質な松や栗の木炭が使われる．この工房では松炭が使われていた．松炭は，火力を高めたいとき，ふいごで風を送ればすぐに温度を上げることができるからである．なお，コークスは硫黄を含み，これが鋼に入り材料を脆くするため嫌われる．

3.3.2 原　料

図3.3に，原料の「玉鋼」と「包丁鉄」を示す．包丁鉄は，炭素量の多い銑鉄を素材として，これを脱炭して炭素量を約0.1%に減らした，いわゆる純鉄に近い組成に加工したものである．

3.3.3 作業場

図3.4に，作業場の様子を示す．鍛冶では，材料を加熱する炉を「火床」と呼び，火床への送風は作業の軽減を図るため，ここでは小型のブロワを使っているが，微妙な火加減の調整はふいごを使用する．ふいごは，風を送

図3.2　木炭の小割り作業

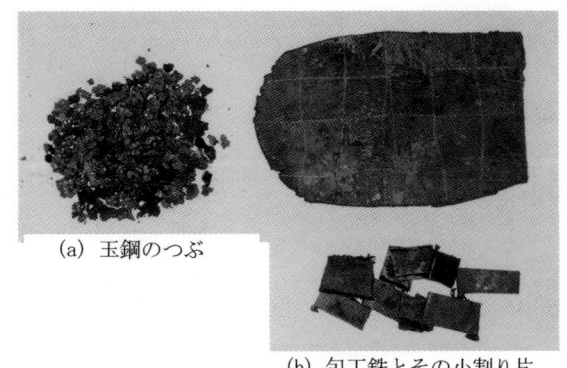

(a) 玉鋼のつぶ

(b) 包丁鉄とその小割り片

図3.3　原料の玉鋼と包丁鉄

だけでなく取手を動かす抵抗から，木炭の間を流れる空気の状況を把握したり，ふいごの動かし方により火床内温度の調整を行う．ふいごは，杉の板でつくられていて，ふいごの動きに合わせて側壁は微妙に動き，ふいごの取手の動きを滑らかにする．また，パッキンには狸の毛皮が使われている．

工房の壁には鍛冶研ぎも終わり，後は銘を刻んで研ぎに出すばかりの日本刀が掛けられていた（図3.5）．

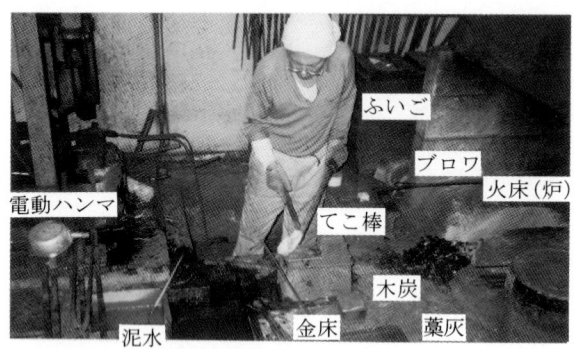

図3.4 作業場の様子

図3.5 研ぐ前の日本刀

3.3.4 折り返し鍛錬

「折り返し鍛錬」は，赤めた材料をタガネで切り込み（図3.6），折り曲げ（図3.7），ハンマでたたき（図3.8），藁灰を付け（図3.9），火床で加熱し（図3.10），またハンマでたたく（図3.11）という動作を何回も繰り返す．なお，タガネの切込みは横に入れたら次は縦と交互に行う．これを「十文字鍛錬」と呼ぶ．仮に厚さ30 mmに打ち延ばした鋼を15回折り返し，元の厚さにすると1μmの薄い層の積み重なりとなり，さらにそれが交互に折り返しながら重なり合う．折り返し鍛錬により，日本刀は特有の強くて粘りのある特徴を生み出す．

鍛錬で赤めた材料をたたくとき，材料の温度，炭素の含有量によりその変形量は異なり，それに応じてたたく位置や力加減を変えていく．ここでは，鍛錬を1人で行えるように図3.11に示した電動ハンマを用い，たたく強さを

図3.6 タガネによる切込み（十文字鍛練）

図3.7 折り曲げ

図3.8 折り曲げたところをハンマでたたいて鍛接

図3.9 材料の表面に藁灰を付ける

図3.10 火床で加熱

図3.11 ハンマでたたく

足で調節できるようにしてある．

3.3.5 造り込み

図3.12に，「甲伏(こうぶせ)」と呼ばれる方法で造り込みを終えた状態を示す．炭素量が少なく軟らかい芯鉄を，炭素量が多く硬い皮鉄が包み込むように鍛接されている．このほかにも「折り返し三枚」などの手法がある[2]．

このような手法を行うことにより，日本刀の刃や側面の炭素量を高くし，中心部や棟の部分の炭素量を低くすることができる．これを焼入れすれば，炭素量の多いところは硬く，低いところは軟らかく粘り強くなる．甲伏で作製した刀の断面をビッカース硬度計で調べた結果では，刃の先端部が最も硬くHV700～HV800，焼刃土を塗って焼入れ効果をなくしている側面はHV300くらいである．刀の中心部や棟の部分の炭素量が低いところは焼きが入らずHV200前後である[3]．

刀における重要工程の焼入れは刀匠にとって腕の見せどころで，人に見せたがらない．しかし，幸いにも工房内で焼刃

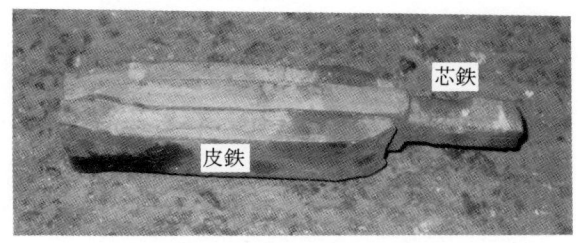

図3.12 甲伏による造り込み

土の厚さと刃紋との関係について実験をしている方の作業を見ることができた．

3.4 焼入れ実験風景

　荒仕上げをした短刀に焼刃土を塗った後（図3.13），焼入れ温度を誤らないように作業場の窓をベニヤ板で覆って暗くする．焼入れ温度は刀身の赤らみ具合から判断するため，刀身を火床から何度か出し入れして確認し，適切な温度を確認したらすばやく水の中へ入れ焼入れを行う（図3.14）．焼入れ作業は，鋼の鍛錬に比べほんの一瞬で終わってしまう．しかし，この作業を誤ると，いままでの苦労はすべて無駄となるため，そばにいるだけでもその緊張感が伝わってくる．焼入れ後は，刀身の反りを小鎚で直し（図3.15），荒砥で研ぎ（図3.16），そして刃紋との関係を確認する．

　焼入れの温度は，鋼に含まれる炭素量により自ずと決まり，温度が高すぎれば，金属の結晶が大きくなり，強度が低下したり，割れが入る一因にもなる．また，低すぎればうまく焼きを入れることができず，焼入れは切れ味に大きく影響する．焼入れの勘所は鋼の赤めた色具合を見定めることである．鋼は火床から取り出した瞬間から温度は低下するし，逆に取り出すのが遅いと温度が上

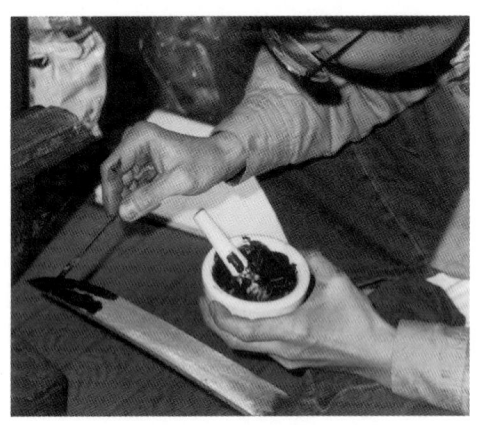

図3.13　短刀に焼刃土を塗る

図3.14　焼入れ

図3.15　刀の反りを小槌で直す

図3.16　荒砥による鍛冶研ぎ

がりすぎてしまう．さらに，刀身に塗られた焼刃土は，焼入れで鋼が変態を終了するまで鋼からはく離することなく付いている必要がある．これらのことは理屈ではわかっているが，実際にやってみるとなかなかうまくいかないと実験を行ってる方がしみじみ話していた．

3.5 見学を終えて

　日本刀に使われる材料は，そのつど材質が異なり，その材質も均一でなく，さらに多くの不純物を含むため，不純物を除去したり材質を均一にするため，折り返し鍛錬などの操作を行う．しかし，それでも局部的に材料は異なるため，その状況に合わせてつくり方を対処しなければならない．すなわち，つくりにある技は材料に合わせてつくる技であり，そこにあるのはつくり手の目，耳，手の感触など，つくり手の持つ感覚そのものが土台となっている．

　日本刀の材料の玉鋼は，砂鉄を原料に手間暇かけて鋼としたものである．その材質は，不均一で不純物を含み，モノをつくるうえで恵まれた状態ではない．それでも，先人はそれを原料にさらに鍛錬を繰り返し，不均一さをより微細化して武器をつくれる材料とし日本刀を生み出した．そして，その不均一な組織を美しく見せ，さらには文様として芸術的な価値にまで高めた．先人の，科学ではなく経験と工夫による実践的モノづくりの技術，人間の持つ感覚器官による感受性のすばらしさに対し，改めて昔からの技術に感動を覚えた．

　これらのモノづくりの技術，取り組む姿勢は，モノのつくり方がまったく違っても形を変えて現代の新たな匠の技術として，たとえば手の中に収まってしまうようなデジタルビデオカメラの半導体の装着，挿入などの実装システムの開発など，日本の卓越した製造業に受け継がれてると思う．

参考文献

1) 井上達雄：まてりあ，**35**(1996) p.174.
2) 鈴木卓也：たたら製鉄と日本刀の科学，雄山閣(1900).
3) 小野寺真作：「日本の刀」，素形材(1985-6).

4章 日本刀の鑑賞

4.1 はじめに

　日本刀についての書物は数多く，鑑賞の仕方についても様々な視点から論ぜられ，いまさら新たに書く話題もないが，本章まで日本刀の材料の玉鋼，そして刀鍛冶について紹介記事を書いたので，その続編としてご容赦いただき，筆者が日本刀について感心を抱いた事柄を簡単に紹介する．博物館，美術館，宝物館で日本刀を見られるときの参考になれば幸いである．

　まず，日本刀は以下のように定義されている．「日本刀とは武用または鑑賞用として，伝統的な製作法によって鍛錬し，焼入れを施したものをいう」と法律で定められている．つまり，材料は和鉄を使用しなければならない．たとえば，高炉の鉄を使った場合，いくら姿，形が日本刀に似ていようが，それは日本刀とはいえない．

　日本刀は，平安後期に世界に類のない鉄の芸術として完成し，その製作技術は一度も途切れることなく連綿として今日まで伝承されて来た．これは，日本刀が強靱性のある武器としてだけでなく，優れた工芸品として扱われて来たからである．日本刀独得の文様，そして姿，形は，和鉄の性質をうまく使った技術，折り返し鍛錬，異なる炭素量の鋼を組み合わせて行う複合鍛え，そして焼入れによる．さらには，刀を武器や美術品として捉えるにとどまらず，研ぎ澄まされた清浄感を神あるいは日本人の精神として捉え，守り刀として扱われもした．

　太平記にも「北条泰時が病気になったとき，守り刀の霊が夢に出てきて，守り刀の『鬼丸国綱』（宮内庁所有）に錆が生じているため『もののけ』を追い払うことができないと告げられ，翌朝早々に刀を研ぎ，たてかけておくと，刀がばたっと倒れ，それと同時に泰時の病気が直った」という話がある．

4.2 姿・形

　日本刀の刀身には，図4.1のような名称がついている．そして，これらがさらにその形によって細分化されている．また，日本刀には反りがあるのが大きな特徴である．この反りは，日本人の体形から引きながら切る（なぎる）方が力学的にみても向いているといわれるためである．

　なお，日本刀が完成したといわれる平安時代は，屋根の形やかな文字のように，ほかにも流線形的なものが多く見られる．日本刀以前の大陸から来た反りのない直刀は，上古刀といわれる．刃面における鎬の位置関係は流派により少し異なるが，平安中期に2：1くらいに確立した．このくらいの位置が安定した形のため好まれたようである．

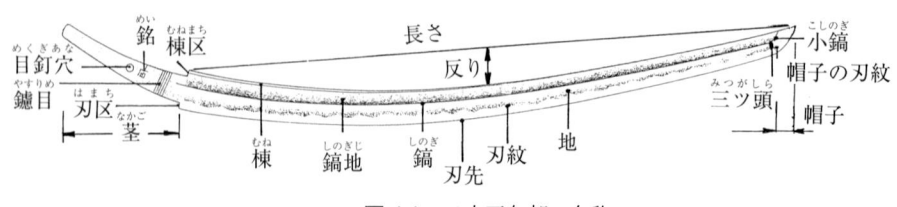

図4.1　日本刀各部の名称

4.3 展示の仕方

博物館の刀剣コーナーなどで，図4.2のように刀の刃が上を向いたり，下を向いたりしているのを見て不思議に思った方はいないでしょうか．刀の展示では，約束事として刀を身につけた状態のように置くことになっている．日本刀は帯の間に差したとき刃を上向きにするので，刃は上に向けて展示する〔図4.2 (a)〕．刀を床の間に飾るときも刃を上にするか，立てかける[1]．刀の鞘も同様に刃の方を上にする．なお，日本刀各部の説明では図4.1のような向きで書かれている書物が多い．

それでは，下向きに展示されているのは何かというと，それは太刀である．太刀は，帯取の紐で吊るすように身につけるので，刃は下を向いている〔図4.2 (b)〕．しかし，刀で刃を下に展示している場合がある．これは，太刀を刀として身につけるため，柄の部分を切り取り，目釘穴をあけ直したものである．そのために目釘穴の数が多くあいている．これは，戦時中，家宝の太刀を守り刀として戦場に持たせたりしたためである．

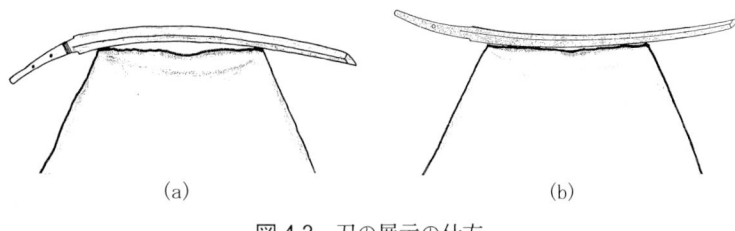

図4.2　刀の展示の仕方

4.4 刀剣の分類

刀剣は簡単に分類すると，以下のようになる．
- 剣：諸刃造り，鎬を通し両手に刃のあるもので，宝剣，神剣の意味合いが強い．
- 太刀：馬上戦で用いたため，片手で持てるように軽く，また幅が狭く，反りが大きい．儀仗，軍陣にも用いられる．刃を下にして帯びる．長さが2尺（1尺は約30.3 cm）以上．平安時代末期（12世紀）から室町時代初期．
- 刀：戦闘法が地上戦に変わり，両手に持つようになったので，少し重くなる．帯の間に差す．長さが2尺以上．室町時代中期（15世紀後半）から江戸時代末期（19世紀中頃）．
- 脇差：帯の間に差す．長さが1〜2尺．
- 短刀：帯の間に差す．長さが1尺以下．

なお，鞘の先端が丸いものは殿中差しといわれ，御殿の中で用いられたもので，丸以外は道中差しと呼ぶ．

4.5 刀の装具

刀には，図4.3のような装具が付いている．これらは室町時代に，それまでの太刀から刀に変わったときに，拵（外装のこと）の上にも変化が起こり，鐔をはじめ，小柄，目貫，縁頭，笄などが用途と同時に美を備えた工芸品として発達したことによる．時代とともに各種の彫金技術が開発され，高度な装飾美が施され，森羅万象を表わす細密工芸が展開された．

図4.3 刀の拵（外装）

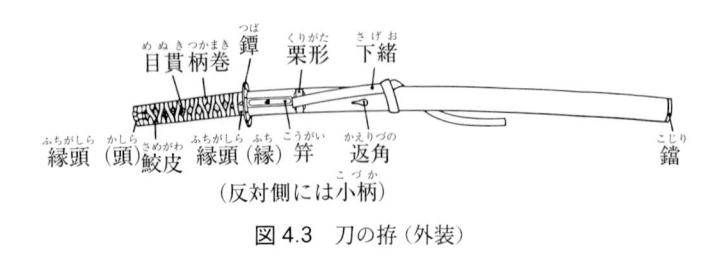

なお，刀には相手と切り合うとき，拳を保護するため必ず鐔を付けた．これらの装具や鞘は，細部に至るまで工芸品としてすばらしいものがある．博物館などでじっくり鑑賞すると心引かれることと思う．

4.6 刃　紋

　日本刀の美しさの一つに刃紋がある．作刀の際，刀は焼入れをして硬さや強さを増して刃物にする．その際，刀の表面が空気中の酸素と化合して酸化鉄をつくる．酸素の酸化作用により材料中の炭素含有量が少なくなる脱炭を防ぐため，刀身一面に土（焼刃土）を塗る．焼刃土は，刃部は薄くし，地になるところは厚くする．この境界部を直線にしたり，斜めに線を入れたり，部分的に土を置いたりして刃紋に変化をつける．

　これを焼き入れると，薄い刃の部分は急冷して非常に硬い組織であるマルテンサイトとなり，土を厚く塗った箇所は徐冷され焼入れ効果の小さい比較的軟らかい組織になる．刃紋は，刀を研磨したとき，これらの金属組織の硬軟により微妙に生じた凸凹により光が乱反射して目に見えるものである．なお，この土は焼入れの際，部分的に炉の中で崩れたり，溶けたりして，刀匠が思い描いていた刃紋とは異なることもある．

4.7 錵，匂

　「錵」，「匂」は，いずれも日本刀の各種刃紋を構成する粒子のことで，焼入れを行ったときにできるマルテンサイト組織である（図4.4）．大きさにより，肉眼で観察できるものを錵，確認できないような細粒を匂と呼び，その中間を小錵と呼ぶ[2]．

　このように，組織の違うマルテンサイトの小さな粒が分散して生じるのは，組織が均一でないことと，折り返し鍛錬で不均一な組織が微細化されたことを表わしている．また見方を変えれば，近年はやりのコンポジット材（複合材）としても成り立っている．ただし，これらの文様も切れるという実用以上に入念に精緻な研ぎをかけることによって初めて鑑賞することができる．

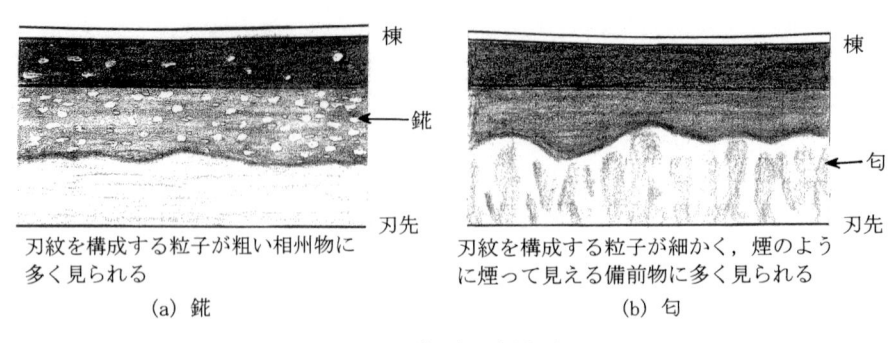

刃紋を構成する粒子が粗い相州物に多く見られる
(a) 錵

刃紋を構成する粒子が細かく，煙のように煙って見える備前物に多く見られる
(b) 匂

図4.4　錵と匂の概念図

これらを識別するには経験を必要とする．

4.8 相州正宗

　鎌倉末期の代表的刀工で，相州鎌倉に住んで作刀したといわれる相州正宗について簡単に触れておく．正宗の人気は，江戸時代に特に大きなものとなり，「新薄雪物語」などの芝居にもなっている．これは，正宗が刀の焼入れの湯加減をドライな息子の団九朗に教えるのをあきらめ，弟子の国俊に教えたことに端を発する．団九朗は，何としても焼入れの湯加減を知りたく，焼入れを行おうとしたとき，そっと湯槽に手を入れ湯加減を確認する．それに気づいた正宗が怒り，焼き上がったばかりの刀で，団九朗の腕を切り落としてしまうという話である．これは，日本刀の秘伝といわれる製作技術が一子相伝という方法で技を後世に受け継がれていたことを物語っている．

　正宗の刀の特徴は，それまでの優美な刀ではなく，蒙古襲来のような武装の厚い外敵に対しても立ち向かえる肉身の太い，焼刃も皆焼きといわれる刀身全面に焼刃の飛び乱れるような相州伝の勃興をみたといわれている[3]．正宗の作風は刃紋が錵出来といわれ，刀身に光線を当てながら観察すると肉眼で刀縁にキラキラと光る細かい粒子を見ることができ，この美しさが正宗の特徴の一つとされている．

　「百聞は一見に如かず」で，さっそく正宗の刀が展示されている『刀剣博物館』に確認に出かけたが，どのように見てもよくわからない．そこで，館内の方に解説をお願いしたものの，いわれてみればそうかなと思えるぐらいで錵とはこういうものだと確信を持てるまでにはいかなかった．解説をして下さった方も「手に取って見ればわかってもらえるが，ガラス越しではわかりにくいかも知れません」と残念がられていた．

　それにしても，原材料中の成分の不均一さも模様の一つとして取り入れ，その不均一さをいかに美しく見せるかを競い，日本刀を武器から芸術品まで高め，さらには，日本人の精神とまでいわれるようにした先人のモノづくりのこだわり方に敬服してしまう．「温故知新」という言葉ではないが，いま，われわれが故きを温ねて知るべきは「新」ではなく「心」と「真」であろうか[4]．

参考文献

1) 柴田光男：趣味の日本刀，雄山閣(1991).
2) 鈴木卓夫：たたら製鉄と日本刀の科学，雄山閣(1990).
3) 小笠原信夫：日本刀の歴史と鑑賞，講談社(1989).
4) 志村忠夫：古代日本の超技術，講談社(1997).

ほかに
- 小野寺真作：「日本の刀」，素形材(1985-6).
- 俵 國一：日本刀の科学的研究，日立評論社(1953).
- 日本刀全集7-日本刀のできるまで，徳間書店(1966).
- 広井雄一：刀剣のみかた〈技術と流派〉，第一法規(1981).
- 山田 英：日本刀の禅的鑑賞，中央刀剣会(1973).
- 得能一男：日本刀辞典，光芸出版(1991).
- 佐藤寒山：日本の美術刀剣，至文堂(1966).

5章 茶の湯釜

5.1 はじめに

古代製鉄『たたら』により生み出された鉄は，手間が掛かった非常に貴重な金属であった．そのため，初期の用途は，権力の象徴の武器であったり，神への奉納品であったりした．その後，鉄の生産技術の向上とともにその量が拡大し，農具や鍋釜の日常品にまで行き渡るようになった．それでもその価値は高く，とことん使いこなされ，壊れた鍋釜などは鋳掛けによって修理して使われ，機能しなくなった道具類は再度溶解して新しい品物へと姿を変えていった．

鉄製の日常品としては湯を沸かす釜や飯釜などがあったが，時代とともに消え去り，現代に伝えられるのは茶の湯釜と南部鉄瓶に代表される鉄瓶ぐらいである（図5.1）．

鉄のモノづくりの中で，日本刀や茶の湯釜は，工芸品の域にまで達したものの代表であろう．特に茶の湯釜は，鉄の素朴な味わいを最も生かした工芸品といえる．釜を鉄以外の銅や陶器などでつくった方が容易に変化に富んだものがつくられるのに，あえて製作が困難な鉄に固執したのは，釜の持つ特異性からと考えられる．茶の湯の世界は400年前に完成し，その間に使われる道具類も洗練されて現在に至っている．そして，茶の湯釜は，「釜さえあれば，茶の湯はなる」といわれるように，茶席において重要な役割を担っている．

釜をつくる釜師は，茶人の好みに合うような形，肌合いなどに腐心し，洗練された釜づくりを目指してきた．本章では，茶の湯釜について記す．

図5.1 釜の湯釜と南部鉄瓶（左側は風炉と釜，右側は南部鉄瓶，左側手前は五徳）（盛岡市ふるさと村・照亦製作所）

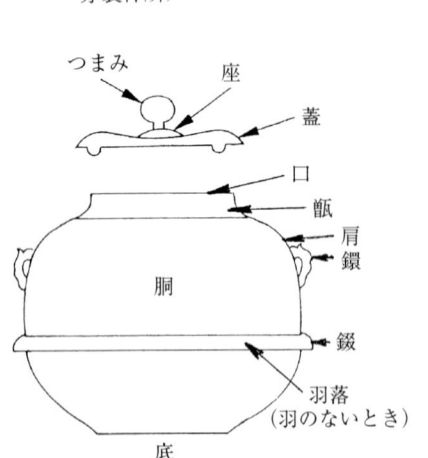

図5.2 釜の各部の名称

5.2 茶釜の歴史

茶の湯は，僧侶や貴族など上流階級の限られた社会で行われていた．そして，戦国時代になると武士や商人の間に急速に普及し，信長や秀吉が茶の湯を好んだことはよく知られている[1]～[4]．そして，権力を誇示するような侘茶の世界とはかけ離れた「黄金の茶室」までがつくられた．江戸時代にも，茶道具は家の格式を表すものと考えられ，徳川家の嫁入り道具の中に金でつくられた茶道具一式があり，徳川美術館（名古屋市）には金の茶道具12点が保存されている．釜は3145g，風

炉は7020gの重量で，いずれも無垢の金でできている．

上述の黄金の茶の湯釜は権力を象徴する特別な例であるが，通常は茶の湯釜の素材は鉄である．しかし，鉄は素朴な材料だけに，茶人の持つ審美眼に適うような釜づくりに，いかに釜師が苦労をしたかが偲ばれる．なお，釜の各部には，図5.2のような名称がつけられている[3]．

5.3 茶釜の産地

湯を沸かす釜は，室町時代に茶の湯の流行とともに茶の湯釜として独立し，茶人たちの好みに合った姿・形に変わっていった．名品として名を残す釜の産地としては，真形（本当の姿・形という意味）の格調高い姿・形を持つ芦屋釜と，それに対する素朴な力あふれる天明釜が有名である．桃山時代になると，黄金の茶釜が現れる一方，利休らによる侘茶の完成により素朴な茶釜がつくられるようになる．そして，京の三条釜座（京釜）において，釜の製作が盛んになる[1]〜[4]．釜の形は真形が基本の形ではあるが，作者や茶人の好み，釜の系列により，図5.3に示すような様々な形がある[5]．

茶の湯は，「わび，さび」の世界といわれ，日本独自の文化である．そして，茶席における釜は，亭主の代役を務めるともいわれ，その役割は重要である．釜は茶人の趣味や趣向により，その姿，文様，肌合いは多種多様にわたり，また，その時代の流行とともに釜師によって様々な釜がつくられてきた．そして，現在もつくられている．

5.3.1 芦屋釜

芦屋釜は，福岡県遠賀郡芦屋の遠賀川河口沿岸でつくられた釜で，室町時代には茶釜が生産されていたと考えられている．この地は，鎌倉時代には既に鋳造が行われていたといわれている．それは，以下のような条件が整っていたからと思われる[6]．

（1）芦屋をはじめ玄界灘に面する海岸一帯に海浜砂鉄の集積があり，山地一帯の原始森林から

(a) 真形釜　(b) 阿弥陀堂釜　(c) 平蜘蛛釜

(d) 霰釜　(e) 雲龍釜　(f) 八角釜

(g) 富士釜　(h) 瓢箪釜　(i) 甑口釜　(j) 手取釜

図5.3　釜の形

図5.4 釜の口造りの形状

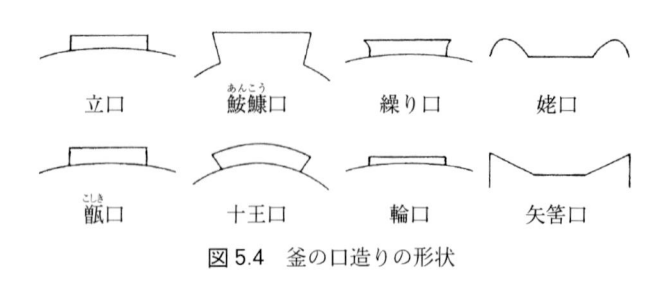

立口　鮟鱇口（あんこう）　繰り口　姥口

甑口（こしき）　十王口　輪口　矢筈口

図5.5 遠藤喜代志氏作 松図真形釜（芦屋釜に多く見られる松林の風景が描かれている）（福岡県遠賀郡・芦屋釜の里）

の木炭供給と相まって，たたら製鉄の資源があったこと．
（2）材料の運び込みや製品の出荷が遠賀川を舟の利用により容易であったこと．
（3）大陸から渡来した技術者がいたこと．

芦屋釜は，以下のような特徴を備えている．
（1）形は真形が一般的である．
（2）地に浜松，松藤，鹿と楓，馬など文様を施したものが多い．
（3）釜肌のきめが細かい．
（4）口造りは繰り口（くりくち）が多い（図5.4）．
（5）鐶付（かんつき）は鬼面が多く用いられ，その位置は低い．

なお，造型方法として，中子（なかご）は引き型でつくられているというのも大きな特徴で，内面に引き型の跡が見られる[7]．中子を引き型でつくるには高度な技術を必要とするため，通常，中子は削り型でつくられる．

芦屋釜は，15世紀後半から16世紀初めに全盛期を迎え，桃山時代には廃れてしまう．この釜の系統を引くものは各地にあり，そこの地名をつけて博多芦屋，播州芦屋，伊勢芦屋，石見芦屋などと呼ばれている．

芦屋での釜づくりは，江戸時代初期に製作が途絶え，現在はその跡地に記念碑を残すのみである．芦屋釜の評価は高く，重要文化財として茶釜が9口指定を受けているが，そのうち8口が芦屋釜である．地元では，芦屋釜を多くの人に知ってもらうために，資料館，茶室，工房を備えた「芦屋釜の里」を建設し，資料館には，釜の製造工程の紹介や芦屋釜の特徴を備えた釜などが展示されている（図5.5）．工房では，釜師による釜の製作が行われている．

5.3.2 天明釜

芦屋釜とともに有名な釜が，現在の栃木県佐野市の天明釜である．古くは，天明は「天命」あるいは「天猫」と書かれている．天明鋳物は，唐沢山に城を築いた藤原秀郷が天慶2年（939年）に下野（栃木県）の押領使として佐野に下り，丹南（大阪府）から鋳物師を5人つれてきて軍器をつくらせたのが始まりといわれている[7]が，それ以前とする説もある．そして，室町時代の初め頃から，茶釜を専門につくる釜師が現れたと考えられている[5]．なお，桃山時代以前の釜は，「古天命」といわれている[8]．

天明釜は，以下のような特徴がある．
（1）丸釜が一般的である．
（2）荒れた釜肌が多い．
（3）装飾はなく姿・形にこだわったものが多い．
（4）甑口（こしきぐち）が多く見られる（図5.4）．

佐野市で天明釜の技術を伝承する人は少なくなったが，現在も釜づくりは行われている．

5.3.3 京　　釜

京都には三条釜座が設けられ，鋳物師が集団で鋳造を行っていたが，茶の湯の隆盛とともに釜をつくるようになった．京釜の特徴は，茶人の好みを色濃く反映した釜づくりにあるといえる[9]．また，鋳上がった釜を再び火の中に入れて釜を酸化させ，酸化した鉄の味わいを楽しむといった「焼抜き」，胴と底の継ぎ目に出た羽を金槌で打落とした釜「羽落ち釜」や鋳型の表面を意図的に荒らす「打ち肌」という技法も考案し，侘茶にふさわしい釜の作風を築いた[5),9)]．

京都は，他の土地に比べて茶道が盛んなせいか，当時の釜師の流れをくむ人たちが現在も活躍している．

5.4 季節による釜の使いわけ

お茶は，長い歴史の中で道具類についても多くのしきたりや約束事が整えられてきた．釜についても同様で，火を熾（おこ）す炉は，季節により「炉」と「風炉（ふろ）」に使い分けられている．自ずと，釜もそれに合ったものが用いられている．

炉が用いられるのは11月から4月までで，暦のうえで立冬を迎えると茶室では炉を開き，風炉はしまわれる．11月になって初めて開かれる茶会を「初釜」といわれ，茶人にとっては大きな季節の区切りとなり，「茶人の正月」とも呼ばれる．また，その年に摘まれた新茶を使い始める時期で，新茶の入った壺の口を切る「口切り」が行われる．なお，特に寒い1月には，口の広い大ぶりの釜が炉に掛けられ，蒸気の発生量を増して寒い茶室を暖める工夫がなされている．

風炉が使われるのは5月から10月までで，5月最初の茶会を「初風炉（しょふろ）」といい，初夏の薫りが感じられるような演出がなされる．風炉に用いられる釜は，炉で使われるものより径，高さともに小ぶりである．暖かな季節に小ぶりの風炉釜が使われるのは，理に適っている．炉は，客に近い方に切られているのに対し，風炉釜は図5.6に見られるように，部屋の隅に据えられている．炉が用いられるのは寒い季節なので，客に火を近づけているのに対し，暖かい季節に用いられる風呂釜は客から遠ざけて置かれる．なお，鹿や紅葉のように季節を感じさせる文様がある釜は，使う季節がさらに限られてしまう．

ほかに，五徳を使わずに釜を吊り下げて使う「釣釜（つりがま）」がある．釣釜を用いる炉（吊炉）は，釜を吊り下げる梁を炉の上に渡しておかなければならないため，茶室としてつくられた場合を除き，あまり目にすることがない．さらに特殊なものとして，五徳のできる以前，釜の羽と風炉の縁の間，あるいは釜の羽と炉壇の間に透かしをつくる木（透木（すきぎ））を置いて盛夏に用いられる大きな羽が付いた「透木釜」がある．なお，五徳とは，輪の上に3本の爪が立ったもので，風炉や炉の中に置いて釜を載せるものである[3]．

図5.6　掛川城二の丸茶室（左側に風炉と釜が見える）

5.5 変容する茶の湯

茶の湯は，姿勢を正し，正座をしてお茶をいただくというイメージがあるが，近年新しい形として椅子に座ってお茶をいただく「立礼式」という作法がある．これは，玄々斉千宗室により考案されたもので，明治5年（1872年）の第1回京都博覧会のときに，京都祇園のきれいどころの踊りとともに舞妓たちによるお茶のサービスが行われた際に披露された[1]．古くは「椅子点」と呼ばれたこともある．

立礼にも幾つかの形式があるが，図5.7はその一つで，点前をする人も受ける人も椅子に座っている．椅子に座って行う茶会は，長い歴史と多くの約束事の世界において大きな改革である．正座をしないですむことは，外国の人，初めての人，高齢者にとっても気楽にお茶を楽しめるし，高齢化社会において，若い頃にお茶をたしなんだ高齢者の方も，この形式なら再びお茶を楽しむことができる．図5.7の会場は，建物の中で火気の使用が禁じられているため，お湯を沸かす熱源は炭ではなく電熱器が用いられている．伝統の世界にも，形式を壊さないように配慮しながら，時代に合わせた改革が行われている．同時に，釜の世界においても，新しい作法に合わせた斬新なデザインのものが出てくるのが楽しみである．

図5.7 立礼式による茶の湯（千葉県津田沼駅前・市民文化センター）

5.6 底の張替え

名品といわれ，長い間使われた古釜には，痛んだ底を新たな底に張り替えられた釜が多く見られる．底の張替えは二つの方法があり，一つは，傷んだ底だけを切り取って新たな底を接着する方法で，もう一つは，胴にある文様や釜全体のバランスを考えて胴の部分も切り落とし，底とそれをつなぐ胴の部分を少し小ぶりにつくったものを前の釜に嵌め込むように接着する方法である．接着剤は，漆と鉄粉を混ぜ合わせたものが用いられている．

後者は，江戸中期頃まで用いられた方法で，修理前の釜の胴が垂れているように見えることから，このような釜は「尾垂釜」あるいは「覆垂釜」といわれている[10]．釜の底を張り替えることにより元の釜の形状が変わってしまうものの，それがまた茶人に愛され，現代に受け継がれている．なお，古釜で底を替えていないものは珍しく，「ウブ底」といわれて大事にされている．

5.7 和銑へのこだわり

明治時代，わが国に高炉による近代製鉄技術が導入される以前，鉄は古来の製鉄技法たたらでつくられた和鉄であり，釜は炭素量の多い和銑でつくられていた．和銑を材料とした鋳物は，炭

素量（C）は多いがケイ素（Si）量が低いため，地金が白銑化しやすい．特に，釜のように肉厚が薄い場合はその傾向が顕著で，釜に衝撃的な力を加えると破損しやすい．また，鋳込んだときは，金属が型の隅ずみまでいきわたりにくく，金属が固まるときには大きな凝固収縮力が働いて釜が割れることがある．

溶解は，高炉でつくられた銑鉄を用いて Si 量などの成分調整を行うと作業はやりやすくなり，また，釜に発生する鋳造欠陥も少なくなる．しかし，高炉でつくられる銑鉄には，燃料のコークスから入り込む硫黄が含まれているため鉄は錆びやすくなる．古い茶釜が現存するのに，明治以降の釜が現存しないは，高炉による銑鉄を原料に釜づくりをしたためと考えられている．

そこで，釜師の中には，昔ながらの和銑を用い溶解もコークスを用いないで木炭によるこしき炉やコークスと溶湯が直接触れないるつぼ炉で溶解を行っている人もいる．和銑での釜づくりは，先に述べたように高炉の銑鉄に比べて高い技術力を必要とする．その対策として，炭素量を高めたり，溶解温度を少し高くしたり（1450℃くらい），凝固収縮に対しては中子砂にクッション材としておが屑などを加えたりと，様々な工夫を凝らしている．釜師が苦労をしてまで和銑にこだわるのは，釜の地肌の光沢に見られる肌合い，煮え鳴りの響き，そして，後世に残るような釜をつくるという熱い思いがあるようである．

なお，言葉の使い分けとして「和銑」とは，日本古来の製銑法（銑押法：比較的還元容易な赤目砂鉄を用いる）による銑鉄で白銑である．一般に，C：3.00〜4.40％，Si：約 0.09％ の組成である．「和鋼」は，日本古来の製鋼法（鉧押法：還元しにくいが，鉄の品位がよい真砂砂鉄を用いる）によってつくられた低燐鋼で，C：0.9〜1.8％，Si：0.05％ 未満の組成である[11]．

5.8 釜を科学的に見る

長い歴史の中で，釜は洗練されると同時に，合理性も見られる．以下，筆者が興味を引かれたことを紹介する．

5.8.1 煮え鳴り

釜の製作過程で，釜の形が整ったら釜の底に鋳物の鉄片を3箇，漆と鉄粉を混ぜて練った「金漆」で固定する．これは，静寂な茶室で釜の湯が沸騰したとき，この鉄片により発する音を「煮え鳴り」と称し，松に吹く風（松籟）にたとえて風流を楽しむためのものである．鉄片の大きさや数，釜の底とのすき間は，湯が沸騰したときに発する音に影響する．この微妙なバランスは重要で，これを損なうと風情を台無しにしてしまう．

水は沸点を超えると気化するが，釜と鉄片のすき間の水が最初に気化して水中に泡となって飛散する．そのとき，釜の中の水も気化を待っているので，この泡が核となって成長して上面に移動する．このとき発する音が煮え鳴りである．なお，煮え鳴りがないような古い釜でも，煮え鳴りを発するものがある．これは，釜の底にできた鋳造欠陥の巣の空洞部が，煮え鳴りと同様な作用をしていると考えられている[12]．

なお，煮え鳴りがする釜の後始末をする際，十分煮え鳴りを生じさせ，このすき間の水を気化させ，釜が熱い状態で後始末をしないと錆を生じる原因となる[12]．

5.8.2 漆の作用

漆は，古くから接着剤あるいは塗料として使われてきた．漆の乾燥は，湿気を与えることにより促進するという性質があり，温度が 20〜30℃ であると湿度 50〜80％ が適当といわれている．

釜の製作のように漆を金属に高温で焼き付ける場合，150℃以上で240℃以下に加熱して行うと塗膜の付着性はいいようである．温度管理は重要で，低すぎても高すぎてもよくない．硬化した漆は丈夫で，耐水性・耐薬品性にも優れている[12]．なお，釜に漆を塗ると化学反応を起こして黒くなる．

5.8.3 古い蓋のつまみは熱くならない

近年の釜を火にかけると，その蓋のつまみも熱くなって持ちづらいのに対し，古い蓋のつまみは熱くならないという．金属材料であれば，熱伝導でつまみも熱くなるのが道理である．逆に，熱くならない古い釜の蓋のつまみの方が不思議である．それについて，以下のような説明がされている[13]．

（1）つまみの取付けはがたがたしていて，つまみと軸との間に余裕がある．
（2）軸の材質は，熱伝導の大きい金属を用いていない．
（3）蓋は鋳物ではなく，打ち出しのものが使われている．
（4）つまみの意匠は，空気が流れるように穴があけられている．

すなわち，以上のような条件に合うようにつまみを製作すれば，つまみは熱くならない．しかし，（1）の条件に合うようなつまみは，几帳面な日本人の気質には向いていないように思う．古い釜を製作した当時であっても同じように感じたと思われるが，熱伝導を理解したうえで，あえてつまみの取付けをがたがたにさせたとしたら，茶人のモノづくりに対するこだわりには驚嘆に価する．

5.8.4 鐶付

鐶付は，釜の左右に取り付けられ，釜を移動するときに鐶付の穴に釜鐶という鉄製の丸い環を通すための穴があいた細工物をいう．多くのものは左右の肩のところに1箇所ずつあり，装飾の少ない茶釜において変化のある部分である．茶釜という性格上，目立ちすぎては洗練された釜の美しさが損なわれてしまう．しかし，あまり目立たないものの，よく観察するとその装飾性は非常に凝っていて，釜師のこだわりや古いものは製作当時の好みなどが反映されている．多くは自然界の動植物が表現されているが，鬼面などもある．

なお，鐶付は，胴の側面にあるほど古く，肩に上がってくると時代が新しくなる．初期の釜は，風炉や竈にかれられたため，鐶付は胴の側面にあり，その後，炉が切られるようになると，鐶付は肩にないと使いにくくなったためと考えられている[14]．

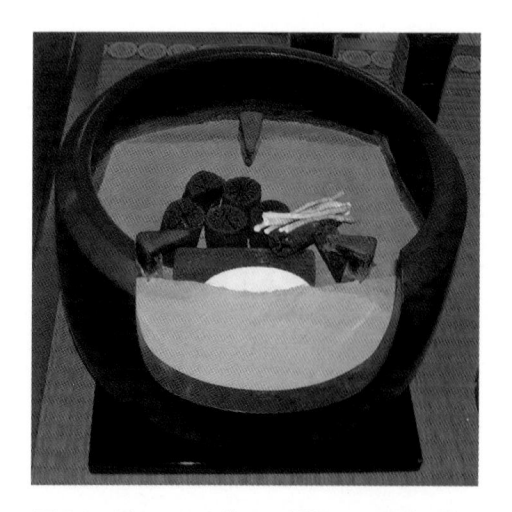

図5.8 灰ならしを終えた風炉（ぬれ灰の形が整えられたところに菊炭が準備されている．五徳の爪が3本見える）（横浜市・夢生庵）

5.9 おわりに

茶の湯はしきたりや約束事が多く，門外漢の者が踏み込む世界ではないとわかってはいるが，古代製鉄法のたたらから生まれた鉄の工芸品としての茶の湯釜について，関心の赴くままに記した．いろいろ調べるうちに，改めて茶の湯の奥の深さと多くの方々がいろいろな角度から茶の湯に関することを記

述されていることを知った．そのような書物や文献を参考に書いたが，著者により記述内容が異なる部分もあり異論をもたれた方もいるかと思うが，ご容赦願いたい．

　鉄とは関係がないためここでは触れなかったが，木炭の切断面の美しさを一言付け加えておく．お茶の世界で使われる木炭は，炭の粉が落ちるのを防ぐのと，火の粉が飛ぶのを防ぐため，切断時の粉を水でよく洗い落としてある．切断面は菊の花のように美しく，茶の湯では木炭一つにしても図5.8に見られるように見事に生かされている．さらに水で洗うことにより，木炭に吸収された水分は，燃焼したときに気化して対流を促進する効果があるといわれている[12),13)]．

　釜を通して茶道の一面を垣間見たが，長い歴史が育んだ日本文化の茶道，先人の英知の素晴らしさと徹底したモノに対するこだわりを知る機会となった．

参考文献

1) 千　宗室・千宗之監修：茶の湯歳時記事典「炉」，平凡社(1990)．
2) 千　宗室・千宗之監修：茶の湯歳時記事典「風炉」，平凡社(1990)．
3) 野村瑞典：茶道具の基礎知識，光村推古書院(1982)．
4) 鈴木友也編：日本の美術　茶湯釜，至文堂(1973) pp.93-94．
5) 栃内淳志：総合鋳物，1982年5月，pp.14-19．
6) 高橋良治：総合鋳物，1978年9月，pp.11-17．
7) 松村英一・対間慶助：総合鋳物，1972年6月，pp.19-25．
8) 若林洋一：鋳物，Vol.77 (2005) pp.114-121．
9) 茶道具資料館 編：茶道具の鑑賞と基礎知識，淡交社(2002) pp.64-66．
10) 中野俊雄：鋳造工学，Vol.77 (2005) pp.114-121．
11) 金属術語辞典編集委員会 編：金属術語辞典，アグネ(1974)．
12) 千　宗室監修，堀内國彦 編：茶の湯と科学　茶道学大系-八，淡交社(2000)．
13) 堀内國彦：茶の湯と科学入門，淡交社(2002) pp.122-124．
14) 小田榮一：わかりやすい茶道具の見かた，淡交社(1997) p.47．

6章 釜をつくる

6.1 はじめに

　鋳物の町として古くから知られる埼玉県川口市に，川口の伝統的美術工芸鋳物の製作技術を伝承する『川口鋳金工芸教室』がある．この会は，会員相互の交流によって川口の伝統的美術工芸鋳物の技術，知識，技能の向上を目差し，現代工芸鋳物の新製品の開拓と品質向上を目的に実習を行っている．

　会の歴史は古く，1960年（昭和35年）『川口美術工芸鋳物技術研究会』を前身とし，現在に至っている．活動は，鋳金作家や美術工芸鋳物の専門家を中心に週1回，夜間に行い，会員は市内の鋳物，機械，木型などの産業に携わる人や主婦，学生，会社員などと，幅広い人たちからなる．

　教室は，初心者を対象とした鋳金工芸作品の製作と引き型による茶の湯釜および付属品の製作に取り組んでいる．作品は色仕上げまで行い，本格的な工芸鋳物の教習を行っている．鋳金の本格的な実習はほかに類を見ないため，川口市外の遠方より通って来る人もいて，約50名程の会員が真剣に，かつ和気あいあいと製作に励んでいる．

　以下，この会で製作に取り組んでいる人の作例を参考に，茶の湯釜はどのように製作されているかを紹介する．

6.2 デザインの決定

　茶の湯釜は，「釜さえあれば，茶の湯はなる」といわれるように，茶会において重要な役割を担う一つである．しかし，釜は季節により変えられ，一つあればよいというものでもない．茶の湯は多くの約束事に基づいていて，釜についてもその形はある程度定形があり，古来の釜が手本として用いられている．そこで，釜師は格調の高い釜をつくるために，伝統的な手法を考慮しながら，新しい作風を織り込もうと努力を重ねている．そして，釜の形・肌・模様のほか，地金にも注意を払い，釜に独自の感性を加味するように工夫を凝らしている．

　構想がまとまると，釜の姿・形やデザインを正確な図面にまとめて原寸図を作成する．釜の製作は，通常，釜のデザインから模型，鋳型の製作を含め，すべての工程を

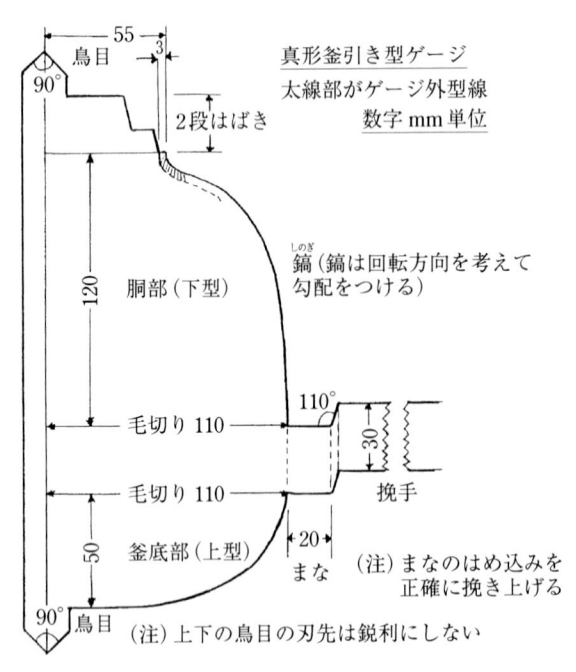

図 6.1　釜の基本形「真形」の引き板の標準寸法（川口鋳金工芸研究会）

釜師自身が行う．図6.1は，釜の基本形「真形(しんなり)」の基礎となる図面である．

6.3 引き板の製作

　釜の鋳型は引き型で製作される．引き型は，木型の支柱を軸にして回転させながら鋳型を製作する方法で，それに用いる模型を「引き板」という．引き板は，図6.1に示したように釜の正面図の中心線から半分の簡単な形状をした板をつくればよい．そのため，模型の材料は少なくてすみ，製作日数も早いため製作費は安くできる．しかし，造型には熟練を必要とするため，現在の産業用鋳物の製作で使われることはほとんどなく，茶釜や梵鐘(ぼんしょう)など特殊な鋳物製作に用いられる手法となってしまった．

　鋳造で用いられる模型は，古くは木でつくられたため木型と称していた．模型の材質が木でなくても，模型のことを木型と呼ぶことが多い．現在，茶釜の引き板には，薄いアルミニウム板や鉄板も用いられるようになった．引き板は，図6.1に示したような形状の板1枚で，これで上型（釜の底の方）と下型（釜の口の方）を製作する．引き板の製作では，模型材料の上に原寸でデザインした図を置き，その輪郭を写し取る．それに沿って切断し，切り口の形状を整える．砂を掻き取る部分には，刃物の刃と同様に回転方向の裏側に少し勾配をつける．引き板の形状が仕上がったら，引き型の回転軸に取り付けるが，取付けを誤るといびつなものになるので慎重に行う．回転軸には，中心を決める突起物の「鳥目」がついている．

　通常，釜師は同じ形状の釜を数多くつくらない．そのため，釜をつくるたびに木型をつくるので，工房にはたくさんの木型が保管されている．図6.2は，中田 敏氏（横浜市の中田工房）がこれまで製作した釜の木型であるが，これでも2/3は処分したそうである．

図6.2　中田工房のこれまでに製作した茶釜の木型の一部（すべて木でつくられている）

6.4　造型作業

　造型は，日本古来の造型法である「惣型」によって行われる．鋳型として使われる砂は，ケイ砂とカオリン系粘土（木節粘土，がいろめ粘土など）を混合して赤熱状態（約900℃）まで加熱し，結晶水を除いた焼成物を適当な粒度に砕き，粘結材としてはじろ（はじるともいうが，粘土水のこと）を加えて練ったものが用いられる．これを真土(まね)という．

6.4.1　外型の造型

　最初に，釜の大きさに適した金枠を用意する．金枠の大きさは重要で，釜の外形と金枠との間が鋳型となるので，その間に鋳物砂を込めるが，このすき間が少なすぎれば鋳物砂が上手く込められず，多ければ溶けた金属を鋳込んだときに発生するガスが鋳型の外に抜けにくくなり，ガス欠陥を発生する．次に，引き板の支持台の「うま」を用意し，引き型を回転させるための

「鳥目受け」を金枠内に置く．引き板をうまに取り付けて回転させ，金枠とのすき間を確認する．すき間が大きい箇所は，通気性の良い煉瓦を置いて鋳物砂の厚さを極力薄くする（図6.3）．

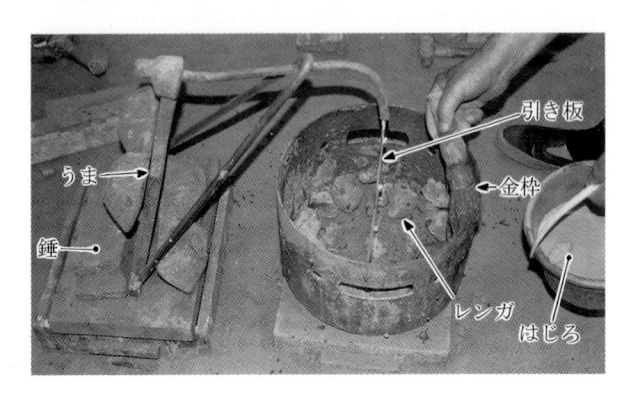

図6.3 金枠に引き板を取り付け，造型に先立ち，金枠周囲にはじろを塗っている

図6.4 下型の大粗引きの造型（砂を込め付けては引き板を回し，形状を整えていく）

図6.5 大粗引きの砂との密着性をよくするため，中粗引きの造型前にはじろを塗る

造型の準備ができたら，作業中にうまがずれないように錘を乗せる．外型の造型は，大きく3段階の工程に分けられ，最初は「大粗引き」，次に「中粗引き」，「毛引き」と進み，用いられる砂は順次細かくなる．これは，鋳込みのときに鋳型から発生するガスを鋳型の外に抜けやすくするためで，釜の肌に影響する「毛引き」では最も細かいものを使用する．

（1）大粗引き

目の粗い「大粗いぶるい」でふるった砂（2～8メッシュ程度）にはじろを混ぜ，金枠に押し付けるように込め付け，さらに突き棒でしっかりと押し付ける．金枠表面には，砂がはがれ落ちないようにはじろを塗りつけておく（図6.3）．鋳型に必要な砂を込め終えたら，引き板を回転させて余分な砂を削り落とす（図6.4）．削り落とした砂はヘラを使って取り出し，後は自然乾燥させる．

（2）中粗引き

鋳型がある程度乾燥したら，大粗引きで込めた砂の表面を少し削り落とし，次に込める砂がはがれ落ちないように，その表面にはじろを塗る（図6.5）．削り落としたすき間に，大粗いぶるいより目の細かい中ぶるいでふるった砂（15～35メッシュ程度）にはじろを混ぜて込め付けるというよりも，大粗引きの砂粒間を埋めるように塗り付ける．そして，引き板を回転させて余分な砂を削り落とす（図6.6）．

引き板を回転させるときに重要なことは，むらなく回し，砂の密度を均一にして，鋳込み時に発生するガスを偏りなく排出させることである．ガスの排出が均一にスムーズに行われないと，その箇所にガス欠陥を生じる恐れがある．また，引き板の回転は，その数を極力少なくすませることである．回転数が増すほど砂は硬くしまり，鋳込み時のガス抜けが悪くなり，湯流れも悪くなる．湯流れとは，溶融金属の鋳型内における流れやすさ

で，湯流れが悪いと，湯釜のように厚さの薄い鋳物では金属が鋳型内を充填せず，釜に穴があいてしまう．

（3）毛引き

最後に，釜の地肌となるところを造型する．絹の目のように細かい「絹ぶるい」に通した砂にはじろを混ぜてどろどろにして，これを表面に刷毛で塗るのではなく，刷毛で表面に流すように付着させ，余分なものは引き板を回して掻き落とす．毛引きを行った表面は，きめ細かく滑らかに仕上がり，手の指紋すら映し出すほどである．

鋳型ができたら，自然乾燥後，炭火で約900℃で焼成する．これは，水分を除去し，鋳型の強度を増し，鋳湯時に発生するガスを抜けやすくすることを目的とする．このような造型法を「惣型」という．鋳型の乾燥は重要である．乾燥が不十分だと，鋳型が割れたり，水分が気化してガスを発生しガス欠陥の原因となったり，溶けた金属

図6.6 中粗引きの造型

が鋳型内を流れにくくしたりする．また，この乾燥を急激に行うと鋳型が割れるので，自然乾燥した後も炭火で加熱するときは鋳型の温度を徐々に上げていく必要がある．

6.4.2 中子の造型

（1）鋳物砂

中子の造型に使う砂は，中ぶるいにかけた砂を薄いはじろで練り合わせた鋳物砂を用いる．鋳込み後の金属の凝固収縮による釜の割れ防止策として，中子砂にふるいを通した川砂を混ぜて使う釜師もいる．

（2）造型法

中子の造型は，通常，木型を使わずに「肉張り」という方法で行われる．肉張りとは，粘土で釜の厚さに等しい板をつくり，それを外型の内面に張り付け，その上から砂を込め付ける．砂を込める前に，外型の内面には，中子の砂との分離をスムーズに行えるように雲母の微粉末などを薄くふりかける．砂を込め終えて自然乾燥したのち，中子を抜き上げ，粘土板をはがし，ヘラで表面の形状を整える（中子削り）．

この作業はかなり熟練を要するが，中子を外型に納めたとき粘土板と同じすき間を正確につくることができる．現代では，肉張りの粘土板の代わりにゴムの板（図6.7）やボール紙なども使われている．釜の肉厚は，厚い方がつくりやすく不具合も発生しにくいが，釜の重量が増し使いにくくなる．そのため，3～5mmの肉厚でつくられている．この肉厚は，造型のときでは上型と下型で厚みを変えている．鋳込んだときに中子には浮力が働くため，上型とのすき間は下型に比べて

図6.7 ゴム板を使っての肉張りによる中子造型（上部と下部では肉張りの厚さが異なる）

約1mm厚くする．これで，だいたい釜の厚さは，底の方と口の方が等しくなる．

なお，中子も外型と同様に引き板を使ってつくることも可能であるが，高度の技術を必要とする．

（3）釜の割れ防止対策

肉厚が3～5mmしかない釜では，鋳込み後の金属の収縮に対して中子が抵抗体となって，しばしば釜が割れてしまう．その割れ防止対策として，古来より行われているのが「中子切り」で，鋳込み後，金属が固まり，収縮が始まるときに，中子の砂を落とし収縮を容易にさせる方法である．そのため，中子の中心部は中空につくられている（図6.8）．

これはまた，鋳込みのときに発生するガスの抜けもよくする効果がある．このとき，砂の厚さが薄すぎれば，鋳型の強度が不足して鋳型が破損し，厚すぎれば中子切り作業が手間取り，釜が割れてしまう．釜師により使う鋳物砂の強度が異なるため，この砂の厚みはそれぞれの釜師の経験から最小の厚みにつくられる．

（4）型合わせ

中子の上下の型は，自然乾燥させた後，外型から上型の中子を抜き取り，下型と中子の合わせ面にはじろを塗り接合する．乾燥して上下の型が接合したら，一体となった中子を外型から抜き上げる．そして，肉張りの粘土板などをはがし，中子の表面をヘラで慎重に削り形状を整える．これを外型の下型（釜の口の方）の幅木に合わせ固定する．外型と中子のすき間が釜の肉厚となるが，そのすき間が均等にできているか確認する（図6.9）．不揃いがあれば，中子を取り出し，中子を削って修正する．異常がなければ，外型から中子を取り出し，中子の仕上げを行う．そして，炭火で高温に加熱し硬化させる．

なお，外型についても中子のない状態で外型の下型と上型を合わせて，上型の幅木の部分から内面を確認し，外型の上下にずれのないように鋳型を合わせる．後で中子を取り付けるときも，この状態に上下の外型を合わせられるように，外型の合わせ面に粘土を塗りヘラで上下に筋を入れておく．この目印を「合印（あいじるし）」または「見切り」という．

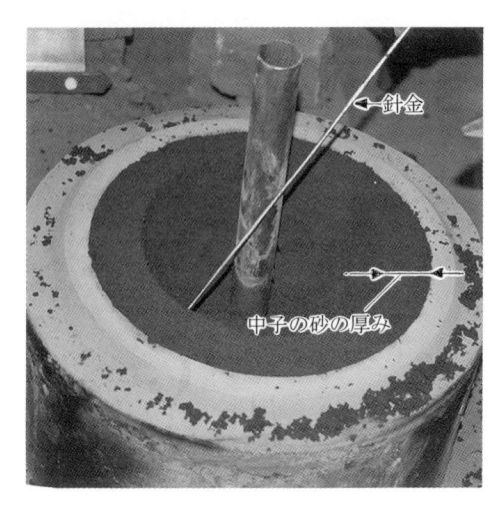

図6.8 中子の中心部は中空につくられる（鋳込みのときに発生するガスを抜けやすくするため，鋳型に針金で突いてガスの通り道をつくっている）

図6.9 下型に中子を納め，釜の肉厚を確認する

6.5 塗　型

外型の乾燥が終了したら，燃焼した木炭に松の木屑や葉などを入れて煤を発生させ，それを外型

表面に付着させる．鋳型表面に煤を付着させるのは，鋳型内における溶湯を流れやすく（湯流れ）したり，地金との型離れをよくしたりするためである．現代では，灯油を燃やした煤を用いることもある．

中子は，鋳型を加熱し，まだ熱いうちにその表面に木炭の粉末を水で溶いたものを刷毛で均一に塗る．あるいは，松を燃やして発生した煤を鋳型表面につけて塗型とする．

6.6 鐶付の型づくり

鐶付は，釜の左右に取り付けられ，釜を移動するときに鐶付の穴に釜鐶という鉄製の丸い環を通すための穴があいた細工物をいう．多くのものは左右の肩のところに1箇所ずつある．装飾の少ない茶釜において変化のある部分である．茶釜という性格上，目立ちすぎては，洗練された釜の美しさが損なわれてしまう．しかし，あまり目立たないものの，よく観察すると，その装

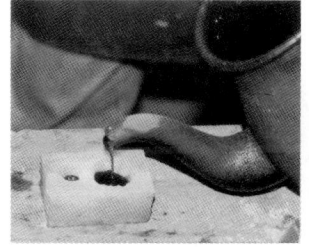

（a）シリコンゴムの型に蝋を流し込む

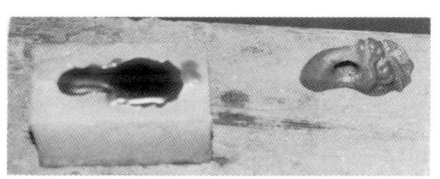

（b）蝋を流し込んでできた型と取り出した蝋型

（c）鬼面の蝋型

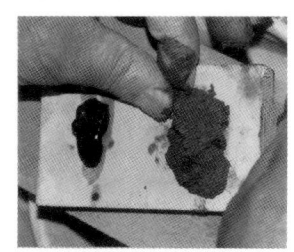

（d）鐶付の鋳型をつくる

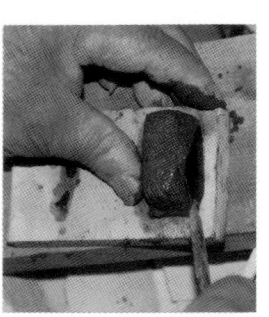

（e）鋳型の形状を整える

（f）鋳型は炭火で赤熱し蝋を流し出す．同時に残渣も燃やしてしまう

図6.10　鐶付の型づくり

飾性は非常に凝っていて，釜師のこだわりや古いものは製作当時の好みなどが反映されている．多くは自然界の動植物が表現されているが，鬼面などもある．

鐶付の鋳型は，この部分だけを別につくり，外型の取付け箇所を壊して，そこに嵌め込む．鐶付の模型は，古くは釜師が粘土でつくり，それを焼成して模型として繰り返し使用した．また，複雑な形状や一つしかつくらないものは，蝋で模型をつくることもあった[1]．鋳型は，模型の周囲に鋳物砂を被せて型取りし，鋳物砂が軟らかいうちに模型から抜き取り，それを炭火で焼成して鋳型とする．この方法は，鋳物砂が軟らかい状態での作業となるため熟練を要す．

現代では，シリコンゴムを使った蝋型法も取り入れられている（図6.10）．鐶付の模型の材料は，木に限らず，粘土，石膏など成形しやすいものが使われる．その形状をシリコンゴムで写し取る．写し取ったシリコンゴムに蝋を流し込み蝋型とする．この方法の良さは，模型の材料が成形しやすいことから，複雑な形状のものがつくれることと，シリコンゴムに柔軟性があるので抜け勾配がなくても蝋型を取り出すことが可能なことである．その結果，斬新なデザインも生まれている．さらに，シリコンゴムの型は何度も使え，同一の形状のものを数多く，また早くつくることを可能にした．

6.7 地紋付け（模様入れ）

引き型により外型の鋳型ができ上がると，いよいよ釜の模様や文字を釜の表面となる外型に表現する「地紋付け」を行う．地紋付けは，釜に華やかさを添え，釜師の工夫が最も生かされるところであるが，同時に釜の持つ品格を下げないように極度に神経を使う作業でもある．芦屋釜に代表される文様は，この手法によってつくられたものである．

この作業は「ヘラ押し」と呼ばれる手法で，釜の表面となる外型に模様や文字となる輪郭をヘラで押し付けて鋳型をへこませる．ヘラで押された箇所は鋳型がへこみ，釜ではその箇所が浮き出て見えるようになる．

通常，鋳型にいきなりヘラで模様や文字を表現するのではなく，下絵を書き，それを鋳型に貼り付けて作業を行う．下絵の紙は，吉野紙のように水に強い和紙が使われ，それを鋳型に裏返しに貼り付ける．古い梵鐘などで文字などが反転しているものがたまに見られるが，ヘラ押しの際に下絵を反転しないで貼って作業を行ったことによる．下絵をはがすときは，紙に水をつけて鋳型の砂が下絵の紙によってはがされないよう慎重に行う．

なおヘラは，釜の造型ではなくてはならない道具の一つである．ヘラの形状，大きさ，材質は，それを使う釜師により必要に応じてつくられる．材質は，鉄や銅合金が使われ，形状は笹の葉のような形をしていて反りがついている．関東と関西では若干異なり，関東では反りが大きく，関西では反りが小さい．また，ヘラ押しで釜につける文様の順序も，関

図6.11 霧吹きで微細な砂を吹き付けて紅葉の文様を写し取る

図6.12 外型に写し取られた紅葉の文様

図6.13 肌打ちで鋳型表面に凹凸を付ける

東では上から，また関西は下からと異なっている[1]．

模様の表現方法として，惣型の表面は非常に細かい砂を使っていることから，天然の葉っぱを文様として使うこともできる．図6.11は，鋳物工場の梁に堆積したほこりのような非常に細かい砂をはじろに混ぜて，それを霧吹きに入れ，完成した外型に吹き付けて，その上に紅葉の葉っぱを貼り付けた後，再度霧吹きで吹き付けている様子を示したものである．自然乾燥後，葉っぱをはがすと，図6.12のように鋳型には紅葉の葉脈までくっきりと映し出される．

6.8 肌打ち（荒らし）

釜の表面に凹凸を付けるために，外型の表面を荒らす作業を「肌打ち」，または「荒らし」という（図6.13）．これは，不純物を取り除いた細かい川砂にはじろを加えたものを紙に包み，それで外型表面を軽くたたき，表面の滑らかな砂を落として荒い砂を浮き立たせる作業である．絹ぶるいでふるった細かい砂で表面を仕上げていながら，あえて肌打ちをして表面を荒らしてしまうのは矛盾を感じるかも知れない．しかし，肌打ちにより釜に飾り気がなくなり，素朴で落ち着いた感じが醸し出される．そして，地紋付けの箇所は荒らしを行わないので，地紋の効果や意匠が際立って見えるようになる．

釜の肌は，表面の荒さにより様々なものにたとえられ，岩肌，荒肌，柚肌（ゆずはだ），縮緬肌（ちりめんはだ），絹肌，鯰肌（なまずはだ）などがある．ほかにも，筆の穂先に鋳物砂とはじろを練り合わせたものを打ち付ける「弾き肌」（はじきはだ）という手法もある．

6.9 中子納め

外型と中子が完成したら，外型と中子のすき間が均一になるように外型の下型の幅木に中子を注意して納める．この外型と中子のすき間が釜の厚さとなる．そして，その上に外型の上型を

40   6章 釜をつくる

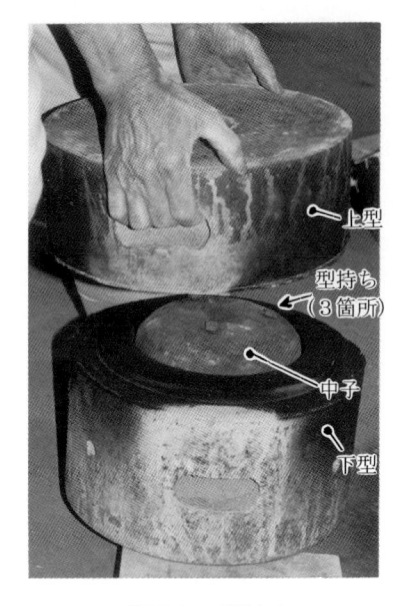

図 6.14 型被せ

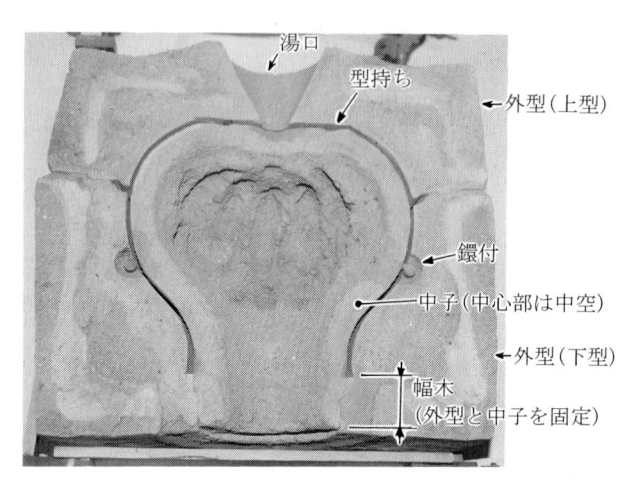

図 6.15 外型に中子を納めた状態の鋳型（福岡県・芦屋釜の里）

合印を確認しながらずれないように型被せを行う（図6.14）．このとき，中子の上に釜と同一材質で釜の底と同じ厚さの「型持ち（ケレン）」を3箇所入れる．型持ちは，鋳込み時に中子に働く浮力を抑えるためのもので，その位置は重要である．図6.15は，外型に中子を納めたときの鋳型の断面を示したもので，この外型と中子のすき間は薄く均一にできていることがわかる．

この型持ちは，鋳込まれた溶湯に溶けて地金と一体とする．すなわち，鋳込む温度が重要となる．溶湯の温度が低すぎれば，型持ちは地金と一体とならず，すき間を生じて水漏れを起こす．また，溶湯の温度が高すぎれば，鋳込んだ金属が固まる前に型持ちが溶けて中子が浮力で上げられてしまい，穴があいたり釜の底の厚さが薄くなったりする．

6.10 溶　解

図 6.16 こしき炉による溶解
（湯汲みに必要量が溜まったら出湯口をふさげるように，止め棒を持って待機している）

溶解の材料は，古くはたたらでつくられた和銑が用いられていた．現在では，溶解もやりやすく，釜に発生する鋳造欠陥も少なく，入手も容易な高炉でつくられた銑鉄が使われ，Si などの成分を調整して用いられることが多い．溶解炉は，釜1個に要する溶湯が5〜6kgあれば足りるので小規模のものでよい．

一般に，釜師が1人か2人の工房であれば，るつぼ炉が用いられ，人手があり，数多くの釜の鋳込みを行う工房はこしき炉（図6.16）が用いられることが多い．

図 6.17　鋳込み　　　　　　　　　　　図 6.18　ヘソ押し

6.11 鋳込み

　長い時間をかけてつくった鋳型に金属を流し込む鋳込みは，鋳造作業で最も緊張する一瞬である（図6.17）．鋳込みは2～3秒で終わるが，溶けた金属が鋳型のすき間を完全に充満し欠陥のない釜ができるかどうかは，鋳型を壊して釜を確認しないとわからない．
　鋳込んだ後も忙しい．湯口の金属がまだ固まらないうちに，鋳型を傾けて湯口にある金属を流し出す．そして，金属を流し出した湯口の底を鉄の棒で軽く押す（図6.18）．この作業を「ヘソ押し」といい，この作業により釜の底の余分な金属が取り除かれ，仕上げの手間を省くことができる．グラインダがない時代，仕上げ作業はタガネやセン（両手で持ち金属を削る工具）による手作業しかなく，鉄の塊の除去には非常に労力を要した．この方法は先人の知恵であるが，釜の金属が固まったのを見計らうタイミングが難しく，早すぎれば釜の金属も流し出してしまい，品物に穴を開けてしまうし，遅すぎれば湯口の部分が固まってしまう．また，ヘソ押しをしている部分は，釜の底で強く押したり，押す棒の径が湯口の底より細いと，釜の底に穴をあけてしまう．
　現代でも，この手法は踏襲されている．それは，グラインダの研削跡は釜の品格を下げるからである．もし，ヘソ押しがうまくいかなかった場合は，グラインダで仕上げるが，グラインダの跡を釜肌に合わせるように細工をしないと，釜の価値はなくなってしまう．

6.12 型ばらし

　釜の厚さが薄いので，鋳込み後数十秒で金属は固まる．金属が固まったら，直ちに地金の凝固収縮による釜の割れ防止として，中子の鋳型を壊す「中子切り」を行う（図6.19）．釜の温度は900℃を超え，まだ真っ赤であり，その周囲の砂も同様に高温のため注意が必要であるが，速やかに行わないと釜は割れてしまう．

図6.19 中子切り

6.13 焼締め（焼抜き）

　砂を落としバリなどを除去し，荒仕上げが終了したら，釜を炭火で高温に加熱（約900℃）し空冷する．これは，金属組織の標準化（焼ならし）と同時に，表面に安定な酸化皮膜をつけて品物を錆びにくくするのを目的とする．そして，表面に形成した厚い酸化皮膜はタガネで丹念に落としていく．

　釜の形が整ったら，釜の底に「煮え鳴り」用の鋳物の鉄片を漆と鉄粉を混ぜて練った金漆（かなうるし）で固定する．

6.14 補　修

　最終の表面仕上げを行う前に，入念な確認作業がある．大きな欠陥や釜師の意にそぐわない場合は，直ちに壊されて溶解材料となってしまう．巣や型持ちの鋳ぐるみ不良などによる小さな欠陥は，その箇所に金漆を埋め込んで補修を行う．

6.15 表面仕上げ

6.15.1 下塗り

　最初は下塗りで，釜を炭火などで約150℃に加熱した後，釜の表面や内面に漆を水などで希釈したものを塗る．自然乾燥後，釜を炭火で100〜150℃にゆっくりと暖める．温度がさらに上がってきたら，釜を回転させ，刷毛で水を表面に塗り釜の温度上昇を防ぐ．20〜30分間この作業を続けて漆を定着させる（図6.20）．なお，作業を急いだり，乾燥を急激に行うと，漆ははく離してしまう．

6.15.2 上塗り

　下塗りの漆が乾いたら上塗りにより着色を施すが，この着色により釜師の特色が現れる．着色の方法は釜師により異なるが，その一つに，古くから行われている「おはぐろ」を用いる手法がある．これは，釜を暖めてからおはぐろを刷毛で塗っては布でふき取り，加熱してまた塗ってはふき取りと，何度か繰り返して望みの色に仕上げていく方法である．おはぐろは，酢と水の混合液に赤熱した鉄片を入れて密閉し，3カ月以上経過させたものである．おはぐろは，古いものほどよく，古法では50〜60年経過した伝来のものが使われている[1),2)]．酢と水の混合液の代わりに，酒や

図6.20 漆を塗り自然乾燥後，炭火で暖めて漆を定着させる（水を付けて温度上昇を防いでいる）

ビールなども使われている．また，鉄片の代わりに鋳鉄を用い，鋳鉄中から溶け出した黒鉛が及ぼす微妙な変化を楽しんでいる釜師もいる．

ほかには，漆にベンガラ（水酸化第二鉄を焼いて赤色の粉末としたもの）を混ぜたものを何度も繰り返し塗り重ね，赤みの強い色に仕上げる方法や，松の木屑などを燃やし，その煤を付けて磨き，黒みを帯びた色合いに仕上げる方法もある．こうして，気品のある優美な釜の肌へと仕上げられていく．

6.16 蓋の製作

蓋は，釜と同様に引き型でつくられる．材質は，釜と同じ鋳鉄も使われるが，釜の素朴さを引き立てる目的も兼ねて，入念に磨き上げ，着色が施された青銅のものが多く使われる．そして，つまみは，蝋型法で精緻な細工が施されたものが付けられる．

6.17 おわりに

伝統的美術工芸鋳物の製作技術を伝承するグループの活動状況を長期にわたり見学させていただいた．活動の場は，釜師の工房とはまるで異なり，幅広い構成メンバーにより，モノづくりを楽しみながら行っていた．しかし，その技術力の高さと釜づくりに対する情熱は高く，釜師の工房見学会などをして精進を重ねている．図6.21，図6.22は，会員の作品例であるが，見事なでき映えである．

茶の湯を日本の文化として広く外国の人に紹介する方法として，椅子に座ってお茶をいただく「立礼式」という作法が生まれた[3]．これは，伝統的な茶の湯からすれば大変革ではあるが，高齢化社会を先取りしたようにも思える．また，茶の湯の稽古や茶会がビルディング内で行われるようになると，火が使えないなどの制約により，茶道具もそれに合わせた形態をとらざるをえなくなる．釜についても同様で，釜師にとってはある意味斬新な発想で新しい釜づくりを目指すチャンスかも知れない．

現代の釜師もまた，伝統的な手法と現代の技術を織り交ぜ，新鮮な発想のもと，茶人に愛され，後世に恥じない釜づくりを目指している．

図6.21 富士釜と風炉（西堀孝一氏：川口市総合文化センター）

図6.22 透木釜（白楽偕子氏：川口市総合文化センター）

参考文献

1) 鈴木友也 編：日本の美術 茶湯釜，至文堂 (1973) pp.93-94.
2) 香取正彦・井尾敏雄・井伏圭介：金工の伝統技法，理工学社 (1994) pp.5-9.
3) 千 宗室・千宗之監修：茶の湯歳時記事典「炉」，平凡社 (1990).

II 部
鋳物をつくる

1章 奈良の大仏はどのようにしてつくられたか……… 45
2章 鎌倉の大仏はどのようにしてつくられたか……… 50
3章 昭和の大仏はどのようにしてつくられたか……… 57
4章 大物鋳物の製作法……………………………… 61
5章 鋳掛け作業…………………………………… 69
6章 鋳物のお医者さん…………………………… 76

1章　奈良の大仏はどのようにしてつくられたか

1.1　はじめに

　金属加工法の一つである鋳造技術の歴史は極めて古く，古美術品や仏像などから，わが国の鋳造技術も相当進んでいたことがわかる．多くの人に馴染みの深い奈良の大仏（**図1.1**）も，実は鋳物でできている．修学旅行で奈良に行くと，必ずといってよいほど奈良の大仏が見学コースに入っていて，多くの方は見たことがあると思う．そして，歴史の授業で大仏の開眼供養は752年に行われ，そのとき使われた筆が正倉院に御物として現存していることを聞いたことがあるかと思う．

　そこで本章では，いまから1200年前，当時の人々がどのようにして奈良の大仏をつくったかを一緒に考えていただければと思う．

1.2　背　　景

　現存する奈良の大仏は，**表1.1**のような歴史的経過の末，江戸時代に修復されている[1)～3)]．建造当時の姿をとどめているのは，**図1.2**に示す台座の蓮弁の一部にすぎない．そこで，多くの研究者により古文書や当時の鋳造技術を推定して，その製造方法について様々な議論が行われてきた．特に1965年，「奈良の大仏はいかにしてつくられたか」ということに関して二つの異なる説[4),5)]が発表され，様々な議論[6)]を呼んだ．

　ここでは，図解入りでやさしく書かれた3冊の書籍[2),3),7)]を参考に簡単に紹介させていただく．さらに興味を持たれた方は，これらの本を読まれることをお薦めする．

図1.1　奈良の大仏

図1.2　蓮弁

1章　奈良の大仏はどのようにしてつくられたか

表1.1　奈良大仏に関する主な出来事[1)～3)]

西暦	主な出来事
743年	聖武天皇より大仏造立の詔勅が下りる
745年	現在の地で基礎工事を開始
746年	原型（土像）完成
747年	鋳造開始
749年	鋳造終了，螺髪（頭髪）の鋳造開始
750年	鋳掛け（補修），仕上げの開始
751年	螺髪（966個）の完了
752年	鍍金の開始，大仏開眼供養を行う
755年	鋳掛け完了
757年	鍍金作業完了
771年	大仏の光背が完成
855年	大地震で大仏の頭部が落ちる
861年	大仏の修理が終わる
1180年	平重衡が大仏殿に火を放ち，頭と手が焼け落ちる
1184年	大仏の修理終わる
1567年	三好・松永の乱で大仏殿炎上，頭が落ち頭部がないまま120年間露天に放置
1692年	大仏の修理完了．大仏開眼供養を行う
1709年	大仏殿完了

1.3　奈良の大仏は一体でつくられたのではない

　天平15年（743年），聖武天皇の大仏建立の詔により世界最大の鋳造仏がつくられた．初めに土台，体骨をつくり，そのまわりに土を塗って大仏の形をした塑像をつくる．それをもとに外型の鋳型を分割してつくる．中子は，元の塑像を金属を流し込む厚さだけ表面の土を削って用いた．創建当時の大仏は，像高約16m，重量約380トンあったといわれ，非常に大きいため，8回に分けて金属の流し込みが行われた．図1.3に5段目外型造型と6段目の鋳込みの様子を示す．外型のまわりは，溶けた金属の圧力で外型が動かないよう土手が築かれ，そのまわりに「こしき」と呼ばれる溶解炉を幾つも置き，一斉に金属の流し込みを行った．このように，造型作業，鋳込み作業が順次8回繰り返し行われた．

　以下，この製作過程についてもう少し解説を加えていきたい．

1.3.1　中子（塑像）をつくる

　創建当時の大仏は，像高約16mと巨大なため，当然，現在の場所で鋳型がつくられ，鋳込みも行われた．最初は絵を描き，そしてミニ模型をつくり，製作にかかったものと考えられる．鋳型の製作では，初めに

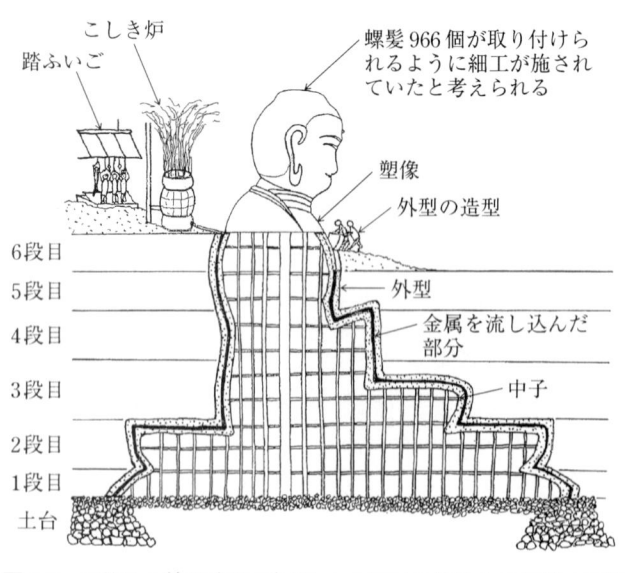

図1.3　5段目の外型造型（右側）と6段目の鋳込みの状態（左側）
（外型造型後，塑像を肉厚分だけ削り中子とする）

中子となる塑像をつくるが，塑像すべてを鋳物砂でつくったのでは高さ16mの砂山となり，大仏の鋳造が終了した後，内部の砂（中子）の除去作業も困難を極めるし，鋳込みのときに発生するガスを排出する上からも好ましくない．そこで，金属に触れる部分は鋳物砂でつくり，内側は中空にしたと考えられる．ただし，溶けた金属を鋳型に流し込んだときに鋳型の内外面に溶湯圧が掛かるので，その圧力で鋳型が動かないようにしなければ，溶けた金属がそのすき間から流れ出てしまう．

鋳型をつくる土台は，よく踏み固め，塑像の柱を立てるところには礎石を置き，鋳型の自重で陥没しないような工夫が施された．塑像の中心には心柱を立て，それに沿うように柱を組み，表面を板や竹で形づくり，鋳物砂を込め付ける表面は縄などを巻き付けて鋳物砂が落ちないようにしたと考えられる．そして，溶けた金属に耐えられるような耐火度と，鋳型が崩れ落ちない強度を持った粘土質の鋳物砂を込め付ける．そのうえで，ミニ模型に基づいて大仏の塑像を完成させる．この塑像は，螺髪（髪の毛）がないものの，これからつくろうとする大仏とまったく同じ形状となるため丁寧に仕上げられた．また，ミニ模型の段階ではわからなかったことなどがこの時点で修正してつくられたと思われる．この塑像は，中子としても外型をつくるための模型としても使われた．

1.3.2 外型（1段目）をつくる

塑像が十分乾燥したら，いよいよ外型をつくり始める．鋳込みは8回に分けて行うので，外型も1回ごとにつくられた．外型用の鋳物砂を塑像の周囲に込め，その込めた鋳物砂が固まったら，塑像から型を壊さないようにはがし，外型とする．そのため，外型1個の大きさは人力で動かせる大きさ，重量であり，特に重要なのは，塑像から外型をはがし取るときに外型の砂が塑像にひっかかって壊れないように外型を分割することである．かといって，外型をあまり数多く分割すると外型を組み立てるときにうまく組めなくなる恐れがある．外型の厚みは，これらの作業で型が壊れない範囲でよく，より薄い方が重量も少なく，作業もしやすい．そこで，鋳型の中には強度を補強するため，金属，木あるいは竹などを組んで骨組みとして鋳型を補強した．また，分割した隣り合う鋳型同士を離れやすくするために，薄い紙などを挟んで鋳物砂を込めた．

1段目の外型をすべて込め終え，それらの鋳型が乾燥して強度が増したら，一つ一つ塑像からはがし，それらを木炭や薪を燃やして乾燥させる．この乾燥作業を十分行わないと，鋳込み作業のとき，流し込んだ金属の熱により水蒸気爆発を起こし，溶けた金属が飛散する．そこまで至らなくても気化したガスによる鋳造欠陥を生ずる．

1.3.3 中子（1段目）をつくる

1段目の外型をつくり終えたら，1段目の塑像を鋳物の厚さだけ削り中子とするが，いきなり削り出しても型が大きすぎて，どれだけ削ったかわからなくなる．そこで，何箇所か所定の厚さ（3〜5cm）だけ塑像を削り落とし，それを基準に塑像全体の表面を削っていく．

図1.4に大仏内部の写真を示す[8]．内部の表面は凸凹しており，塑像表面を荒々しく削り落としたことがわかる．塑像

図1.4 大仏内部の表面（表面の凹凸は中子を削り取った跡）[8]

を所定の厚さだけ削り落としたら，これを中子として使用するため十分乾燥させる．

1.3.4 外型（1段目）をセットする

中子が完成したら外型を順次セットする．それぞれの外型は動かないようにしっかり固定し，さらに流し込んだ金属の圧力で型が動き，溶けた金属が流れ出さないよう周囲に土を盛り上げて補強する．ここは，溶解炉を設置したり，鋳込み作業を行うときの足場にもなる．

1.3.5 鋳込み作業

鋳型の準備ができたら，いよいよ鋳込み作業となる．しかし，8回に分けて作業を行うとはいえ，当時数十トンの溶解を1台で行えるような溶解設備はなかった．溶解は，こしき炉と呼ばれる筒型のおよそ内径50cm，高さ200cm，溶解量1トン程度の溶解炉で行われたと考えられる[2]．原料は，銅や錫のほか，鉱石や銅製品などを使い，燃料は木炭，送風は人力による足踏み式のふいごで行ったと考えられる．

この炉を鋳型のまわりに数十基設置し，溶けた金属は樋を通して一斉に鋳型内に流れ込んだ．数十基もの溶解炉から炎や煙を吹き上げている様は，奈良の都の夜空を焦がし，さながら山火事のようだったと思われる．溶解炉は1段ごとの鋳込みが終わるたびに解体し，次の鋳込みのときにさらに上に運び上げ，また組み立てて使用した．

1.3.6 各段ごとの接合

以上のような操作を順次8回行い，頭部までつくり上げる．最後に頭部を鋳込むが，それまで見えていた大仏の顔も見えなくなり，小高い丘の上での作業となる．

ところで，鋳込みを8回に分けて行うと，各段ごとの接合はどのようにしているか疑問がわいてくる．地震の多いわが国では，ただ順次上に乗せたのではダルマ落としのように簡単にずり落ちてしまう．その対策として，格段ごとに図1.5に示すような「いからくり」と呼ばれる特異な接合手法が行われた[3]．

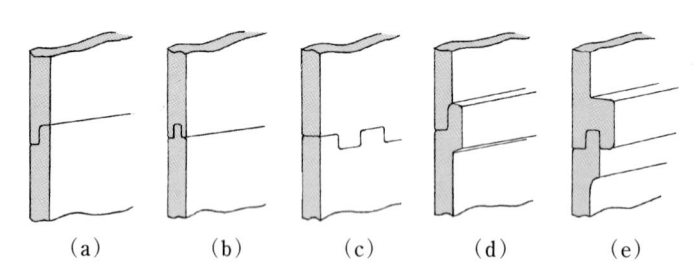

図1.5 各段ごとに見られる接合技術「いからくり」の種類

1.3.7 型ばらし

鋳込みが終わり金属が冷えたら，外型を上の方から少しずつ崩していく．恐らく，溶けた金属が流れ込まず，穴があいたり，鋳型の砂が溶けた金属と一緒になったり，き裂が入ったりなどして，鋳造欠陥がいたるところに発生したと思われる．そのような所は，欠陥部をきれいに除去し，砂落とし作業と平行して「鋳掛け」と呼ばれる方法で補修し形を整えた．鋳掛けとは，溶けた金属を補修しようとする鋳物の境界部が溶けるまで流し続け，流し込んだ金属で部分的に鋳物を繕う溶接法の一種である．

なお，水平な箇所は鋳掛けで補修ができるが，垂直な箇所は難しい．そこで「象嵌」のように欠陥部を除去して，それと同じ大きさの金属の塊をつくり，それを埋め込んで，まわりをたたいて密着させる方法も併用したと考えられる．

1.3.8 仕上げ

これだけ大きな鋳物を，ましてや長期間にわたり屋外で製作すれば，雨にも降られ，鋳型の乾燥も思うようにできず，鋳造欠陥も多発し，そして型ばらしを終えても大仏の表面は凸凹で鋳

物砂も焼き付いていたことと思う．そして，補修箇所もたくさんあったと推測される．欠陥が多いからと壊してつくり直すわけにもいかず，補修を何度も何度も繰り返して形を整えた．そして，表面の凸凹をヤスリやタガネを使って荒仕上げを行い，キサゲと呼ばれる刃物で表面を削り，その後砥石で磨いて表面を滑らかにし，鍍金(ときん)が施された．

大仏の髪の毛は螺髪と呼ばれ渦巻いている．現在ならば，天然パーマかパンチパーマといったところか．これらの螺髪966個は，本体とは別に鋳造し一つ一つ頭部に取り付けられている．

1.3.9 鍍金(金めっき)

現在の大仏は鍍金がなされていないが，創建当時の大仏は金めっきが施されていた．鍍金作業は，大仏の表面を梅酢できれいに磨いた後，水銀に金の小さい塊，薄い板や砂金などを混ぜてどろどろにしたものを表面に塗った．そして，炭火などで350℃以上に熱し，水銀を蒸発させ，金を表面に定着させ，さらにその表面を磨いて金属光沢を出した．この作業に5年の歳月が費やされた[2]．

最後に，大仏の座っている蓮弁に天平時代の仏画を毛彫りして，着工以来13年の歳月を費やした大仏は完成した．

1.4 おわりに

建設機械もない1200有余年の昔に，このような巨大な鋳造仏をつくったことは鋳造技術のみだけでなく，優秀な技術を持っていたことが窺え，その方法を知ること，また推測することは，非常に興味深いものである．同時に，鍍金作業においてアマルガム中から水銀を除去する際，加熱により水銀を蒸発して金を定着させているが，多くの作業者に水銀中毒が発生したことは容易に考えられる．また，溶解作業中の炉の爆発や医療施設などを記した木簡の出土からも数々の災害が発生したことが知られる．

今日伝えられている技術は様々な犠牲のもとに成り立っている．技術の伝承とは良い面と同時に失敗も受け継ぎ，いかに犠牲をなくし，さらに技術力を向上させて次の世代に引き継ぐ必要があると考える．

次章では，これらの技術が伝承されてつくられた鎌倉時代の鎌倉の大仏，そして現代技術を駆使してつくられた昭和の大仏について話を進めたいと思う．

参考文献

1) 香取忠彦:「東大寺の大仏—その歴史と鋳造技術—」, 総合鋳物 (1983-3) p.17.
2) 石野 亨:図説・日本の文化をさぐる③奈良の大仏をつくる, 小峰書店 (1983).
3) 香取忠彦(イラストレーション:穂積和夫):奈良の大仏—世界最大の鋳造仏, 草思社 (1981).
4) 桶谷繁雄:「奈良の大仏はいかにして造られたか?」, 金属, **35**, 6 (1965) p.89.
5) 石野 亨:「大仏開眼」, 金属, **35**, 9 (1965) p.15.
6) 「金属」編集部:「"大仏さま鋳造" 三つの論争点」, 金属, **36**, 2 (1966) p.1.
7) 加古里子:ならの大仏さま, 福音館書店 (1990).
8) 「金属」編集部:「大仏拝見」, 金属, **35**, 9 (1965) p.15.
9) 朝日新聞社:1988年3月20日朝刊

2章 鎌倉の大仏はどのようにしてつくられたか

2.1 はじめに

前章では，奈良の大仏はどのようにつくられたかを紹介した．本章では，それから約500年後につくられ，鎌倉の観光名所の一つにもなっている鎌倉の大仏（図2.1）について，資料と私見により，以下にその製作方法について述べる．

2.2 背　景

奈良の大仏については多くの古文書がある．それらをもとに，鋳造法については多くの研究者が前章で述べたような考え方をしている．しかし，鎌倉の大仏は製作時の状態をほとんどとどめているにもかかわらず，その製作方法に関する記録は『吾妻鏡』に数項の記事が見られるだけで，その当時の古文書がほとんどない．そのため，その製作方法については研究者により異なった意見[1)~4)]が見られる．

図2.1　鎌倉大仏

一つは，奈良の大仏の修理が1184年に終わっているので，鎌倉の大仏も奈良の大仏の製作方法を手本にしてつくられたという考え方である．これだけ巨大な鋳造物であるから，当然，先の技術を真似たと考えられるが，まったく同じ方法と考えると無理がある．それは，鎌倉の大仏の内面の状況である．奈良の大仏は，内部の表面の様子から塑像を肉厚分の3～5cmを荒々しく削り落として中子としたことが前章の図1.3よりわかる．しかし，鎌倉の大仏の内面は，図2.2に見られるように外面と同じような様相を呈している．これが奈良の大仏と鎌倉の大仏がまったく同じ方法でつくられていないと考える所以である．

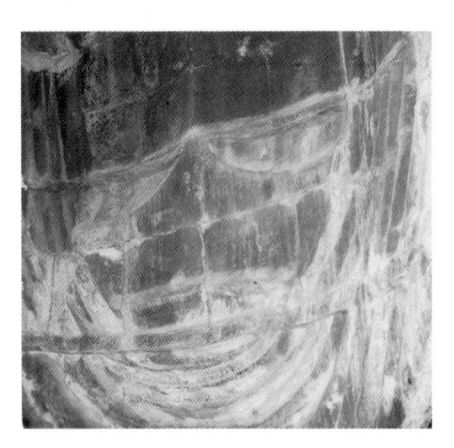

図2.2　鎌倉大仏内部の表面（衣の部分）

後ほど，中子のつくり方の項で私見を述べる．奈良の大仏は内部を一般の人が見ることはできないが，鎌倉の大仏は内部を見ることができるので，機会があればよく観察してみるとよい．

2.3 鎌倉の大仏も一体にはつくられていない

奈良の大仏は，創建時の像高約16m，重量約380トンと比べると，現在のものは像高約15m，重量約250トンと一回り小さい．鎌倉の大仏は，像高約11m，重量約110トンと奈良の大仏より少し小さいものの，巨大鋳造物に変わりはない．高さが11mもある鋳型に金属を流し込めば，鋳型の下の方には膨大な金属の圧力が掛かり，鋳型が壊れたり，分割した外型が動いて型と型の間にすき間を生じ，そこから溶けた金属が流出するなど，多くのトラブルを発生する恐れがある．

また，当時の溶解能力では重量約110トンの鋳物を1回でつくる溶解能力もなかったと考えられる．そこで，奈良の大仏製作で培った技術をもとに奈良の大仏同様に8回に分けて金属を鋳込んだと思われる．図2.3に示すように大仏の後ろから見るとその境目をはっきり確認することができる．

図2.3　大仏の背面

2.4 外型をつくる

鎌倉の大仏製作で奈良の大仏と大きく違うところは，鎌倉の大仏には木像の大仏が存在したことである．これは，『吾妻鏡』に記述されている．ただ，この木像が銅像をつくるための木型と考えるには，この木像のために大仏殿を建てて開眼供養をしていることが不自然となる[4]．しかし，その後の津波による災害で仏殿および木像が倒壊しているので，災害にも耐えられるような銅像をつくるために倒壊した木像を再生し，それを木型にしたと考えることはできる[4]．倒壊した木像は，恐らくかなり痛んでいたと考えられるが，損失部分をつくり直したとしても，奈良の大仏のように塑像をつくるよりは早く，安くできる．以下に，その製作法について私見を述べる．

外型の造型方法は，基本的には奈良の大仏と同様な方法[1),5)]でつくられたと考えられる（図2.4）．大きく異なるのは，奈良の大仏が塑像をもとに外型をつくったのに対し，鎌倉の大仏は木型をもとにつくったことである．鎌倉の大仏も全体を8段に分けて鋳込みを行うので，外型も下から1段ずつ順につくっていく．個々の鋳型は，人の力で動かせる大きさと重量で，型が木型から抜けやすい形状とする．鋳型をつくるのに使われる砂は，

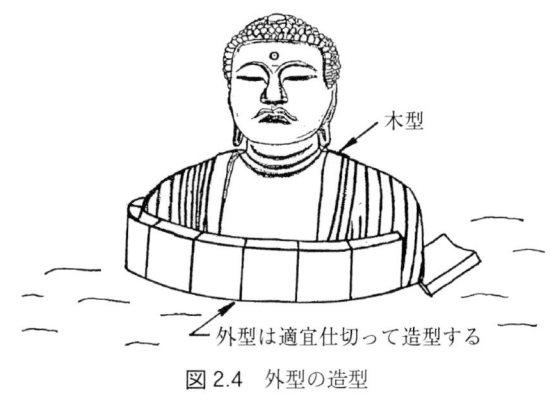

図2.4　外型の造型

天然の状態で鋳型をつくるのに必要な粘結力（主に粘土），耐熱性（鋳込んだ金属の熱で砂が溶けないこと）などをそなえ，水分を調整するだけで使えるようなものである．砂の粒度は細かく，土と呼んだ方がわかりやすいと思う．そして，個々の外型の水分が抜け強度が上がったら木型からはがし，炭火などで十分乾燥する．

2.5 中子をつくる

　奈良の大仏では塑像を肉厚分だけ削り中子としたが，鎌倉の大仏では中子を別につくった．とはいっても，中子をつくるための木型をつくったのでは大変な労力を要するし，大仏のように大きく複雑な形状の外型に合わせた中子用の木型をつくることは難しい．それでは，どのようにして中子をつくったか．それは，よく乾燥し，充分強度も上がった外型を用いて，外型をつくるときの逆の方法で外型の内面を板で囲み，その中に中子の厚さだけ鋳物砂を込めて形を写し取る方法である．すると，元の木像と同じ形状のものができる．その際，外型と同じ大きさでは（後で述べるが），作業がやりにくかったり，品物の出来に不具合を生じるため，仕切りを入れて外型より小さく分割する．このようにして，外型の形状を写し取った型を乾燥し，これらを組み合わせて中子とする．

　しかし，このまま外型を組んでも中子との間にすき間がないため，鋳物はできない．問題は，このすき間をどのようにしてつくるかである．中子の表面を肉厚分削ったと考える人もいるが，そうすると大仏内面には奈良の大仏に見られる図1.3のような削り跡が残り，図2.2のように外面と同じような形状にはならない．

　それではどうしたか．図2.5に示す模式図のように，最初に外型を組み立てて形状を整える．それから中

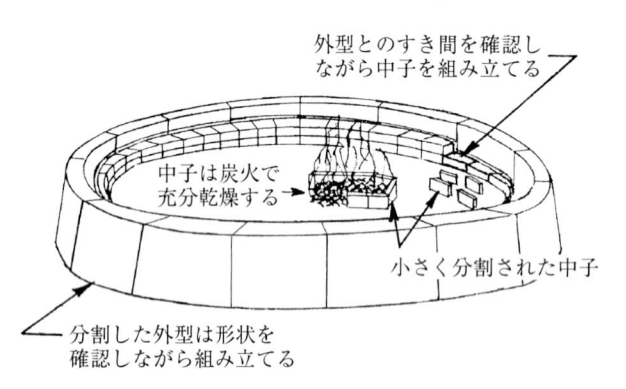

図 2.5　中子は外型に合わせて調整し，組み立てる

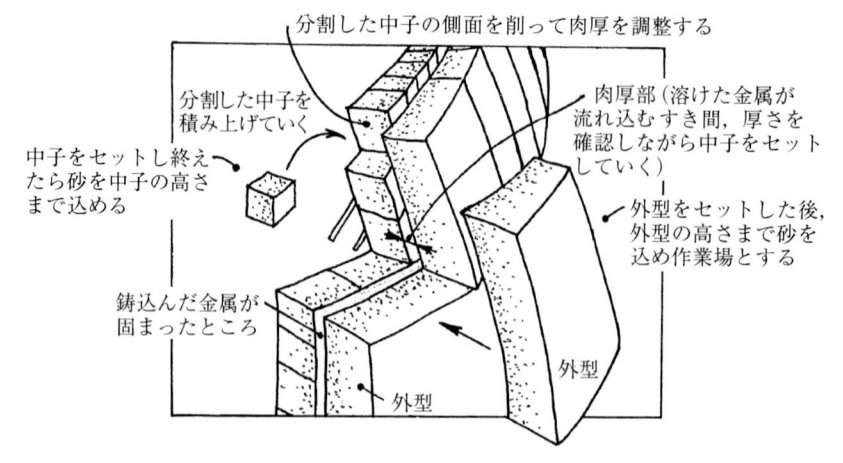

図 2.6　中子の組立て方（外型は大きなブロックに対し，中子はそれより小さく分割された型を組み合わせている）

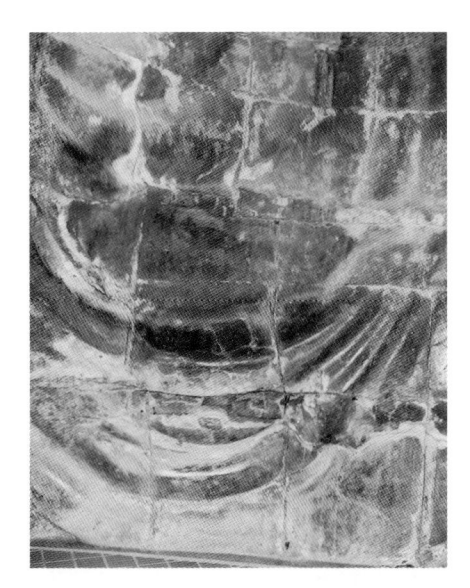

図2.7 大仏内面（手の下）（大仏外面と比べると内面の方が分割面が小さいことがわかる）

図2.8 大仏外面（内面に比べて外面の方が分割された鋳型1個1個が大きい）

子を積み上げていく．その際，外型と中子との間が3～5cm位の厚さになるように，中子と中子の隣り合う左右の面を少し削って組み合わせる（図2.6）．そうすると，中子は外型に比べ全体が一回り小さくなり，外型と中子の間にすき間ができ，このすき間に金属を流せば鋳物となる．もし，中子を削りすぎた場合は中子と中子との間にすき間をあけて調整し，そのすき間は粘土を詰めてふさぐ．大仏の形状は複雑なため，実際はこの作業も簡単にはいかなかったと思う．

鋳物は，製品の厚さに極端な差があると，金属が固まるときの収縮により厚い方の鋳物に引け巣という欠陥を生じ，鋳物に穴やへこみを生じる．そこで外型と中子とのすき間を均一にするには，図2.6に示したように，最初に外型を組み形状を整える．大仏ができたとき，重要なのは表面を形づくる外型の面で，中子の面は内部の面となるので，中子は多少凸凹していても一向にかまわない．次に，中子を外型とのすき間が均一になるように確認して順次据えていく．この際，中子が外型と同じ大きさでは複雑な形状の肉厚を均一に調整する作業がやりにくいため，先に述べたように外型から型を写し取るとき，中子は外型個々の大きさより小さく分割してつくる．これで，大仏内面の分割の跡（図2.7）が外表面（図2.8）に比べ小さく，数が多いことが理解できる．

2.6 鋳込み作業

中子や外型の分割面のすき間は粘土でふさぎ，個々の鋳型が動かないように丸太などで押さえた．全体を8段に分けて個々の高さを低くしたものの，それでも流し込んだ金属の圧力は大きいため，鋳型の高さまで砂を込めて補強し，また，そこは作業場としても利用した．

溶解炉はこしき炉を用いたが，奈良時代に比べてふいごの送風方法が少し大型化したので，それに比例して奈良の大仏を最初につくった頃より炉は大きくなったと考えられる．また，鎌倉の大仏は奈良の大仏と異なり中央に塑像がないので，数十個の炉は鋳型のまわりに設置された

だけでなく，内側にも炉を設置したと思われる．

なお，奈良の大仏の鋳込みでは塑像が中央にあるので，鋳込み作業のたびに順次それが下から隠れるように作業が進行したが，鎌倉の大仏では鋳込み作業のときは外型も中子も鋳込む分しか鋳型を設置しないため，小高い丘がだんだん高くなるように見えたであろう．

2.7 各段の接合方法

以上のように，鋳型をつくり，鋳込み作業を順次行う．そして，各段ごとの接合は奈良の大仏と同様に，図2.9に示すような「いからくり」と呼ばれる接合法が行われたが，奈良の大仏に使われた方法に比べて一段と工夫が施されている[6]．

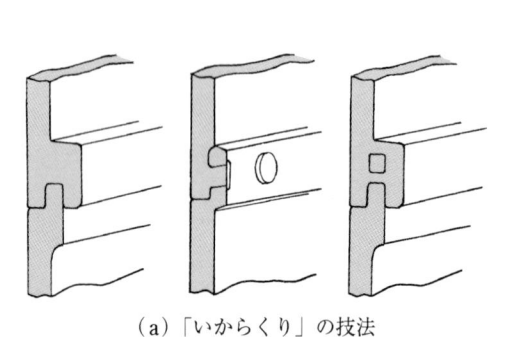

(a)「いからくり」の技法　　(b) 大仏の内面に見られる「いからくり」

図2.9　鎌倉大仏に見られる「いからくり」の技法と大仏の内面に見られる「いからくり」

2.8 型ばらし

鋳込みが終わり，金属が冷えたら，鋳型を上から少しずつ崩していく．鋳込み作業では丘がだんだん高くなるだけで，作業者以外には作業の進行状況がわからなかったのに対し，型ばらしでは作業の進行とともに大仏の姿が現れて来るので，作業に関わった人のみでなく，まわりで見ている人も作業の進行を期待と緊張を持って見つめたことと思う．

現在の大仏をよく観察すると，大仏の表面のいたるところに多くの鋳造欠陥を見ることができる（図2.10）．欠陥部は，鋳掛けや欠陥部を除去したあとに象嵌のように欠陥と同じ大きさの金属を埋め込んで補修をした．乾燥について考えてみると，奈良の大仏は塑像が中子として鋳込みの最初から最後まで中央にあったため，中子の乾燥は不十分だったと考えられる．それに対し，鎌倉の大仏の鋳型は

図2.10　鋳造欠陥を補修した部分（風雨にさらされ補修をした箇所がはっきりわかる．また，鋳型の水分が原因と思われるガス欠陥が見られる）

各段ごとに外型も中子も製作したので，中子も外型同様，十分乾燥してから鋳込みを行うことができ，鋳型の乾燥条件は奈良の大仏よりもよく，その分，ガスによる鋳造欠陥は奈良の大仏よりも少なかったと思われる．

2.9 仕上げ

鋳造欠陥の補修をすませ，表面の凸凹や鋳物砂をヤスリやタガネで取り除き，キサゲと呼ばれる刃物で表面を削り，そのあと，鍍金ができるように表面を砥石で磨いて滑らかにした．

なお，大仏の渦巻いた髪の毛（螺髪）は，奈良の大仏では本体とは別に鋳造した966個を1個ずつ取り付けたが，鎌倉の大仏では頭部と一体に鋳込んでいる（図2.11）．

図2.11 螺髪はブロックごとに型をつくり頭部と一体に鋳込まれた．耳の横に鍍金の跡が見られる

2.10 鍍金（金めっき）

鎌倉の大仏も鍍金が施された．方法は奈良の大仏と同様で，表面を梅酢で磨いたあと，水銀に金の小さい塊，薄い板や砂金などを混ぜてどろどろにしたものを表面に塗り，それを炭火などで加熱し，水銀を蒸発させて金を定着させた．大仏殿が倒壊後，風雨にさらされ，これらの鍍金もはげ落ちてしまったが，一部この跡を見ることができる．図2.11に見られたように左耳に，また図2.12に見られるように，右目から耳にかけてと右耳に薄っすらと金色に光っている．

図2.12 鍍金の跡

なお，蛇足ながら大仏の親指と人差し指を注意して見ると，鳥の水かきのようなものがある．これは網縵相といい，仏の像には必ずあるものである．

2.11 おわりに

奈良の大仏がつくられて約500年後に鎌倉の大仏がつくられた．各段の接合法の「いからくり」など，細部には技術的進歩が見られるものの，奈良の大仏に比べて大きさや出来映えがやや劣るように感じられるかも知れない．これは，鎌倉の大仏は長い年月浜風や雨にさらされ，白日のもとで補修跡や鋳肌がはっきり見られること，また製作時の背景として奈良の大仏は聖武天皇を中心とした国家事業に対し，鎌倉の大仏は僧浄光上人を中心とした民間主体で行われたという違いによると思われる．すなわち，鎌倉の大仏は奈良の大仏に比べて資金量も少なく，また

1人の僧の力では着工から完成まで時間をかけられないため，奈良の大仏より規模が小さく，仕上げも少し荒い出来になったと考えられる．しかし，現代のコンピュータ技術により創建当時の大仏殿を復元し，金色に輝く大仏が紹介されていた[7]．これを見ると，鎌倉の大仏も奈良の大仏に劣らない重々しさが感じられる．

鎌倉の大仏は，白日のもとで補修跡や鋳肌がはっきり見られることや，内部に入れることから，当時の鋳造技術を知る上からも興味深い存在である．

参考文献

1) 石野　亨：図説・日本の文化をさぐる―奈良の大仏をつくる，小峰書店（1983）．
2) 松岡　正：「京都の工芸鋳物について」，総合鋳物（1980-2）p.22．
3) 香取忠彦：「鎌倉の大仏―鋳造考―」，Museum（東京国立博物館Ⅱ編），Vol.305（1976）p.4．
4) 清水眞澄：鎌倉大仏，有燐新書（1986）．
5) 香取忠彦（イラストレーション：穂積和夫）：奈良の大仏―世界最大の鋳造仏，草思社（1981）．
6) 石野　亨：「奈良大仏の鋳造技術と2,3の啓示」，鋳造工学，**72**，3（2000）p.197．
7) 朝日新聞社：2000年4月14日朝刊

3章 昭和の大仏はどのようにしてつくられたか

3.1 はじめに

前章まで，奈良時代，鎌倉時代の巨大鋳造物である大仏の製作方法について文献，私見を交えて紹介してきた．それでは現代の技術で同様な鋳造物をつくるとしたら，どのようにしてつくるのかという思いにかられるのではないだろうか．この疑問に対する解答となるかどうか，昭和の時代（1987年完成），現代の技術を駆使して福井県勝山市に座高17m，重量280トンの越前大仏がつくられているので，その製作過程を資料[1],[2]に基づいて紹介したい（図3.1）．

3.2 鋳造と溶接の複合技術による製作

奈良の大仏，鎌倉の大仏と越前大仏の製作方法で大きく違うところは，越前大仏は鋳造だけでなく溶接も併用した複合技術により製作されたことである．先の二つは，現在大仏がある場所で鋳型を築き，その場で溶解をして仕上げているが，越前大仏は本体を149個に分離して，別の場所で各部品ごとに鋳型をつくり，鋳込みを行い，そして仕上げを行った後，現地に運び，溶接により一体構造としたものである．

図3.1 昭和の技術でつくられた越前大仏（座高17m，重量280トン）

3.3 基礎工事

奈良の大仏の基礎工事は，玉石と粘土を交互に敷き突き固め，そして像を支える心柱を中心に柱が何本も立てられた．越前大仏では，ボーリング調査の後，鉄筋を組み，コンクリートを流し込んで基礎をつくり，その上に心柱が立てられた．この心柱は，木でも鉄骨でもなく，青銅製の直径1.5mと2.1mの管をつなぎ合わせたものが使われている．なお，この心柱は本体組立て作業の際，足場としても使われた[2]．

3.4 模型の製作

越前大仏にはモデルがある．それは，中国河南省洛陽市郊外にある龍門石窟の石像である．そのモデルをもとに1/10の粘土の像を最初に作成し，それをプラスチックの像に，次のような方

法で置き換えた．粘土の像に石膏を塗り，石膏が固まったら胴のところで輪切りにして中の粘土を取り出す．石膏の内側にプラスチック樹脂を塗り，二つの型をつないで一体にする．樹脂が固まった後，石膏を取り除くと，最初に製作した粘土の像と同じものがプラスチックで置き換えられる．

大仏は，このプラスチックの型をもとに次のように10倍にしてつくられた．この型に6cm角の升目を入れる．その分割した線の起伏を10倍に拡大してベニヤ板に描き切り取る．これらのベニヤ板を組み合わせて模型の骨組みをつくる．この骨組みをつなぐように金網を張り，その上にセメントで下塗りをする．そして，セメントの型の上に石膏を塗って高さ17mの実物大の模型を完成させる．最終的には，この石膏で作製したところを金属に置き換える．鋳造上極端な肉厚の差は鋳造欠陥を生じるので，肉厚の差があるところは調整する．また，18mもある巨大な像の安定性を考え，上部に比べ下部の厚みを増すなどの工夫がこの時点で行われた[2]．

3.5 鋳型をつくる

鋳造は，鋳型をつくりやすい形状および大きさに分割して行った．その結果，石膏でつくられた大仏の模型を頭部から149個のブロックに分割した（図3.2）[2]．その分割された石膏型を使って，最初に「捨型」と呼ばれる鋳込みのときには使用しない鋳型をつくる．

石膏模型で，鼻や眉の下の部分は入り組んだ形状のため，模型をつくる際模型を平面に分割できない．このような現物の模型を用いて鋳型をつくる方法を図3.3の模式図により説明する．図(a)の曲面を描いた模型を，ここで製作しようとしている石膏模型とする．最初に，図(a)のように模型を定盤の上に置く．この状態で砂を込めると，曲面の裏側に砂が入り，砂型と模型を分離できない．そこで，砂を込めたときに模型が抜けるように，図(b)のように砂を込める．この型は，鋳型をつくるときのみに使用され，鋳物をつくるときは不要のため捨型といわれる．図(b)で

図3.2 石膏でつくられた実物大の模型を149個に分割し，それぞれを金属に置き換える．分割した顔の部分をクレーンで降ろしているところ．右下は1/10の石膏模型である（写真提供：福井テレビ）

(a) 横型を定盤の上に置く
(b) 捨型をつくる
(c) 捨型をもとに下型をつくる
(d) 下型の上に横型を置き，金属を流し込むための湯口などをセットする
(e) 上型を造形する

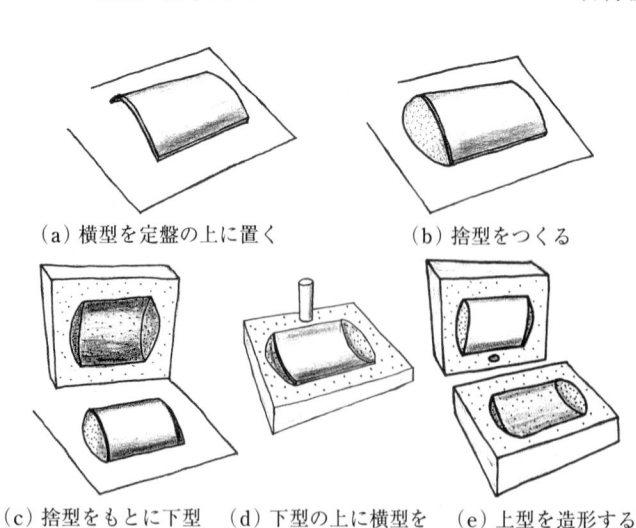

図3.3 現物の模型を用いた場合の造型法の模式図

は底面が平らに仕上がるが，大仏の石膏模型では3点が定盤に接するだけで平らではないので，模型の分割面すべてにこのような細工を行う．この場合，分割面は曲面を描いて仕上がる．その上に金枠を置いて鋳物砂を込め，図(c)のような下型をつくる．鋳型を反転して捨型を取り除き，外型に石膏のブロックを乗せた状態〔図(d)〕で，そこに鋳物砂を込めて上型をつくる．上型を外し〔図(e)〕，石膏のブロックを取り除く．石膏のブロックを取り除いた鋳型の上に先ほどの上型を重ね合わせると，石膏のブロックの厚さだけすき間ができる．そこへ金属を流し込めば，石膏のブロックと同じものを金属に置き変えることができる．

このようにして149個の鋳型を順次作製する．もちろん，鋳型は一度にまとめてつくったのではなく，数個ずつ鋳型をつくっては金属を流し込み鋳物とした．鋳型は炭酸ガス型法（CO_2プロセス）で行われた．炭酸ガス型法とは，鋳物砂（ケイ砂）に水ガラス（ケイ酸ソーダ）4～6％を配合して鋳型をつくったあと，炭酸ガスを通気して鋳型を硬化させる方法で，奈良や鎌倉の大仏の鋳型（生型）と比べて鋳型の強度が高く，乾燥を必要としない．

なお，この鋳型製作では，鋳型に流し込んだ金属が凝固収縮により生ずるひずみを最小限に抑えるために様々な工夫が施されたことはいうまでもない．もし，個々の鋳物のひずみが大きければ，149個の各鋳物を一体に組み立てて18mの大仏にはできないことは容易に想像がつく．曲面を描いた板状の鋳物を溶融状態から室温まで冷却し，ひずみを生じないようにするには，金属の溶解温度や鋳込み温度にも厳しい管理が行われたことと思う．

3.6 鋳込み作業

青銅（JIS規格BC6）のインゴットを約1 200℃で溶解し，それを鋳型に注ぎ込み，金属を鋳込んでから約12時間後，鋳型から青銅の鋳物を取り出す（図3.4）．奈良の大仏や鎌倉の大仏に比べ，鋳型は屋内で風雨にさらされることもなく，また149個に小さく分割して鋳込みを行うことにより，溶けた金属は鋳型の隅々まで流れ込み，鋳物は比較にならないほどきれいに仕上がる．鋳造欠陥もあったと思われるが，仕上がり状態ではまったくわからない．なお，青銅は総重量で約286トン使われた[2]．

図3.4 鋳物を鋳型から取り出したところ（写真提供：福井テレビ）

3.7 組立て作業

鋳造工場で149個に分離，鋳造された大仏のおのおのの鋳物は現地に運び込まれ，組立てはミグ溶接により行われた（図3.5）．溶接に際し，溶接箇所が鋳造した金属の色合いと合うように，溶接棒は独自に研究開発してつくられたものが使用された[2]．ミグ溶接とは，溶化金属（溶接棒）自身が消耗電極となり，溶接棒の先端と接合させる金属との間にアークを発生させてアルゴン

ガス雰囲気中で行う溶接法である.
　なお,内面には大仏の肉厚に合わせて,下部は25mm,頭部は13mmの補強板がハニカム状に溶接されている.

3.8 仕上げ加工

　溶接された箇所は,表面を仕上げた後,化学的に着色処理を行い仕上げられている.その結果,接合面は肉眼で認識することは難しいほどよくできている.
　なお,奈良の大仏や鎌倉の大仏は,大仏完成後,鍍金を施し黄金の輝きを放っていたが,越前大仏には鍍金は行われていない.しかし,大仏の後ろの光背は金色に輝いている.ただし,これは鍍金で行われたのではなく厚さ1/1 000mm,約11cm角の金箔を2枚重ねで約33 000枚を貼ったものである[2].

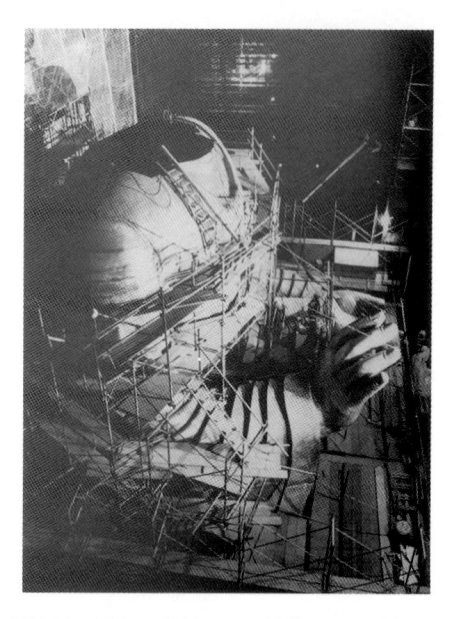

図3.5 現地で分割された鋳物をミグ溶接で接合しているところ(写真提供:福井テレビ)

3.9 おわりに

　以上,簡単に現代の技術でつくられた大仏の製作方法を紹介したが,この越前大仏は,東京都板橋区の東京大仏や青森の昭和大仏を鋳造した金井工芸鋳造所(京都府城陽市)が請け負って製作したものである.これは,まさに近代の鋳造技術,溶接技術,現代芸術,そして様々な技術の融合によってつくられたものである.また,現代の技術を用いても大工事であることは容易に想像がつく.それを,いまから1 200年以上も前に私たちの祖先は起重機などを初めとした動力機械もない中で,奈良の大仏のような巨大な鋳造物をつくり上げている.あらためて当時の技術者の知恵に,ただただ驚きを感じえない.
　越前大仏の製作方法について詳しく知りたい方は,本文を書くに当たり写真などを引用させていただいた次の参考文献2)を読まれることをお薦めする.

参考文献

1) 松岡　正:越前大仏について,素形材(1987-10) p.17.
2) 水谷内健次・林　晴生・飛田敏博・野尻明史:越前大仏,福井テレビジョン放送(1987).

*4*章　大物鋳物の製作法

4.1　はじめに

　前章までに，奈良，鎌倉そして昭和と，それぞれの時代に製作された巨大鋳造物である大仏の製作法について紹介した．本章では，産業機械における大物鋳物の製作の一例を紹介する．大仏の製作と似たようなことが多々あると思う．

4.2　鋳物とは

　最初に，鋳物について簡単に説明する．まず，鋳物とは鋳造でつくられたものをいう．それでは鋳造とは何か．金属が溶けるという性質を利用して，つくろうとする製品と同じ形状・寸法につくられた空洞部〔これを鋳型と呼ぶ．砂型（砂でつくった型），金型（金属でつくった型），中には黒鉛，セラミックスでつくられるものもある〕に，必要な化学組成を持つ溶けた金属（溶湯）を所定の温度範囲で流し込んで固める．このとき，金属を溶かす温度（溶解温度），それを型に流し込む温度（鋳込み温度）の管理を誤ると品物に欠陥を生じる．そして，所定の温度に冷却してから鋳型を壊し（型ばらし），型の中の品物を取り出し，必要な仕上げを施して鋳物としての素材とする．型を壊す際，鋳物の温度が高いと，品物が割れたり，変形したりするが，室温まで冷却していたのでは時間がかかるため，品物の形状，大きさなどにより管理している．この鋳物をつくる技術を鋳造という．

　すなわち，鋳造とは複雑な形状でも大きな物でも一体に製作でき，一つの模型（木型）で同じ物を幾つも製作できる優れた金属加工法である．鋳物の歴史は古く，人類が金属を溶かす方法を知った紀元前4000年頃に始まるといわれる．そして，科学や技術が進んだ現在の各種工業製品においても，鋳物は欠くことのできない製品として使われている．ハイテクを駆使された電車，自動車，ジェット機，船，発電所など，数え上げたらきりがないほど私たちの生活の中に溶け込んでいる．

4.3　製作物（ケーシング）の概要

　鋳物のつくり方は，大きさ，形状，製作個数，使用目的，要求される精度などの条件により様々な方法があり，またその材質も多岐にわたる．ここでは，ポンプ（縦型斜流ポンプ）部品のケーシングを例に，簡単に紹介する．このポンプは，大型で曲線形状を有し，製品の肉厚が品物の大きさに対し薄く（側壁で34 mm），製作個数2個と少量，また材質は鋳鉄といわれる鉄系で耐圧性を要求される鋳物である．

　図4.1は素材完成品で，高さ2.6 m，外周の最大径3 m，重量18トンで，写真左側を下向きにし，この下に羽根車を取り付け，羽根車を高速回転させて水を上に吸い上げるポンプのケーシングである．このとき，吸い上げられた水は渦を巻くように上がろうとするが，それではポンプの性能が下がるため，ケーシング内で渦巻く水の流れを上部配管に沿うようにガイドベーン

62　4章　大物鋳物の製作法

図4.1　ケーシングの素材完成品（高さ2.6m，最大外周径3m，重量18トン）

で流れを整える．ガイドベーンはケーシングの外周部と内筒の間に取り付けられ，三次元にねじれた板状のものである．

このような複雑な形状をつくるには，外周部の型（外型）と鋳物中空部をつくる中子と呼ばれる型を組み合わせて鋳型をつくる．鋳物は，この中子をうまく組み合わせることにより複雑な形状の品物を一体でつくることができる特徴がある．

4.4　鋳造方案

　鋳物の製作に先立ち，どのような方法で製作するかを決めることを鋳造方案といい，模型（木型）については同様に模型（木型）方案という．木型や鋳物の製作は種々の方法があり，品質，コスト，納期，製作工場の設備などを加味して鋳造方案および木型方案を決定する．
　ここで紹介する方法は，その中の一つとして捉えてほしい．なお，外型および中子の製作方法は，鋳型を分割して作成する方法を採用した．

4.5　鋳型をつくる

5.1　中子製作

　このケーシングは，水の流れを整えるガイドベーンが三次元にねじれているため，この部分の中子をガイドベーンの数（7枚）に分割してつくる．図4.2は，ガ

図4.2　ガイドベーン用中子

図4.3　ガイドベーン用模型（木型）

イドベーンのすき間をつくる中子である．図4.3は，その中子をつくるための模型（木型）である．この型で同じ物を7個つくる．溶けた金属が触れる部分は，高温の金属に鋳型が耐えられるように耐火度のある物質（塗型材）を塗る．

　図4.4は，ケーシング中心部（中心はシャフトが入る部分）の中子に砂を込め終えたところである．図4.5は，この中子に別につくった中子を組み込み，塗型を施した状態を示す．別につくった中子を組み込んだ箇所は，形状的に一体にできないため，その部分を分割して組み込む構造とした（この部分を寄せ中子という）．型のすき間には中子を支える鉄系の「ケレン」（型持ち）と呼ばれるものが幾つか見える．これと同じものを同様にもう一つつくる．ケレンとは，中子を支えたり，定位置に保持するために鋳型の空隙部に置かれる金具をいう．

　図4.6は，中子を下型の上にセットしているところである．下型には中心線をけがき，さらに通水部の中子の位置を決めるために7等配のけがき線も入れ，それらをもとに中子をセットしていく．最初に，図4.5の中子を一つずつクレーンで吊り上げて垂直にセットし，その後，残りの半分をぶつけないように，かつすき間をあけな

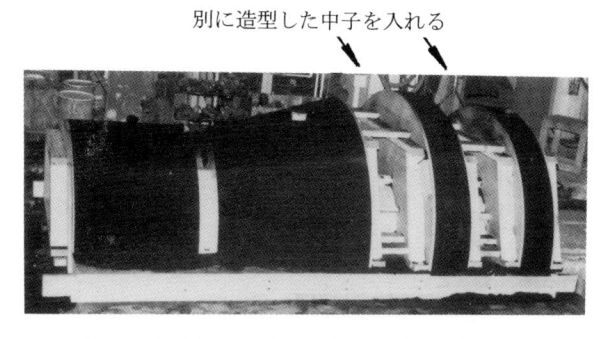

図4.4　中心部中子造型後（造型は掻き型による）

図4.5　中心部中子（1/2）完成

図4.6　中心部中子を組み終えた後，ガイドベーン用中子を組み合わせる

図4.7　中子をすべて組み終えた後，塗型作業を行う

いようにセットする．鋳型は砂でつくられているので，ぶつかると壊れてしまう．
　なお，ここで使用される鋳物砂はフラン砂と呼ばれ，砂にフルフリルアルコールを樹脂化したものと硬化剤の酸を加えて硬化させたもので，強度は高く，大物の鋳型には広く使われている．そして，図4.2の中子を中心部の中子に沿うようにセットする．このとき，図4.2の中子は重心が上にあるため，底面が水平になりにくく，位置調整やセットするのに手間がかかる．さらに，定位置にセットした後も中子の重心が上にあるため，安定性が悪く，そのままでは倒れてしまうため，工場内の柱にワイヤを張って固定したりする．残りの型は，順次最初の中子に沿うようにセットする．すなわち，最初の1個が基準となるし，またそれ以後の中子の重さも加わるので，慎重にセットしないと最後の中子がうまく入らず，すべて一からやり直しとなることもある．
　図4.7は，図4.2の7個の中子をすべて組み終え，塗型材がはがれたところを塗り直しているところである．

5.2　外型製作

　外周部の外型は一体でつくることも可能であるが，一体ではクレーンの許容重量（15トン）をはるかに越えてしまうため，ここでは外型を縦方向に4個に分割し，さらに上下を2個に分け8分割した．図4.8は，外型下部の木型に砂を込め終えたところである．

　図4.9は，図4.8の型を4個下型に組み終えたところである．外型から紐のようなものが見えるが，これは鋳型に溶けた金属を流し込んだとき，その熱で鋳型から発生するガスを鋳型の外に導き出す「サラン紐」と呼ばれるものである．このガスが鋳型の外に出なくて，もし流れ込んだ金属部に出ると，鋳物の中にこのガスによる気泡を生じることがある．

　図4.10は，図4.9の上に乗せる外型の一つをクレーンで吊り上げたところである．型の中央上

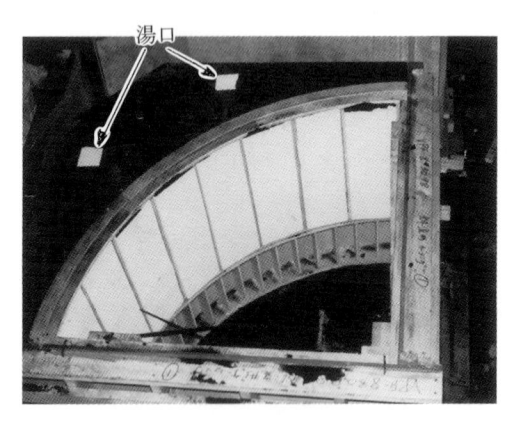

図4.8　外型の下1/4を造型し終えたところ

図4.9　外型の下の4個を組み終えたところ

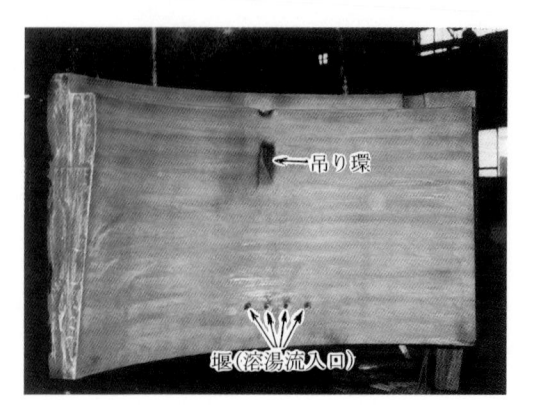

図4.10　外型の一部

部の空洞部は，ケーシングを吊るときの吊り環になる．この吊り環は，製品としては必要ないが，鋳物ができた後の作業で鋳物を吊り上げるとき，この環にワイヤロープを通して吊り上げれば，作業を安全に行うことができるために付けられたものである．中央下の四つの穴は，溶けた金属が鋳型に流れ込む堰と呼ばれるものである．

　鋳型を1個セットするたびに図面と照合し，寸法，肉厚を必ず確認する．鋳型をつくる模型は，このくらいの大きさになると少しずつずれを生じる．鋳型と鋳型のすき間が厚い場合はそのままとするが，薄い場合は品物の肉厚が薄くなり，強度が不足するため，鋳型を削って所定の寸法とする．大仏をつくったときも，この作業と同じように鋳型と鋳型のすき間を確認しながら鋳型を1個1個セットしたと考えられる．

　図4.11は，外周部の鋳型をすべて組み終えた状態である．写真中央下に白く見える筒状のものは，溶けた金属が流れる湯口と呼ばれるもので，セラミックスでできたものを組み合わせたものである．この周囲に金枠をセットした状態が図4.12である．そして，金枠とのすき間を砂で埋め上型をセットすると鋳型は完成する．

　溶けた金属（溶湯）は，直接品物に流入するのではなく，鋳型内を図4.13のような「湯口系」と呼ばれる通路を通って品物まで導き，静かに速く鋳型内を充填させる．

図4.11　外型すべての組合せを終了

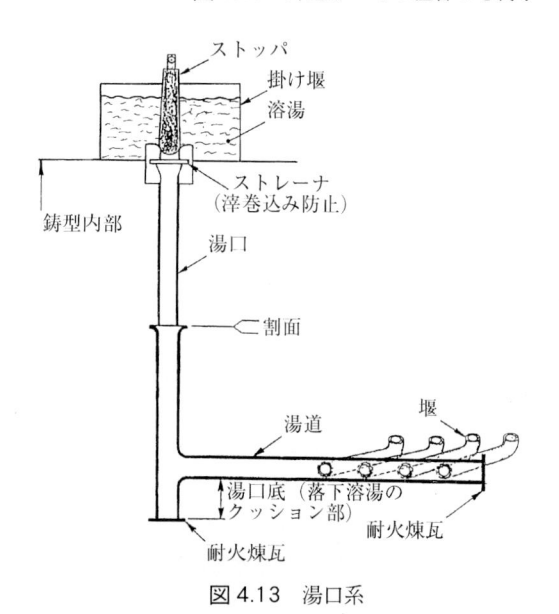

図4.12　金枠をセットしたところ

図4.13　湯口系

4.6 鋳込み作業

　溶解炉で，所定の温度（溶解温度約1500℃）に溶解した溶湯をいよいよ鋳型に流し込む．この製品では23.6トンの溶湯を必要とした．品物の重量より多くの溶湯を必要とするのは，溶けた金属は凝固するとき収縮する（凝固収縮）ため，それを補う分（押湯）や湯口系などの品物以外の金属を必要とするためである．溶湯は，所定の温度（鋳込み温度約1320℃）で鋳込む．溶湯は取鍋と呼ばれる鉄板製の容器の内面に溶湯の温度に耐えられる耐火物を張ったものを使用し，運搬はクレーンで行う．

　ここでは，クレーンの能力や設備の都合上，鋳型に溶湯を流し込む前に，鋳型の上のストッパで栓をした「掛け堰」に3.6トンの溶湯を溜める．そして，溶湯を10トンずつ入れた二つの取鍋から掛け堰に溶湯を流し込み，同時にストッパを抜き，鋳型の下部に取り付けた堰から鋳型内へ溶湯を流入させる．鋳型内へ溶湯を流し込む場合，重量や高さのあるものや，肉厚の薄い鋳物では溶湯を1箇所から入れると溶湯先端の温度が低下し，鋳型の隅々まで溶湯がいかないことがある．そこで，溶湯が入る堰を数箇所つくり，さらに高さ方向にも2段あるいは3段階に分けて，鋳型内の溶湯温度が低下して欠陥が発生しないようにする．この品物では，鋳型下部から4本の湯口系（湯口系1本に対して堰が4本に分岐），すなわち，16本の堰から溶湯が流入し，そして約半分の高さから湯口系4本の溶湯が入るようにした．

　図4.14は，ストッパをすべて抜き上げ，湯口系すべてから溶湯が鋳型内に流入し，鋳込みも終了間際の状態である．鋳型の側面で何箇所か炎が見えるが，これは鋳型から発生したガスがサラン紐を通して鋳型の外に導かれ，燃焼している状態である．この取鍋には鋳鉄の溶湯が最大10トン入り，それをクレーンで吊り上げ，写真では見えないが，作業者がハンドルを回して溶湯を掛け堰に流し込んでいる．この作業は，溶湯を掛け堰内に一定量保持させながら溶湯を入れないと，溶湯表面に浮いた不純物が鋳型内に巻き込まれる恐れがある．この写真のように2人で作業を行う場合，2人の呼吸が合わないと，掛け堰内の溶湯が不足して溶湯表面の滓が鋳型内に入り鋳造欠陥を生じたり，あるいは入れすぎて溶湯があふれ出たりする．また，作業者は溶湯のふく射熱にさらされるため過酷な作業でもある．

図4.14　鋳込み作業

　この鋳込み作業で，ストッパを抜いて溶湯が鋳型内に充満する時間（鋳込み時間）は約100秒である．これより極端に時間が早かったり，遅かったりすると，鋳造欠陥を生じる原因となる．湯口系の数や位置は，鋳型内の溶湯温度，溶湯の流れや鋳込み時間を大きく左右する．

　鋳込み作業は，高温の溶けた金属を扱うことと，溶湯を流し込む約100秒間で品物の出来を大きく左右するため，作業中は緊張感が漂う．まれに，溶湯を鋳型に流し込んだとき，鋳型が溶湯の圧力に耐えきれず，溶湯が鋳型の外に流れ出ることがある．それは，約

1 300 ℃の溶けた金属が周囲に飛び散り，二次災害の危険も生じるし，品物は，当然つくり直しとなり，作業者にとっては後かたづけという余分な仕事も増えることとなる．この品物の場合，後かたづけに3日はかかる．管理者にとっては数百万円の損害，納期遅れの対応など，大問題となる．そして何よりも怖いのは，鋳型の外に流れ出た溶湯による二次災害や後かたづけ時の作業者の怪我である．

　人はものをつくっているときは前向きに仕事に取り組むが，不具合が出たときの後かたづけは気力も失せて注意力も散漫となり，怪我が起こりやすくなる．そのため，大物の鋳込みのときは工場内は緊張感に包まれ，関係者の目は鋳込み作業1点に集中し，この間は話声すら聞こえない．そして，無事鋳込みが終了すると，大きな安堵のため息が聞こえる．この一瞬は鋳造作業の醍醐味でもある．

4.7 型ばらし作業

　無事鋳込み作業が終了すると，型ばらし作業に入る（図4.15）．型ばらし作業は，品物の温度が200℃以下になってから行う．品物の温度が高いうちに型ばらしを行うと，特にこのケーシングのように肉厚が薄く形状が複雑なものでは，外周部と中心部では温度差が200～300℃もあり，そのため冷却速度の違いから金属の収縮がアンバランスとなり，鋳物にき裂が入る．そこで，鋳込みの翌日から徐々に鋳型を壊し，品物の温度を少しずつ下げ，3日の時間をかけて砂落としを完了する．

　型ばらし作業は，産まれてくる子供を見るような気持ちである．というのは，鋳込みを無事終えても鋳型の中の様子はまったくわからず，型ばらしを終えて品物の姿を見て初めて結果がわかるからである．時には，大欠陥を生じて品物として使いものにならないこともあるので，うまくできたときの喜びはひとしおである．

図4.15　型ばらし作業

4.8 仕上げ作業

　品物に付着した砂を除去し終えたらグラインダで品物の仕上げを行う．作業時間は1人で10日位かかり，そして晴れて鋳物となる．図4.16は，グラインダ仕上げも終了し，素材として完成した鋳物である．中央部にある8箇所の丸い点は，中子を支えるために取り付けたケレンの座を除去した跡である．

　この品物は鋳造欠陥がないものができたが，もし鋳造欠陥が生じた場合は，事前にユーザーから承認された方法で補修を行う．補修方法は溶接で行うが，

図4.16　鋳物素材完成

鋳鉄は靭性が低く，形状が複雑な場合は補修をすることによりき裂が発生し，品物が使えなくなることもある．そのため，溶接補修を行うときは事前に充分検討のうえ，高度な技術力を持った者が作業に当たる．この補修作業については改めて述べたい．

　以上，自動車部品のように機械化されて何千個もつくるような鋳物ではなく，典型的な労働集約型でつくる大物鋳物の製作過程を簡単に紹介した．これらの鋳物づくりの過程では，時には品物の出来が不本意な結果に終わり，関係者一同肩を落としがっかりすることもある．しかし，難しい品物が思いどおりにできたときは肩を抱かんばかりに喜び合い，モノづくりの楽しさ，醍醐味を共有できる．本章で紹介したケーシングはその楽しい思い出の一つである．

5 章　鋳掛け作業

5.1　はじめに

　Ⅱ部の1，2章で奈良の大仏および鎌倉の大仏の製作方法を紹介した際，鋳込みがすべて終了し，鋳型を取り去った後の大仏表面に発生した欠陥の補修方法として，「鋳掛け」について触れた．本章では，この鋳掛けについて紹介する．

5.2　鋳掛け

　鋳掛けとは，今日の溶接技術における溶融溶接と同様に，金属と金属とを溶かして組織学的に接合する方式であり，その方法は鋳物の不良箇所に溶けた金属を注いで溶け合わせて一体とする技術である．

5.3　鋳掛け作業の方法

　鋳掛けは，おおよそ以下のような手順で行われる．
（1）欠陥部周囲の鋳型の砂を取り除く．
（2）欠陥部をタガネを用いてすべて除去する．現代ならば，グラインダで除去する〔図5.1（a）〕．
（3）欠陥部周囲の鋳物表面の酸化皮膜をタガネで削り，接合しやすくする．
（4）中子（なかご）の砂は，流し込む溶湯により鋳物が溶けやすくするために，欠陥部より少し深く，大きく削り取る．欠陥部を除去する際に，必要以上に中子が壊れた場合は，鋳物砂で形状を整える．そして，その表面に黒鉛のような耐火物を塗る．
（5）欠陥部より少し大きめに鋳物砂で土手をつくる．この土手に鋳物表面より少し高い位置に，最初に流し込んだ溶湯が流れ出るように溝を入れる〔図5.1（b）〕．
（6）接合の基本事項である接合面を活性な状態にするため，タガネなどで削った面が汚れていないことを確認する．
（7）鋳掛けでは，鋳掛けをする鋳物表面を溶かさなければならない．そこで，鋳物の予熱を木炭を用いて行う〔図5.1（c）〕．同時に鋳型の乾燥も十分に行う．鋳掛けでは，溶湯を鋳物表面が溶けるまで流すため，鋳物の鋳込みのときより鋳型を乾燥しないと，水分が気

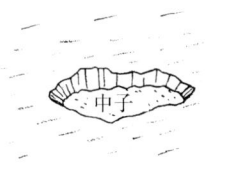

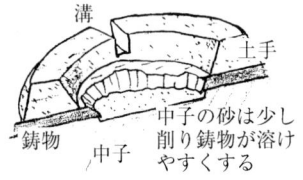

(a) タガネで欠陥部を除去する

(b) 鋳物砂で土手をつくる

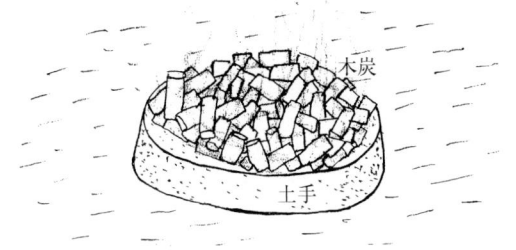

(c) 鋳掛けをする鋳物の予熱を行う

図5.1　鋳掛け作業の準備

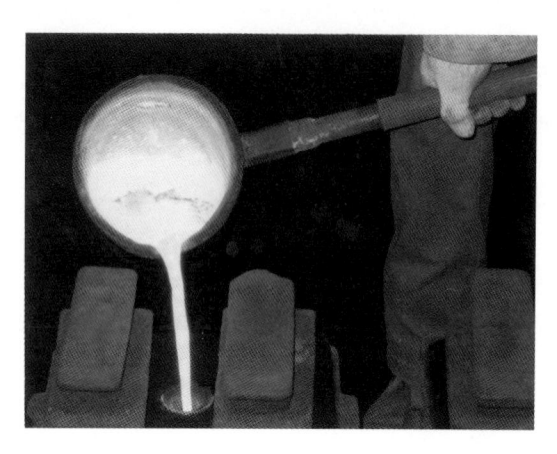

図5.2 ひしゃく(湯汲み)

化して金属を吹き飛ばしたり，金属内に気泡を生じる原因となる．

(8) 鋳物が十分加熱したら，いよいよ溶湯の流し込みを行う．予熱に使った木炭を取り除き溶湯を流し込む．流し込む場所は，欠陥を除去した鋳物表面に溶湯の熱を効率よく鋳物に伝えるように1箇所に流し込み，そして，周囲の鋳型が削られるのを防ぐように行う．なお，この作業は流し込む溶湯の位置を柔軟に対応できるように，図5.2のような耐火物で裏打ちされた金属の容器に柄がついたひしゃく（湯汲み）を用いたと考えられる．欠陥が大きい場合は数人で交代に行う．

(9) 溶湯を流し込みながら鋳物の表面を金属棒でこすり，鋳物表面が溶けたのを確認し，鋳物と流し込んだ溶湯と完全に溶け合うように再度流し込んで鋳掛けを終了する．

(10) なお，このままだと流し込んだ溶湯は周囲の鋳物に急激に熱を奪われ，流し込んだ金属部と鋳物との境界にき裂が入る恐れがある．そこで，金属部を徐冷するために，金属部表面を木炭で覆って燃焼させ，さらにその表面に藁灰を被せて徐冷する．

5.4 大仏の鋳掛け作業

鋳掛け作業とはどのようなものか理解していただけたと思う．大仏の鋳込みが終了して鋳型を取り除くときは，すべての鋳型を取り除いてから次の作業を行うのではなく，頭部から徐々に壊し，壊した鋳型を足場として様々な作業を並行して行う[1]．

鋳掛け作業は，鋳込みで使った溶解炉（こしき炉）を壊した鋳型の上に設置する．壊した鋳型の砂があると，流れ出た金属の処置がしやすく，安全面からも好ましい．その周囲では外型と外型のすき間に生じた大きなバリなどを取り除いたり，鋳型を取り除く作業も並行して行われる．作業場は，火の子や溶けた金属がはねたり，はつりをしたバリが飛んだり，ヒュームやほこりが舞ったりする．また，鋳込んだ金属は固まってはいるものの，まだまだ熱く，さらに溶解の熱などで，まさに地獄絵のようではなかったかと推察される．

鋳掛け作業は，高度の経験と技術，そして体力を要求される．特に，熱による体力の消耗は，欠陥の大きさにもよるが相当のものである．鋳物の表面が溶けるまで流す金属の量は，欠陥部の数倍が必要で，流し込む金属と流れ出た金属によるふく射熱はかなり厳しかったはずである．

5.5 鋳掛け師と鋳物師

鋳掛け師とは，鋳掛けに携わる人々に対して使われた呼称である．ちなみに，鋳物業に携わる人々に対しては鋳物師（いものし（いもじ））あるいは御鋳物師（おんいものし（おんいもじ））と呼んだ．河内丹南では日置明神という鋳物師がいて，その末裔が代々鋳物師を継承してきたが，703年に，鋳物師は国家の重器をつくる重要な職業であるとして藤原の姓と国家の名を賜った．1153年には灯ろう109基を献上し，その光が

終夜禁裏（天皇の住居）を輝かした功績により禁裏御用鋳物師の特権を与えられた．その後，この特権を得た鋳物師の子孫が各地に分散し，天明筋目（上帝の命を受けた家柄）の109人の子孫を名乗ることを誇りとし，御鋳物師と称されるようになった[2]．

鋳掛けを職業とする人は，第二次世界大戦後のある時期まで，鍋，釜を直しに家々を訪れていた．これは，時代が遡ればさかのぼるほど，鉄はいまから比べ物にならないほど高価であったことと，材質上の問題があったためである．

鍋，釜は鋳物でつくられていた．その材質は鋳鉄ではあるが，ねずみ鋳鉄（図5.3）ではなく，白鋳鉄（図5.4）が多かった．白鋳鉄は，炭素がほとんどセメンタイト（Fe_3C）になっているため，脆いがとても硬い．そして，鉄がセメンタイトの形をとっているので錆にくいというよさもあった．しかし，火にかけて何度も繰り返して加熱されるため，セメンタイトが分解して鉄と黒鉛になり，この鉄が加熱されて酸化して錆となり，さらに進行して，ついには穴があく．そこで，この穴を鋳掛けによってふさいだといわれている[3]．

鍋，釜は，軽量化対策として薄肉としているが，溶けた鋳鉄をこのような薄肉の鋳型に流し込むと急冷され，組織は図5.4のような脆弱な白鋳鉄となる．その対応法として，鋳型を予熱して急冷を防ぎ，そして現代であれば黒鉛が晶出しやすいように炭素とケイ素の含有量を高めた鋳鉄が使われる．

図5.5，図5.6は上記の対策を施し，こしき炉で溶解をして，茶釜を製作したときの肉厚3.5

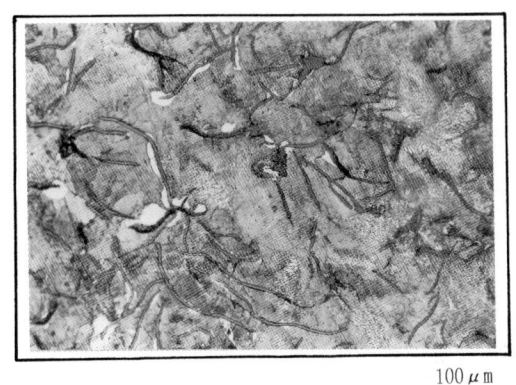

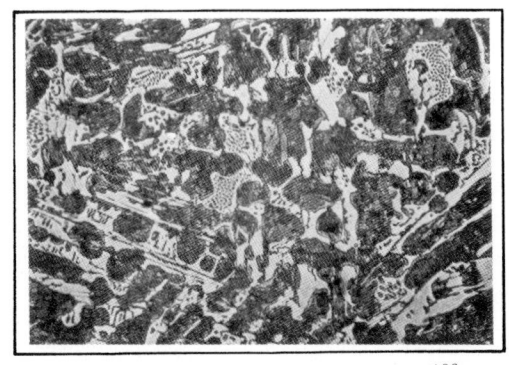

図5.3　ねずみ鋳鉄顕微鏡写真

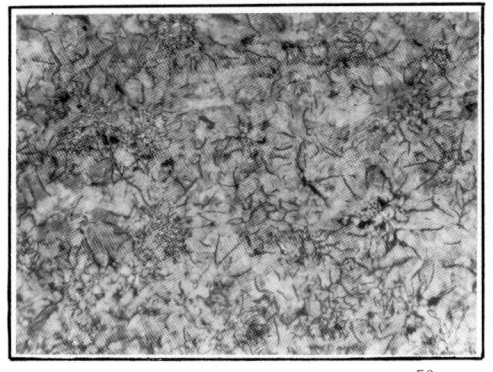

図5.4　白鋳鉄顕微鏡写真

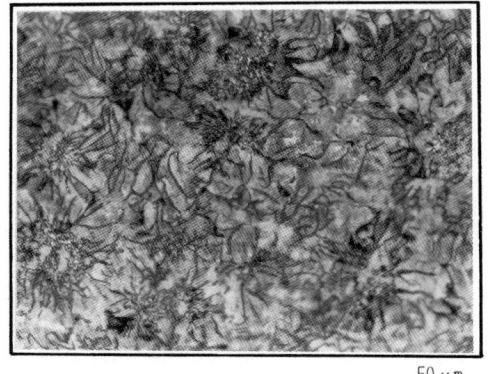

図5.5　こしき炉で溶解した鋳鉄（鋳造のまま）

図5.6　こしき炉で溶解した鋳鉄（焼なまし後）

mmの茶釜の顕微鏡組織写真である．図5.5は鋳造のままで，図5.6は焼なましをして材質の軟化と応力除去をしたものである．このような薄肉鋳物の鋳型の合わせ面などにできる薄い板状の突起物（鋳バリ）は，鋳造のままの状態では鋳バリが白鋳鉄化していて脆弱なため，ハンマでたたいて除去すると鋳物にき裂が入ることがある．そこで，通常は仕上げる前に炭火でまっ赤に加熱して焼きなましを行い，図5.6のような組織にしてから仕上げ作業が行われる．図5.6に見られるように，焼なましを行うことにより黒鉛が大きく成長することがわかる．

長い年月の加熱と水の接触により，鋳鉄はこの黒鉛を介在して腐食が進行する．茶釜や鉄瓶の管理では，使用後の水分の除去と乾燥した状態で保管する重要性が理解できる．なお，鋳鉄の薄肉化は自動車にとっても重要な課題である．自動車には鋳鉄が単体重量の10〜15％使われているため，燃費向上のための軽量化，すなわち薄肉化が図られている．

電力事情がよくなりアルミニウム精錬が盛んになると，鍋，釜の材質も鉄からアルミニウムに変わり，鋳掛けを職業とする人は包丁研ぎやアルミ鍋の修理も行うようになった．アルミニウム鍋ができた当初は，いまみたいにデザインが気に入らないからと簡単に買い変えられるほど安いものではなく，穴があいたらアルミニウムのリベット材などをたたいてつぶして使っていた．しかし，その姿はいつしか見られなくなった．

5.6 江戸時代の鋳掛け職人

本節では，江戸時代の職人絵図[4]を参考に，実用的にそして簡便に行われていた鋳掛け職人について紹介する．江戸時代の職人の様子を描いた絵の中に，鋳掛け職人の様子を描いたこれらの絵があるということは，鋳掛けが，鍋，釜の修理を通じて日常生活に密着していたことがうかがえる．

また，歌舞伎の「船内込橋間白波（ふねへうちこむはしまのしらなみ）」は鋳掛け職人を題材にしたもので，当時の職人の体裁を知ることができる．鋳掛け職人は，肩に天秤棒を担ぎ，その両端に小型の箱ふいごと道具箱をぶら下げ，村から町へと渡り歩いた（図5.7）．この天秤棒は鋳掛け職人のトレードマークとされ，天秤棒の届く限りの範囲では自由に営業ができた．また，この天秤棒は，普通のものは六尺に対し七尺五寸ともいわれている．なお，『人倫訓蒙図彙』では，鋳掛け屋は出職として町や村を廻って仕事をしたのに対し，鋳掛け師は小工房に住んで居職の形をとり，客が持ち込んだものの補修を行っていたとある．

図5.8は，17世紀後半の釜の底を修理している上方鋳掛け師の仕事場である[4]．右手には火吹き竹を左手にはカナハシを持っている．火吹き竹とは，一端に小さな穴をあけた火をおこす竹の筒で，口にくわえて息を吹き込んで先端の小さな穴から局部的に空気を勢いよく吹き付ける道具である．ここでは，ふいごの役目をしている．19世紀初めの江戸における出職の辻商売の絵図には，箱ふいごを操作して鍋の鋳掛け作業をしている場面が幾つも見られる[4]．また，図5.9は，19世紀前半の江戸における鋳掛師の仕事場で，箱ふいご

図5.7 鋳掛け師（近世職人尽歌合）

図5.8　鋳掛け師（人倫訓蒙図彙） 　　図5.9　鋳掛け師（新撰百工図絵）

で火づくり場に火をおこし鍋の鋳掛けをしている[4]．

なお，J. A. メンデルは日本旅行記『航海と旅行』（1669年）という本で，これらの図に見られるような鋳掛けの空気吹き方法を紹介している．さらに『鉄の歴史』の中で，ベックは，「薄い鍋，釜の鋳造にかけては，日本人は中国人に劣らず優れていた．日本の行商の鋳掛け屋は，鋳鉄を溶かしその表面にふいごで活発に空気を吹き付けることによって，鉄の中の炭素が酸化し，また鉄そのものの一部分が酸化し，鉄を流動状態に保持する十分な熱が発生する」と述べている．

近代製鉄法の最大の改革である転炉製鋼法の発明者ベッセマーは，この日本の鋳掛けの原理にヒントを受けて，彼の転炉を創案したともいわれている[5]．その真偽はともかくとして，日本の土着技術の鋳掛けと世界文明の様相を一変させたともいわれるベッセマー転炉は，原理が同様であるが，鋳掛けはベッセマー転炉よりも早くから行われ，さらにそのことが世界で論議された事実は心惹かれるものである．図5.10は，1938年から1957年まで日本鋼管（株）〔現JFEエンジニアリング（株）〕で稼働していたトーマス転炉である．この転炉は，1879年にイギリスのトーマスがそれまでの転炉に改良を加えたものである．

5.7 強度評価

鋳掛け補修は，品質を要求される現代の鋳物においては信頼性に乏しいため，過去の遺物とみられ，その評価もほとんど行われていない．参考までに，ねずみ鋳鉄と青銅鋳物について行った鋳掛けの試験結果を以下に簡単に記す．

図5.10　トーマス転炉（川崎市・市民ミュージアム）

5.7.1 ねずみ鋳鉄の場合

　直径30mm，長さ550mmの炭酸ガス型にFC200の鋳鉄を鋳込み，それを半分に切断し，図5.11に示すような炭酸ガス型にセットする．接合面から表面40mmをグラインダで削り，金属が接合しやすくする．予熱は行わず，1470℃の母材と同等の金属を湯汲みで湯口から注ぎ，鋳型内を金属が満たした後も，接合面の金属が溶けるようにしばらく金属を流してから鋳込みを止める．

　後熱は湯口の周囲を木炭で覆った．型ばらし後，接合部を中心にJIS Z 2201の8号試験片に加工して引張試験を行う．その結果，母材の引張強さは252MPa（26kgf/mm^2）に対し，鋳掛け後の引張強さは236MPa（24kgf/mm^2）で，継手効率94％という結果が得られた．なお，破断箇所は図5.12に示すように母材側の熱影響部であった．

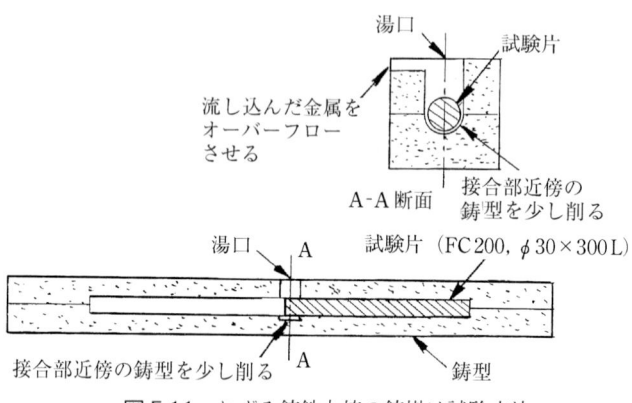

図5.11　ねずみ鋳鉄丸棒の鋳掛け試験方法

図5.12　引張試験後の破断部と破断面（ねずみ鋳鉄）

5.7.2 青銅鋳物の場合

　材質PBC2をJIS H 0321のA号に鋳込み，それを半分に切断して，図5.13に示す炭酸ガス型の鋳型の片側にセットする．接合部先端を円錐状にグラインダで加工し，金属が接合しやすい形状とする．予熱は行わず，約1100℃の母材と同等の金属を湯汲みで湯口から注ぎ，接合部脇の穴から金属をしばらく流出させたところで鋳込みを止める．後熱は行わず，型ばらし後接合部を中心にJIS Z 2201の4号試験片に加工して引張試験を行う．その結果は，母材の引張強さ306MPa（31kgf/mm^2）に対し，鋳掛け後の引張強さ279MPa（28kgf/mm^2）で，継手効率91％，母材の伸びは34.0％に対し，鋳掛け後の伸びは17.0％であった．破断箇所は，図5.14に示すように母材側であった．

　鋳掛けにおける上記の結果は，機械加工後，接合面に湯境などの欠陥がないことを浸透探傷試験で確認してから試験を行った．青銅鋳物の伸びの結果から推測されるように，接合部の組織は急冷され，組織は微細化していた

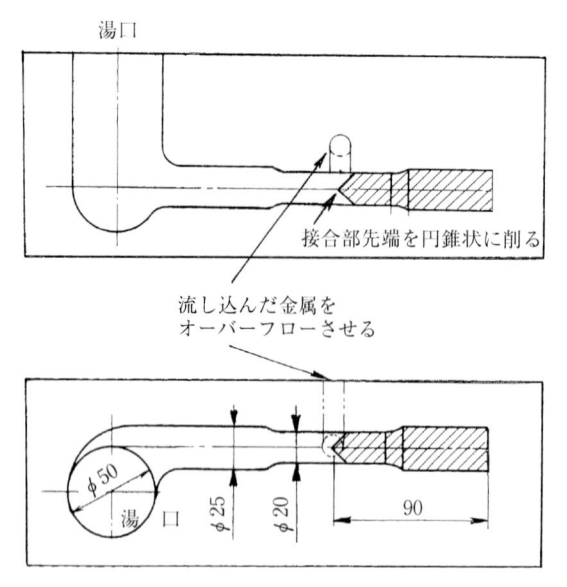

図5.13　青銅鋳物の鋳掛け試験方法

が強度は良好な結果が得られた．

5.8 鋳ぐるみ

鋳掛けの応用とも考えられる「鋳ぐるみ」という方法がある．鋳型内に同質または他の材料でつくられたものを入れておき，そこに金属を流し込み，それらの材料と溶着させ，鋳型で形づくられたものと鋳型内に入れておいた材料を一体に成形する技術である．

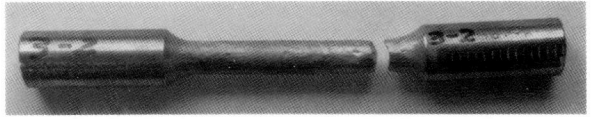

図5.14 引張試験後の破断部と破断面（青銅鋳物）

異種金属の組合せも可能であるし，複雑な構造物を部品ごとにつくっておき，それらを鋳ぐるみで一体構造とすることも可能である．また，鋳物内部に機械加工できないような通路をつくりたい場合，それらの形状にパイプを形づくり，それを鋳ぐるめばよいわけである．

このように，鋳ぐるみは異種材料の複合化など，多くの可能性を秘めており，工学的にも研究が行われている[6]〜[8]．

5.9 おわりに

ベッセマーの転炉法は，溶融状態で大量生産される銑鉄に20分ほど空気を通し，銑鉄中の炭素を除いて鋼に変えてしまうという世界文明を一変させたともいえる発明である．そして，その技術はLD法と呼ばれる純酸素製鋼法として現在も受け継がれている．その真偽は別にしても，当時，この発明が日本の鋳掛けの技術を活用したものと論じられたという事実は興味深い．そして，鋳掛けを過去の遺物のように捨て去られるには惜しい技術にも思われる．

鋳造は，数千年前から今日に至るまで様々な分野で使われてきた．そして，その長い歴史の中で鋳掛けのように鋳造とともに発展し，さらにそこから鋳ぐるみのように派生した技術も生まれてきた．ベッセマーの転炉法ではないが，長い間培われた技術の中には，われわれの生活に役立つ技術の種が隠れているように思えてならない．

参考文献

1) 香取忠彦（イラストレーション穂積和夫）：奈良の大仏世界最大の鋳造物，草思社（1981）p.60.
2) 日本鋳物協会 編：図解鋳物用語辞典，日刊工業新聞（1973）p.37.
3) 朝岡康二：鍋・釜，法政大学出版局（1993）p.253.
4) 遠藤元男：ヴィジュアル史料日本職人史［Ⅰ］職人の誕生，雄山閣（1991）pp.25-26.
5) 中沢護人：鉄のメルヘン，アグネ（1975）p.16.
6) 松井勝彦：鋳造工学，**71**（1999）p.733.
7) 野口 徹・野口 薫・大森二郎・鴨田秀一・清水一道：鋳造工学，**70**（1998）p.247.
8) 野口 徹・鴨田秀一・佐藤 司・佐々木健二：鋳造工学，**65**（1993）p.312.

6章 鋳物のお医者さん

6.1 はじめに

　前章では，鋳物の欠陥を補修する方法として鋳掛けについて紹介したが，近年の溶接技術の飛躍的な進歩に伴い，鋳物の補修も各種溶接法で行われるようになった．鋳鋼のように溶接性の良い材料では，溶接を積極的に活用し，一体で成形しにくい複雑な鋳物同士を溶接で接合するという方法も採られている．鋳鉄も多くの研究が行われ[1)～6)]，溶接補修については，その信頼性を確立しているものの，溶接性の悪さから鋳鋼のように構造溶接の利用にまではいたっていない．

　本章では，大物鋳鉄鋳物のガス溶接（酸素アセチレンガス溶接法）補修について紹介したい．

6.2 鋳物のお医者さん

　モノづくりに関わる人は，あまり補修のことについて話をしたがらない．モノづくりを知らない人にとっては，でき上がった品物しか知らず，欠陥を補修して品物がつくられたと知ると，「それは技術力がないから」と誤解を招く恐れがあるからである．メーカーとして品物を出荷するからには，メーカーの責任と信用において万全のものを出荷するし，また，客先と製作の打ち合わせをしてつくる品物では，製品の仕様を決める際に予想される不具合の対策も協議され，不具合の発生時はその協議内容に沿って補修は行われるので問題はない．

　鋳物づくりにおいても，最善の注意を払っていても鋳造欠陥を発生することがある．そのような場合，欠陥の程度，補修による影響などを考慮して溶接補修が行われる．ねずみ鋳鉄は，延性に乏しいため，特に複雑な形状で肉厚の薄いものは，溶接の熱によりき裂が発生する恐れがある．このような鋳物の補修では，溶接補修による局部的な熱による膨張，そして作業後の収縮に対する対応が重要となる．

　そこで，鋳鉄の溶接補修では，予熱，後熱，そして溶接に対する長年の経験と技術が要求される．鋳物の溶接補修をする人は『鋳物のお医者さん』のようで，名医であればよいが，処置を誤ると使いものにならなくなる．しかし，この名医のことは世間ではほとんど知られず，またお世話になっている患者（ここでは鋳物メーカー）も，お世話になっていること自体が技量のなさをさらすようで話をしたがらない．

6.3 ねずみ鋳鉄の溶接性

　鋳物に使われる金属材料は種々あるが，ねずみ鋳鉄はある程度の機械的強度があり，耐食性，耐摩耗性，振動吸収能などが良く，かつ鋳造性が優れているので，日用品から重工業材料まで広く使われている．この材料は，$C：2.5～4.0\%$，$Si：0.5～3.0\%$を主要含有成分とする鉄合金で，この多量の炭素（C）は基地中に固溶するほか，固まるときに溶湯から黒鉛として晶出し，前章の図5.4に示したような組織となる．この分散して晶出した黒鉛により，破面はねずみ色に

見えるため，ねずみ鋳鉄といわれる．この多量のCは，この材料の長所でもあり，欠点ともなる．鋳鉄の溶接を行うときにも，この多量のCの挙動が溶接性に大きな影響を与える．

鋳鉄は，以下のような理由で溶接性が悪いとされる．

（1）鋳鉄中の多量のCが溶接の際に酸化して一酸化炭素（CO）ガスとなり，溶接金属中に気泡を生じる．

（2）溶接部の金属は，冷却のときに急冷されて白銑化しやすく，白銑は収縮量が大きいため，き裂を生じやすい．

（3）鋳鉄は延性が乏しいこと，鋳造時の残留応力の開放と溶接時の応力発生および膨張収縮が複雑に重なり合い，き裂が発生する恐れがある．そして，ねずみ鋳鉄は黒鉛が片状に晶出しているため，き裂が柔らかい黒鉛に沿って伝播しやすい．

6.4 溶接補修の方法

鋳鉄のガス溶接[7]は，被覆アーク溶接[8]とともに一般的に採用されている溶接方法で，溶着金属は母材とほぼ同等となり，機械加工も可能である．しかし，加熱によるき裂の危険性があるため，大きな品物や薄肉の品物では，特にその対応が重要となる．

以下，溶接補修の要点を述べる．

（1）欠陥部は完全に取り除き，溶接しやすいように60°～90°の角度を付け，底は丸底に削り取る．

（2）鋳造時の残留応力を開放する方法として，木炭，コークス，電熱炉などで500～600℃に予熱する．例えば，図6.1でA部を溶接する場合，B部，C部を予熱し，この部分を膨張させ，溶接後A部が収縮したときにB部，C部が追随して収縮して内部応力を軽減させる．このように，溶接では熱が加わることにより，鋳物のどこに応力が掛かるかを適切に判断し，その処置を講じなければならない．

（3）溶接の際，Cの酸化によるCOガス発生を避けるため，ガスの炎は中性炎か，ややアセチレン過剰炎とする．

（4）溶接部周辺を赤色になるまで加熱した後，溶接部表面を溶融し，底部の溶融池に流れ込むようにする．

（5）溶接棒（鋳鉄と同様な成分）を加熱し，溶剤をつけて先端を溶融池に入れ，火炎を当てて溶融する．溶剤は，酸化鉄の融点（約1 350℃）を下げて溶融金属中から不純物を表面に浮かせ，同時に金属表面を覆うことにより酸化を防止する作用がある．しかし，使用量が多いと溶接金属の脆化や気泡を発生させる．

（6）溶接箇所を溶融金属で満たしたら，底部から凝固するように火炎を徐々に遠避ける．そして，凝固直前に溶接棒で表面の酸化物をこすって除去して表面を仕上げる．

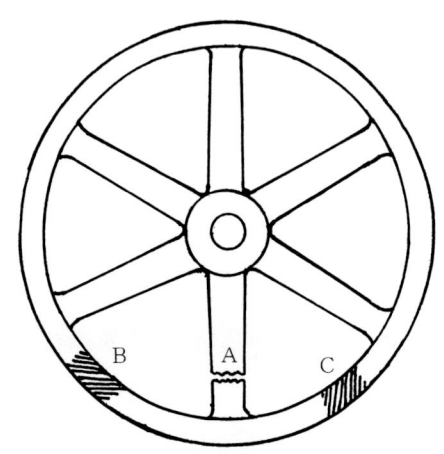

切れたA部を溶接する
B部，C部を予熱する

図6.1 局部予熱の方法（切れたA部を溶接する．B部，C部を予熱する）

(7) 溶接金属の急冷と溶接による内部応力除去を防止するため後熱を行う．後熱は，電熱炉に入れたり，藁灰などで覆ったりする．
(8) 後熱により，溶接により生じた内部応力はほとんどのものが除去できるが，複雑な形状の鋳物や大きな範囲に熱を加えた場合は，500～600℃で焼なましを行い，内部応力を除去する．

6.5 大物鋳物の溶接補修

　図6.2は，日本でも数少ない鋳鉄の大物鋳物のガス溶接を手掛けている設楽溶接工業所の設楽昭義氏の溶接作業中の写真である．手前で溶接を行っているのが設楽氏で，右手に大型の吹管，左手に溶接棒を持って作業を行っている．品物は渦巻きポンプのケーシングで，形状はカタツムリの殻を想像していただければよい．溶接箇所は本体上部で，肉厚も30mm前後と，この品物で一番薄いところである．本体外周部には，図に見られるように約45mmのリブが何本もあり，また写真手前の吐出し部外周には約80mmのフランジがある．
　このように肉厚が不均一な場合，肉厚の厚い箇所では予熱のときになかなか温度が上がらず，そのため局部的な応力を生じてき裂が入る原因となる．薄肉で大物鋳物の溶接では，溶接の技量もさることながら，予熱の加え方が重要である．

6.5.1 予　熱

　最初に，肉厚の一番厚いフランジの部分を内面から薪と木炭を使って徐々に温度を上げ，この部分を先に膨張させ，本体の補修部まで加熱していく．薪や木炭を入れる火床は，そのつどつくるが，鉄の丸棒を溶接してトタンをのせたものである．予熱温度の調整は，薪と木炭の火加減により行う．流線型で肉厚差がある品物の場合，どの場所を最初に膨張させるかの判断が難しい．温度は500～600℃まで上げるが，作業者にはその温度も鋳物の表面を見ていればわかるようで，接触型温度計による測定値とほとんど変わらない．
　このような局部加熱は長い経験と技術を必要とする．電気炉に入れて全体の温度を徐々に上げればよさそうであるが，これだけ大きい品物を500～600℃の温度にし，さらに作業中，この温度を保つとしたら，炉の中で作業するしかない．このような局部加熱でも，サウナで焚き火をしながら作業をするような熱さである．品物の上部をトタンで覆ってあるのは，品物の温度低下を防ぐほか，作業者をふく射熱から保護する役目もある．

図6.2　ガス溶接作業

6.5.2 溶接作業

予熱で品物の温度が500～600℃に達したら溶接を開始する．溶接した溶着金属は，再溶融させると材質の劣化を招くため，溶接は作業を開始したら終了まで休憩を取らずに一気に行う．溶接が終わったら，溶接金属表面の酸化物を除去し，さらにガスバーナで表面を加熱して金属の急冷による硬化を防止する．

溶接では，暑さで多量の汗をかき，脱水症状を起こす恐れがある．溶接時間が30分を越えるような場合，水を入れたやかんを脇に置き，水を飲みながら作業を行う．

6.5.3 後　熱

無事溶接が終了したら，品物全体が徐々に冷却するように，予熱のときと同様に品物内面に木炭を入れ，かつ溶接部，溶接部周囲も木炭で覆い，さらに木炭の熱が逃げないようにトタンで覆う．木炭は火持ちがよいので用いられる．後熱処理は，鋳物が砂の中で冷却したときのようにゆっくりと冷やし，鋳物に内部応力を生じさせないようにする．

6.5.4 焼なまし

溶接作業はこれで終了するが，複雑な形状の品物や大きな範囲に溶接による熱を加えた場合，内部応力を除去するため焼なましを行う．

6.5.5 非破壊検査

品質管理上，溶接部表面を非破壊検査の浸透探傷試験，磁粉探傷試験あるいは超音波探傷試験などにより有害欠陥がないことを確認する．

6.5.6 耐圧試験

この品物のような耐圧品は，機械加工後，さらに入念に耐圧試験で品質を確認する．耐圧試験で異常がないことが確認されて，初めて溶接補修が終了したことになる．

6.6 小物鋳物の溶接

図6.3は，大きさが800×600×400mmくらいのねずみ鋳鉄の鋳物で，図に示す位置に鋳造欠陥の「砂かみ」が生じたため補修を行った．大物鋳物，小物鋳物の定義はあいまいで，設楽氏のように大きな鋳物を扱っている人から見れば，図のような品物は小物として扱われる．しかし，自動車の部品鋳物を手掛けている人にすれば，これは十分に大物鋳物である．

溶接補修を作業が容易な被覆アーク溶接でなくガス溶接を選択した理由は，欠陥部が機械加工を行う箇所に発生したためである．この品物は，欠陥が発生した面を機械加工をして，これとほとんど同じような部品を重ね合わせて使われる．そのため，溶接補修を被覆アーク溶接で行うと補修部周囲が熱影響で硬化し，機械加工が困難となるため，補修部が硬化しないガス溶接で行った．

この溶接補修の場合，欠陥部はこの品物で最も肉厚が厚い箇所に発生したため，溶接部の温度と反対側の温度差を溶接を行う前の予熱，溶接中，溶接後の後熱に対し大きくしないことが重要である．もし，温度差が大きく

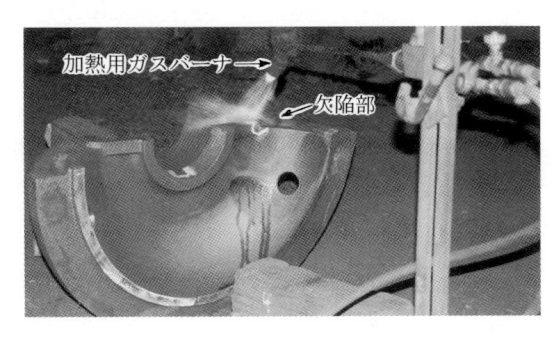

図6.3　欠陥を除去後，溶接により応力が掛かる肉厚部をガスバーナで加熱する

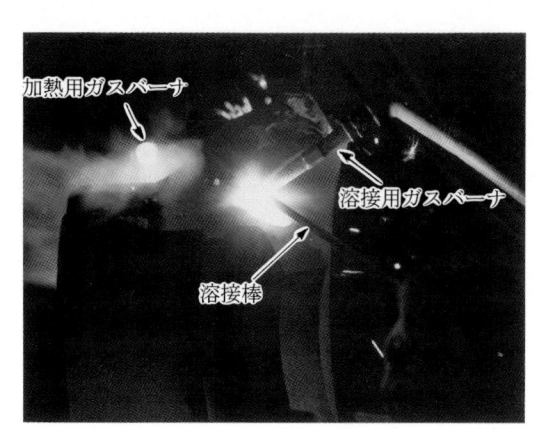

図6.4 溶接作業中(溶接部の反対側もガスバーナで加熱する)

図6.5 溶接終了後,表面の酸化物を除去したところ(溶接後もしばらく後熱する)

なると品物にき裂が発生する.図6.4は溶接中で,溶接箇所の反対側を大型ガスバーナで加熱している.図6.5は溶接終了後で,終了後も溶接部と冷却速度にあまり差がでないようにガスバーナによる加熱は,おおよそ500℃まで継続する.溶接部表面は,溶接終了後溶接棒を使って平らに整えられているが,冷却後グラインダをかける必要がないほど見事な後処理である.

最後に,焼なましをして溶接補修は終了する.補修箇所は,機械加工後,よほど注意して見ないとほとんどわからない.

6.7 溶接箇所は下向きにする

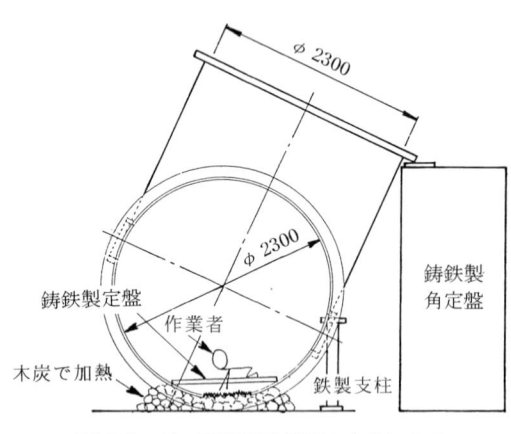

図6.6 ガス溶接は溶接部を水平にする

ガス溶接補修は,溶接箇所を溶融するため,欠陥部は下向きで行われる.鋳物は複雑な形状を一体で成形できることから,欠陥の位置によっては品物が不安定な状態となる.図6.6はその例である.品物はT字型をしたパイプで,欠陥はセンターより少しずれた位置にあるため,鋳鉄製の定盤と鉄製の支柱で固定されている.さらに,欠陥はパイプ中央にあるため,作業者にとって作業はやりにくくなるが,定盤の上に乗り,かつ品物の温度低下を起こさないように注意して作業者に風を送りながら作業を行う.

6.8 強度評価

一般に,溶接は分野ごとに様々な資格試験がある.鋳鉄の補修についても各メーカーごとに行われている.溶接は,試験片の鋳鉄材料に機械加工で溝を切り,そこを溶接金属で埋め,浸透

探傷試験および引張試験により評価される．

参考までに，設楽氏の行ったガス溶接の結果では，浸透探傷試験では有害な欠陥は見られず，引張試験では母材の強度 206 MPa（20 kgf/mm^2）に対し，溶接試験片の強度は，図 6.7 のような試験片で 220 MPa（22 kgf/mm^2）で，破断は溶着部でなく，熱影響部であった．

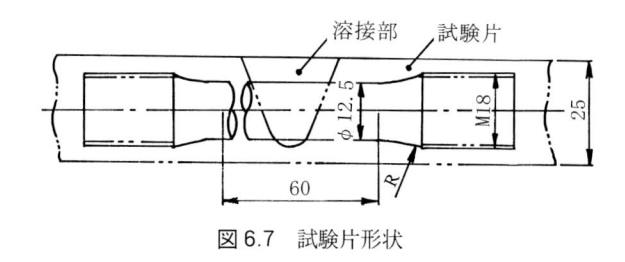

図 6.7 試験片形状

鋳鉄の溶接補修は，技量のある者がしっかり管理されたもとで行えば，信頼できる結果が得られる．

6.9 なぜガス溶接なのか

鋳鉄の溶接補修には，延性のある純ニッケルの溶接棒を使った被覆アーク溶接が一般的に用いられる．アーク溶接は，ガス溶接に比べて品物に加える熱量が少ないため，き裂も発生しにくい．そして，はるかに作業性も良く，短時間に作業を終了できる．

それでは，なぜガス溶接が行われるのか．一つは材質の問題である．品物が使用される環境が，たとえば海水中にある場合，溶接金属にニッケルを使えば電食を起こす（ただし，小さい欠陥に対しては，純ニッケルの溶接棒で溶接後，溶接金属表面層を軟鋼の溶接棒で行うこともある）．ガス溶接は，鋳鉄の溶接棒を使用しているのでその心配はない．二つ目は強度に対する信頼性で，ガス溶接の方が被覆アーク溶接より強度は優れているため，大きい欠陥に対してはガス溶接が用いられる．

欠陥の大きさの定義であるが，これは品物の用途，大きさや使用環境などにより異なる．圧力が掛かり，使用環境が海水中のような場合，大欠陥とは欠陥除去後の深さが肉厚の 50 %，あるいは面積が 2 500 mm^2（5 cm 角の大きさ）を考えていただければよい．もちろん，欠陥が大きすぎる場合や圧力が高い品物では補修は認められていない．なお，図 6.2 の写真の状況では，とてつもなく大きな補修溶接を行っているように見えるが，欠陥自体は大きなものではない．

6.10 おわりに

本章で紹介した設楽氏は，正に『鋳物のお医者さん』である．不具合を生じ，氏の適切な処置により見事によみがえった鋳物は，これまでに大きいものから手で持てるぐらいの小さいものまで数多くあり，それらは，いまでも日本のあるいは世界のどこかでその使命をまっとうしている．もし，人の体にたとえてこれだけの大手術を行うならば，必ずや世間の耳目をひくと思われる．しかし，手術を受けた側（鋳物メーカー）は，手術に対して感謝こそすれ，大手術であればあるほどその事実を知られるのをはばかる．そのため，『鋳物のお医者さん』の存在は真に大手術を必要とするごく狭い社会でしか知られていない．ただ，心配なのは後継者問題である．鋳鉄の溶接補修は仕事ができるようになるまでには時間がかかり，また強靭な体力を要求される．これまで何人もが設楽氏のもとで指導を受けたものの長続きしなかったそうである．

他の産業においても，その存在がなければ困るが，表舞台に立つことがないため，廃れていく

技術が恐らく多々あると思う．情報化社会といわれるが，このような情報も何らかの形で伝える手段を考えれば，その後継者となる人も出て，日本の産業を支えていくと思われる．鋳造欠陥は，研究者の科学的解析や鋳造技術者，鋳型材料などのメーカーの努力により，その発生率は大幅に低減している．しかし，時には手術を必要とするときもある．目に見えない形で産業界を支えている『鋳物のお医者さん』のような名医が絶えないことを切に望む次第である．

参考文献

1) 大井利継・藤岡　稔：鋳物，**51**, 4 (1979) p.206.
2) 日本鋳物協会：「鋳鉄の溶接に関する研究」，研究報告 12 (1977).
3) 平塚貞人・堀江　皓・中村　満・小綿利憲・青沼昌幸・小林竜彦：鋳造工学，**70**, 12 (1998) p.860.
4) 山本英之・田村賢一・小野沢元久：鋳造工学，**70**, 12 (1998) p.866.
5) 笹栗信也・松原安宏：鋳造工学，**70**, 12 (1998) p.884.
6) 大塚健治・田上道弘・武藤　侃：鋳造工学，**70**, 12 (1998) p.891.
7) 日本溶接協会規格委員会：鋳鉄のガス溶接作業標準 WES, 7103-1986, 日本溶接協会 (1986).
8) 日本溶接協会規格委員会：鋳鉄の被覆アーク溶接作業標準 WES, 7104-1986, 日本溶接協会 (1986).

III 部
鋳造の伝統技法

1章　現代の鋳物師……………………………… 83
2章　鐘をつくる-1……………………………… 90
3章　鐘をつくる-2……………………………… 98
4章　鐘をつくる-3………………………………105
5章　こしき炉による溶解………………………113

1章　現代の鋳物師

1.1　はじめに

　鋳物師（いもじ，いものし）とは聞きなれない言葉と思う．鋳物師とは，石，土，砂などで型をつくり，それに溶けた金属を流し込み，種々の器物をつくる人々に対するわが国古来の呼称である．これらの人々を，平安時代以後は鋳師，鋳造匠と称し，普通は「いもじ」と呼んでいた．そして，鎌倉時代から鋳物師といわれるようになる[1]．鋳物師は，鍛冶と並んで古い職人の一つで，12世紀には独立していた．鋳物の生産は，原料の銅や鉄の産地などの制約を受けながらも各地に特産地ができるようになった[2]．

　日本の金属文化は，弥生時代に青銅器と鉄器がほぼ同時期に伝来したのが始まりといわれている．なお，青銅器は鋳造によりつくられ，鉄器は鍛造によったと考えられている[1]．中国大陸，朝鮮半島から工人により伝えられた鋳金，彫金，鍛金などの金工品は，武器類や一般の生活用具と広範囲に，そして多岐にわたり，その鋳造技術は出土した銅剣，銅矛，鏡などから洗練された技術が窺える．

　最初は，それらの技術を模倣していたが，やがて日本独自の技術を確立していく．たとえば，鏡では「踏み返し」と呼ばれる技法で渡来した鏡を鋳物砂に押し付けて鋳型をつくり，そこへ金属を流し込み，同じものを大量に製作したと考えられている．この方法でつくられたものは，元の鏡の文様に比べて線に鮮明さが見られないものの，大量につくることができ，古墳などからの出土品にも数多く見られる．しかし，平安時代になる頃には鏡は貴族社会に化粧道具として溶け込み，その結果，日本独自の鏡（和鏡）がつくられるようになった（図1.1）．

　日本の鋳造技術は，7世紀から8世紀にかけて仏教の広まりと同時に，仏像や梵鐘などの仏教用具が数多くつく

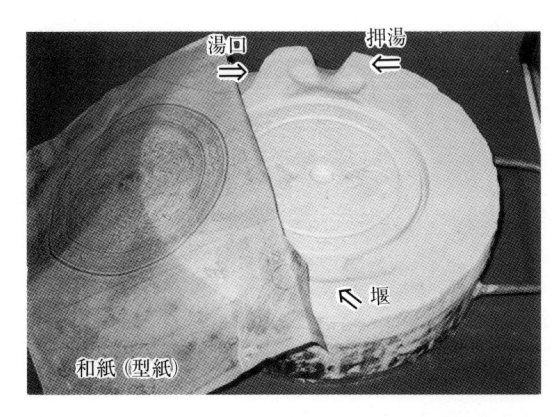

図1.1　へら押し〔つくろうとする鏡の模様を和紙に墨書きし（型紙），それを裏返しにして鋳型に押し当て，けがき針で図柄の輪郭をけがく．そして，和紙をはがして，けがいた輪郭にへらを使って凹みをつけて模様を完成させて鋳型とする〕（大阪府枚方市・鋳物民族資料館）

図1.2　大仏殿前庭に立つ八角燈籠の透かし彫りの菱格子（流麗で巧緻を極めた天人の姿は天平時代の円熟した作品といわれる）

られ，同時に鋳造技術も大きく発展した．特に，東大寺の大仏が鋳造された天平時代は，他の金工技術とともに最盛期で，わが国の鋳造技術が最も発展した時期である[3]．この頃つくられたものの一つに，東大寺大仏殿前の八角燈籠の菱格子（図1.2）がある．これは，蝋型でつくられた鋳物の傑作といわれている．大仏殿の巨大な建物を前にしているせいで，見た目にはそれほど大きく感じられないが，高さは462cmと堂々としたものである．特に，羽目板の4枚に見られる「音声菩薩」の浮き彫りは，しなやかな体の線が高く評価されている．しかし，図1.2の「音声菩薩」の羽目板は昭和37年（1962年）に盗難にあい，翌日発見されたものの，外周部が破損していたため，それは別に保管され，現在，嵌められているものは鋳物ではなく，プラスチックでつくられた複製である[4]．一部に後世の補修が加えられたりしているが，大半は大仏創建時の天平時代の姿を残している．しかし，この頃はまだ鋳物は一般庶民の暮らしとはほど遠いものであった[5]．なお，この八角燈籠は姿，形が麗しいことからレプリカが幾つかあり，寺院や博物館で目にすることがある（図1.3）．

室町時代から幕末の頃になると，鋳物師は諸国を盛んに渡り歩き，農具，その他のものを鋳造し，一般庶民の暮らしにも溶け込んでいくようになる．そして，各地を回って仕事をする鋳物師にとって，諸国を自由に移動する保障を感じるようになってきた．そこで，諸国の鋳物師とつながりを持っていた京都の真継家は，諸国の鋳物師を統括し，配下の鋳物師に鋳物師職許状を発行して鋳物の営業を許可制にした．鋳物師は，許状を得ることにより真継家の支配のもとで仕事を行い，鋳物の営業を保護された．

江戸時代は，都市の発展につれて鋳物業も盛んになり，鋳物師も城下町や村落に居住し，集団を形成して仕事をするようになった．その結果，徐々に真継家からの支配からも離れ，株仲間を組織するようになる．その中で，江戸を消費地とした川口（埼玉県）の鋳物師集団（図1.4[6]）は，関東の鋳物師を代表する形で今日に至り，高度成長期には社会に大きく貢献した．図1.5[7]は，各地の伝承や鋳造品の銘などから鋳物業発祥の年代を整理したものである．

図1.3　八角燈籠のレプリカ（東京都港区・根津美術館）

図1.4　川口の鍋つくり（こしき炉の後ろには壁を隔てて送風装置のたたらがある．炉の前には炉から金属を取り出す作業者，その横に燃料の木炭を炭俵から取り出す作業者が見られる．その手前では鍋の仕上げをしている．右側では材料を小割にして炉に運んでいる．その上では，鋳型に金属を鋳込んでいる〕（長谷川雪旦画，1834年）[6]

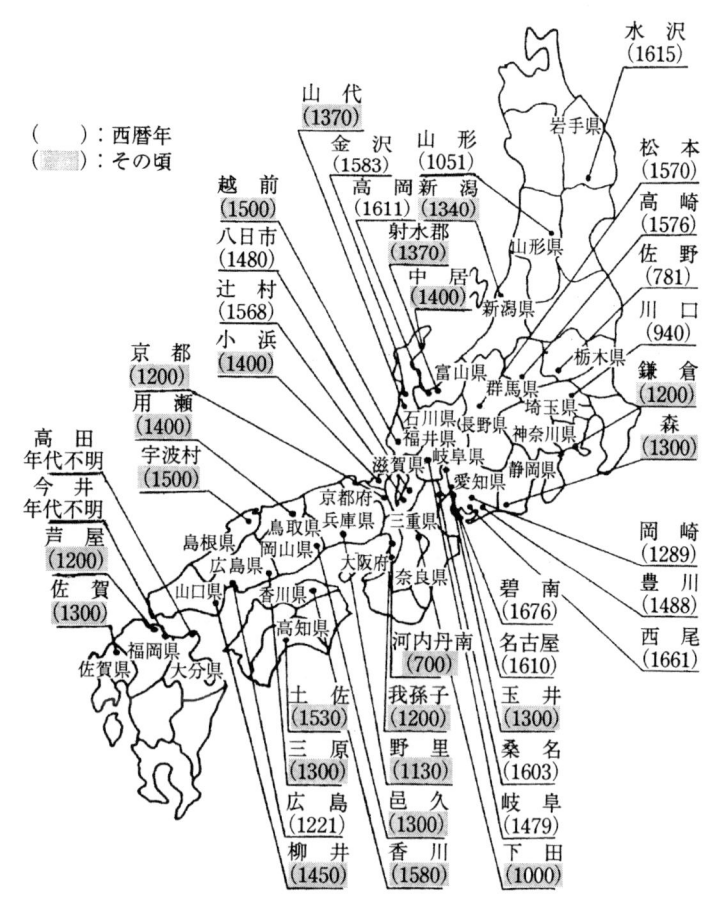

図1.5　各地の鋳物業発祥の年代（鋳物がつくられるようになってから700年ぐらい経ってから鋳物をつくる技術者集団が大阪の河内丹南に定着するようになった）[7]

1.2 川口の鋳物

　埼玉県川口市の鋳物の起源を記した文献は，文化文政から昭和に至るまでの200年間に11種6説の多さに及んでいる．しかし，諸説入り乱れ[8]，はっきりしないものの，中世末期には鋳物の製造が行われていたと考えられる[9]．その後，京都の真継家の傘下に入り，そこから免許状を受けて仕事をしていた[10]．川口の鋳物業が栄えた理由としては，幾つか考えられるが，荒川の果たす役割が大きかったと考えられている．一つは鋳物の型をつくる良質の砂と粘土を得ることができたこと，二つ目は運搬で，鉄や木炭などを運び入れやすく，また，できた製品を運び出しやすかったことである．つくられる製品は時代の流れとともに変わり，銅鋳物の梵鐘などから鉄鋳物の天水鉢，そして日用品の鍋・釜・鉄瓶などを経て，現在では産業機械鋳物がそのほとんどである．

　高度成長期において，川口は『鋳物の街』として知られ，吉永小百合主演の「キューポラのある街」の舞台として一世を風靡したことは，いまでは遠い昔話となってしまった．しかし，いまでも京浜東北本線で東京から行くと，荒川の鉄橋を渡り終えるとともにキューポラの燃料のコー

クスが燃える臭いがする．昔はもっと強烈な臭いがして，『鋳物の街』を強く感じさせた．その鋳物工場も，1970年は535社あった[11]ものが，長引く不況による時代の波にのまれて転廃業し，2000年には186社[12]社に，2005年には147社[11]に減ってしまった．また，1万人いた従業員は1428人に激減した[11]．川口市は都心に近いことと鋳物工場は敷地面積が広いことから，その跡地にマンションが建ち，いまでは『マンションの町』としてすっかり生まれ変わってしまった．しかし，その数は減っても，現在も産業都市として，鋳物の産地として重要な役割を果たしている．

1.3 現代の鋳物師

　川口には，現在でも伝統技法をかたくなに守り梵鐘や天水鉢をつくっている工場がある．鈴木鋳工所はその一つで，そこの2代目鈴木文吾氏（大正15年生）は80歳を超えているが，まだまだ鋳物に対する情熱は衰えず，まさに現代の鋳物師と呼ぶに相応しい方である．工場の経営は鋳物をつくる精神とともに息子の常夫氏に任せ，現在は後継者の育成に当たっている．

　鈴木氏は10歳のときから鋳物工場に入り，現在では鋳物の伝統技法となった焼型一筋に父親と仕事をしてきた．終戦後は，鍋・釜などの日用品の需要が減り，焼型での仕事もなくなったが，昭和30年（1955年）に秩父の三峰神社の天水鉢を父親とともに製作したのをきっかけに，その後，永平寺，善光寺など数多くの天水鉢を手掛けてきた．そして，昭和62年（1987年）には「現代の名工」にも選ばれている．中でも，鈴木氏の代表作として，東京オリンピックの聖火台がある（図1.6）．

　昭和39年（1964年）10月10日に行われた東京オリンピックの開会式は，国民の多くが緊張の面持ちでテレビを通して点火される聖火台を見つめたことと思う．この聖火台は，鈴木文吾氏と父親鈴木万之助氏の製作による．正確には，製作途中で父親は亡くなり，文吾氏が師でもある父親を失った悲しみの中，その意思を引き継いで製作したしたものである．高さ2.1m，重

図1.6　国立競技場の聖火台　　　　図1.7　埼玉県西川口の青木公園にある聖火台のレプリカ

さ約2.6トンの聖火台である．当時，聖火台に点火された光景を見た人には，その頃の様々な思い出があると思うが，聖火台をつくった人にも特別な思い出が秘められていた．この聖火台は東京オリンピックのためにつくられたものではなく，昭和33年（1958年）に東京で開催された第3回アジア競技大会のときにつくられ使用されたものである．そして，平成10年（1998年）の長野冬季オリンピックにも使われている．聖火台は，現在も国立競技場にその姿をとどめている．文吾氏は，東京オリンピック以後，毎年，開会式が行われた10月10日に国立競技場に行き心血を注いでつくった聖火台を磨いてきた．西川口駅近くの青木公園には，川口の鋳物師がつくった歴史上のモニュメントとして聖火台のレプリカが展示されている（図1.7）．

1.4 天水鉢

神社・仏閣で，図1.8，図1.9のような天水鉢を見たことがあると思う．本来は，防火用として雨水を溜め軒下などに置かれたものである．これらは鋳物でつくられていて，通常，神社・仏閣には一対で奉納される．

図1.8，図1.9は川口神社（川口市）のもので，鈴木氏がつくった天水鉢の1組である．この天水鉢は，近世から行われている鋳物の型を約900℃の高温で焼成する惣型（図1.10）によってつくられた．造型は，支柱を軸に板を回転させながらつくる引き型（図1.11）という技法による．この技法については別の機会に改めて解説したい．

天水鉢の大きさは，口径を1としたとき，高さを0.8の比率でつくられ，模様などは依頼者の希望とそれが置かれる周囲との調和を考えて決められ，鋳物師は打合わせから品物が完成するまでほとんどすべてに関わっている．現代の産業用機械鋳物では，設計者が書いた図面をもとに，鋳型をつくるための模型を専業の人がつくり，それをもとに鋳物業者が鋳物をつくり，機械加工業者が加工を行い，そして，それらを組み立てて品物にするというように効率よく分業化されている．

ところで，図1.9の一対の天水鉢は同じものが二つつくられているように見えるが，微妙に違っている．天水鉢は2基で一対をなし，この一対で陰陽を表現している．向かって右が

図1.8 川口神社の天水鉢（向かって右が陽で男性を，また左側が陰で女性を表している）

図1.9 川口神社の天水鉢（紋の上の雲は左右対称ではなく向き合うようにつくられている）

図1.10 焼型でつくられた天水鉢の鋳型をバーナで乾燥しているところ（鈴木氏が隆盛を極めた頃）

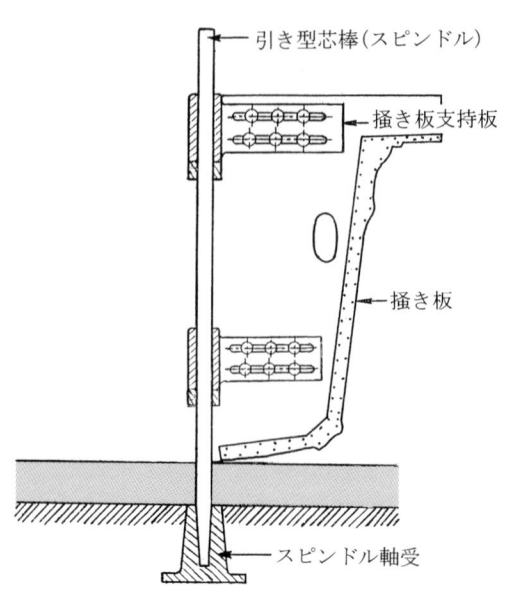

図1.11 引き型による外型の造型（引き型の板を心棒の支持板に固定し，この板を心棒を軸に回転させ鋳物砂を積み上げながら掻き取り，鋳型をつくっていく．引き型は，1枚の板で円筒形の鋳型をつくれる特徴がある）

陽で男性を，また左が陰で女性を表し，鋳物表面の肌を右は荒々しく，左は柔らかく表現されている．また天水鉢は，本来雨水を溜めるものなので，雨が降ることを願い，雨を呼ぶ雲が描かれることが多く，図1.9のように左右の雲はぶつかり合うように表現されている．また，中央にある紋は円に描かれているが，鋳型をつくるときは口径に応じて上下に対して左右を少し長くし，鋳物になったときに円に見えるようにつくられている．ほかにも左右に微妙に違いを持たせている．また，神社用には必ず蓮弁が描かれるということである．

1.5 おわりに

神社・仏閣で一対の天水鉢を観察すると，上記のように左右わずかな違いが観察されるが，左右ほとんど同じものも見られる．モノをつくるうえでは，左右同じモノをつくる方がはるかに早く，かつ安くつくることができる．しかし，何となく置くのであればそれでもよいが，鈴木氏にいわせれば，「そのモノが持つ意味合いを考えたらとてもそんなことはできないし，ましてや作者の銘を入れ，後世まで残るものであればそのような仕事はできない」とのことである．氏は，自分がつくるものは後世まで残るので，鋳物師として恥じない品物をつくることを常に心がけてきたそうである．

1964年に行われた東京オリンピックは，スポーツの祭典というより国家の威信をかけた国家事業としての取組みであった．競技施設や東海道新幹線，首都高速道路建設などが行われた．全経費では，当時の国家予算の四分の一を投入した大事業で『オリンピック景気』ともいわれた．そして，開会式の模様は人工衛星で初めて宇宙中継された．このオリンピックが契機となり，日本の経済は高度成長へとさらに加速し，今日の繁栄の礎を築き上げた．

鈴木氏に会って話を聞くまでは，聖火台が鋳物でできていたことを知らなかった．ましてや，聖火台の製作中に責任者の父親が逝去し，その悲しみを乗り越えて聖火台が製作されたというエピソードがあることなど知る由もなかった．氏の名刺の肩書きには「鋳物師」と書かれているが，この鋳物師という肩書きには，氏の鋳物づくりに対するこだわりと自負が込められている．日本の職人のモノづくりには，モノを効率よくつくるよりも，モノをつくることに対する完璧さ，創意工夫，そして責任感の気質が伴っていると思われる．

参考文献

1) 朝岡康二：鍋・釜，法政大学出版局 (1993).
2) 遠藤元男：近代職人の世界，雄山閣 (1985).
3) 文化庁 監修：日本の美術10 金工―伝統工芸，至文堂 (1991).
4) 奈良六大寺大観刊行会 編：東大寺1，岩波書店 (1970).
5) 遠藤元男：日本の職人史第一巻職人の誕生，雄山閣 (1991).
6) 菊池俊彦：図譜江戸時代の技術 (下)，恒和出版 (1988).
7) 倉吉市教育委員会：倉吉の鋳物師，池田印刷 (1986).
8) 内田三郎：鋳物師，埼玉新聞社 (1979).
9) 三田村佳子：川口鋳物の技術と伝承，聖学院大学出版会 (1998).
10) 中川弘泰：近世の鋳物師，近藤出版社 (1979).
11) 朝日新聞社：2006年11月15日朝刊
12) 日本経済新聞社：2001年10月22日朝刊

2章　鐘をつくる-1

2.1　はじめに

　鐘といわれたとき，宗教的儀式に使われるお寺の鐘あるいは教会の鐘，中には，お祭りのときの太鼓とともに打ち鳴らす鉦を思い起こす人もいるかも知れない．ほかにも，時を知らせる鐘，火災などの緊急時に使われる半鐘などがある．

　本章では，お寺の鐘である梵鐘について，その製作方法について記す．

2.2　梵鐘の形式

　梵鐘は，形式の上から分類すると大きく以下の三つに分けられる[1]．
（1）中国鐘（支那鐘）：中国でつくられた鐘で，その数は極めて少ない．
（2）朝鮮鐘：朝鮮半島でつくられた鐘で，残欠破片を含めて40余口しかない．
（3）和鐘：日本でつくられた鐘
　中国鐘（支那鐘），朝鮮鐘とは，単に中国あるいは朝鮮半島で製作された鐘だけでなく，具備しなければならない条件がある．これらは，通常，お寺で目にする和鐘と異なり，特徴的な形状や文様を持っている．これらについては，本書のⅣ部で記すことにする．

2.3　和鐘各部の名称

　和鐘の各部には，図2.1のような名称がつけられている[1]．

（1）龍頭：龍頭とは俗称で，正しくは蒲牢という．梵鐘を吊り下げる部分で，2頭の龍の頭が環状の形でつながっている．
（2）笠形：饅頭形ともいう．笠形の周縁を紐と呼ばれる線で上下2段に分けられたものが奈良時代から平安時代に多く見られる．
（3）袈裟襷：鐘の表面は縦横に幾つもの線が引かれ，大小の区画で覆われている．この線を紐と呼び，この文様全体が僧侶の袈裟を思わせることから袈裟襷といわれる．
（4）上帯・下帯・縦帯：上帯には飛雲文，下帯には唐草文を入れるのを通例としている．縦帯とは上帯・下帯を縦に4等分している帯をいい，六道ともいう．
（5）乳の間・池の間：乳の間には乳と呼ばれる突起物が置かれるが，乳がない場合もある．池の間には，主に銘文を置く．
（6）中帯・草の間：中帯は何もない場合が多い．草の間

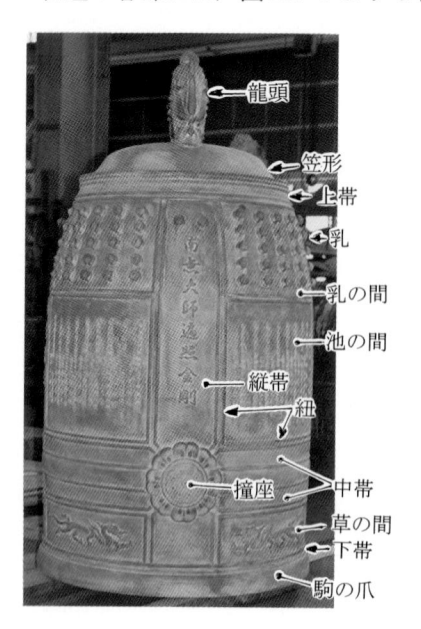

図2.1　和鐘各部の名称（老子製作所）

は室町時代以降，ここに唐草文を施すことが多い．
（7）駒の爪：鐘の一番下に幅広い突起状に1周している部分をいう．断面を見ると，馬の蹄のように見えることから駒の爪と名づけられたようである．なお，この部分が，馬の蹄のような形状になるのは室町時代以降といわれ，それ以前のものはストレートのものが多い．
（8）乳：乳の間に規則正しく配列した突起物をいい，個々の形状は多種多様であるが，古いものほど簡素なものが多い．人の煩悩108つになぞらえ，乳を108つ配置したものが江戸時代に流行した．また鋳物師の中には，乳の大きさを上段にはやや小さいものを，下段にはそれより大きいものを配したものもある．
（9）撞座：撞木を受ける部分で，蓮華文の座をいう．その数は，通常2個であるが，中には1個や5個あるものもある．この位置は時代により異なり，奈良時代では鐘の高さに対して37％位，鎌倉時代では22％位，その後はだいたい22％位である．

2.4 鋳物の歴史

　鋳物は鍛冶と並んで古い職業の一つで，12世紀には独立していた．鋳物の生産は，原料の鉄や銅の産地に制約されるが，15世紀，16世紀から各地にその特産地ができるようになった．京都の三条釜座，河内（大阪府）の丹南，大和（奈良県）の下田，相模（神奈川県）の鎌倉，播磨（兵庫県）の野里などは古くからのもので，この頃から新たに能登（石川県）の中居，越中（富山県）の金屋，筑前（福岡県）の蘆屋，下野（栃木県）の天命，摂津（大阪府）の住吉などが現れてきた[2]．古いお寺の梵鐘の銘文を見ると，必ず鋳物師の名前が記され，関東だと物部某とある．
　埼玉県川口市の鋳物は，18世紀頃まで梵鐘を中心に生産をしていた．溶解は，こしき炉で燃料に堅炭を用い，送風は踏みふいごで行っていた．鋳型は，荒川にある豊富な川砂が鋳型をつくるのに適していたためこれを用い，惣型といわれる鋳造法で造型を行った．荒川は，鋳物の原料や製品の運搬にも多大な役割を果たしていた．

2.5 梵鐘の製作

　本節では，現在でも惣型鋳造といわれる伝統技法をかたくなに守って梵鐘を製作している川口市の鈴木鋳工所での製作状況を紹介する．

2.5.1 鋳型の製作

　梵鐘の製作では，まず図2.2のような梵鐘のデザインを決め，原寸大の製作図を作成する．これをもとに，鋳型をつくるための木型の製作に入る．龍頭をはじめ，鐘の各部は品物と同じ形状の木型をつくる．しかし，外型と中子の基本的な形は単純な円筒形をしているので，古くから引き型により鋳型づくりが行われてきた．これらの木型は，品物の断面に沿った板（掻き板）がそれぞれ1枚あればよい．

2.5.2 中子の製作

　中子は，図2.3に示すように鋳型の中心に垂直に立てた掻き

図2.2　梵鐘の製作図

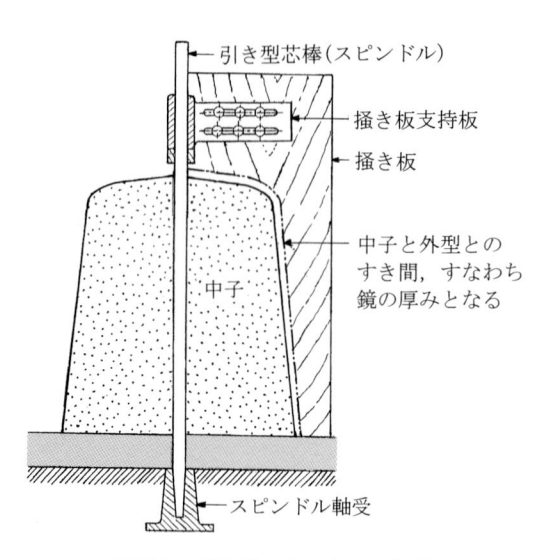

図2.3 引き型による中子の造型

図2.4 中子

板を芯棒（スピンドル）に取り付ける[3]．この際，スピンドルが作業中にぐらついたりしないようにしっかり固定する．造型は，鋳物砂をつき固めながら掻き板の柄に手を添えて回転させ，掻き板の縁で鋳物砂を削り取る．中子の掻き板は，外型の掻き板より鐘の厚み分だけ小さくつくられている．この方法でつくられた中子が図2.4である．

図2.4の中子は，工場内のピット内に置かれている．これは，工場の作業場より1m位掘り下げられた場所に鋳型を置くことにより，外型をこの上からかぶせるとき，工場の高さが低くても作業ができるようにしたものである．そして，溶けた金属を鋳型に流し込む鋳込みのときも，取鍋（溶けた金属を入れる容器）を高い位置まで吊り上げないですむ．

引き型による梵鐘の製作は古くから行われ，江戸時代から明治時代に使われた掻き板が現在でも保存されている[4]．この当時は，図2.3のようなスピンドルではなく，うまといわれる木製の治具を使用していた（図2.5）．うまを使っての引き型は，現在でも茶釜の製作などに見られるが，熟練を要する．

梵鐘の場合，中子は単純な形をしているので引き型で製作されるが，神社に見られる天水鉢（図2.6）のように中子の形状が少し複雑になると，図2.7に示すような手順で中子はつくられる（削り中子）．その手順は，次のとおりである．

図2.7（a）のように外型ができたら型をよく乾燥させる．外型の金枠の上に，図2.7（b）のように中子用の金枠を乗せて双方を固定する．中子の金枠に中子の砂を補強するための芯金を人間の骨格のように〔図2.7（c）〕，外型

図2.5 掻き板を馬に取り付けて外型を造型

図 2.6　天水鉢

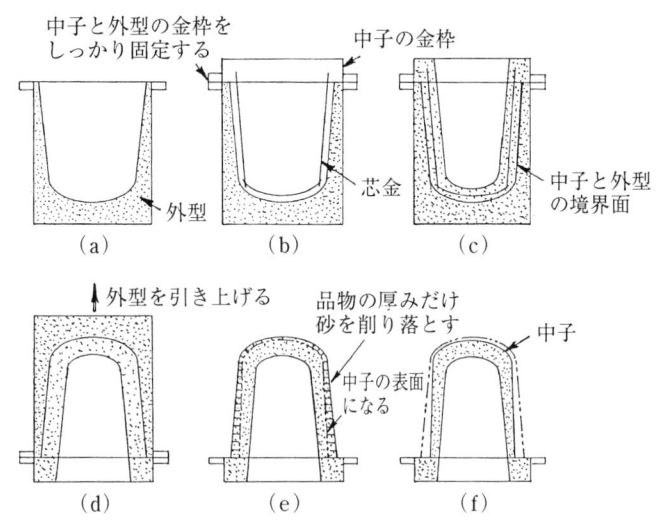

図 2.7　「削り中子」の製作手順

の内面に沿うように取り付ける．次に，砂を込めつけて乾燥させる．そして，外型とともに金枠を反転する〔図 2.7 (c)〕．外型と中子の固定金具を外して外型を引き上げる〔図 2.7 (d)〕．この状態では外型と中子にすき間がないので，図 2.7 (e) のように品物の厚さだけ部分的に型を削り落とす．この削り落としたところを結ぶように，型全体を削り落として滑らかに全体の形状を整えて中子は完成する．中子の中心部は中空にしてある．これは，金属を流し込んだときに発生するガスを抜けやすくするのと，金属が固まるとき，金属の収縮に合わせて鋳型を変形させ，鋳物が割れるのを防止するためである．

なお，熟練を積んだ職人だと，足を踏ん張ったときの腰の位置を一定に保つことができるので，いきなり型を削り始めても一定の厚さに型を削ることができるそうである．この方法は，中子用の木型がなくても中子をつくることができ，外型と中子を組み合わせるときの芯のずれの発生を少なくすることができる．しかし，この手法は鋳型全体を反転しなければならない．そこで，小型の梵鐘や茶釜のように比較的小さな物をつくるときによく行われる．

この「削り中子」により梵鐘を製作している梵鐘メーカーもある．創業 800 年を誇る茨城県真壁町の小田部鋳造は，現在でも削り中子による伝統技法を踏襲している数少ないメーカーである．中子を均一に削り落とすのは難しく，均一でないと鐘の厚さがふぞろいとなり，鐘の音色にも大きく影響するため，熟練を要する作業である．図 2.8 は，小田部鋳造の梵鐘と半鐘である．この

図 2.8　小田部鋳造の梵鐘と半鐘（小田部鋳造カタログ）

メーカーの特徴は，古くより菊の紋章の使用を許されていることから，下帯に菊の紋章が鋳出されていることである．

2.5.3 外型の製作

外型は，中子と同様にスピンドルに掻き板を取り付け，図2.9のように掻き板を回しながら鋳物砂を積み上げ，所定の形状に鋳型を削り出す．このとき，外型には中子とは異なり様々な模様が施される．そこで，その位置がわかるように，掻き板に突起を付けて鋳型に水平方向の線をけがく．そして，縦方向は定規を用いてへらでけがき，各部の位置を明確にする（図2.10）．

図2.11は，撞座部分の砂型である．これは，撞座と同じ形状の木型をつくり，それに砂を込めてつくったものである．これを外型の所定の位置に，この砂型が入る分，砂を削り落とし，そこにこの砂型を嵌め込む．同様な方法で，鐘各部の砂型を取り付ける．また，へらで直接鋳型を削って文字や模様をつけることもある．複雑な図柄は，鋳型の砂が固まる前に下絵を描いた薄い和紙を裏返して外型に貼り付け，へらで砂を押し付けて模様を表現する．

外型が完成すると，これを反転して図2.4の中子の上にかぶせる．外型をつくるときは，図2.10のように一体にして掻き板でつくられるが，この外型の場合，外型は三つに分割できるようになっている．さらに大きなものだと四つに分割される．鋳型を分割することにより中子の上から鋳型をかぶせるとき，中子と外型とのすき間，すなわち鐘の厚さが均一であるか否かを確認しながら作業ができる．また，クレーンで鋳型を高く吊り上げなくてすむ．しかし，この鋳型の分割面は品物ができたとき，図2.1に示したように継目として残ってしまうので，意匠性を考えておかしくない位置に持ってくる．

2.5.4 引き型の特徴

梵鐘のように鋳型の表面がある線の軌跡になっている場合，支柱を軸にして掻き板を回転させて，鋳型につき固めた砂の表面を削って鋳型の形状を整えることができる．この方法は，図2.3，図2.5に見られたように木型は掻き板を1枚つくるだけでよく，木型

図2.9 掻き板で外型を造型（最終段階の肌砂の状態）

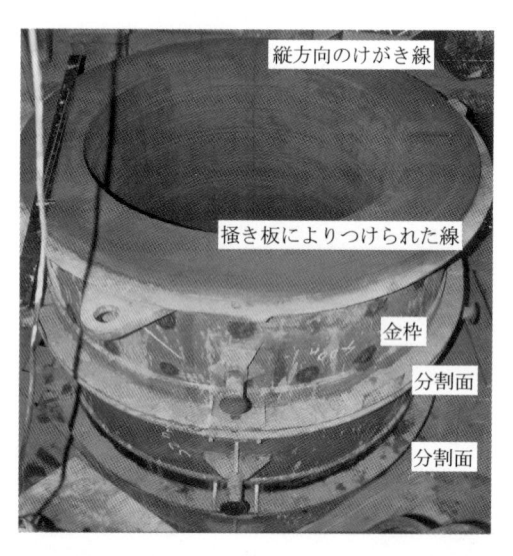

図2.10 外型（外型は反転して中子の型にかぶせる）

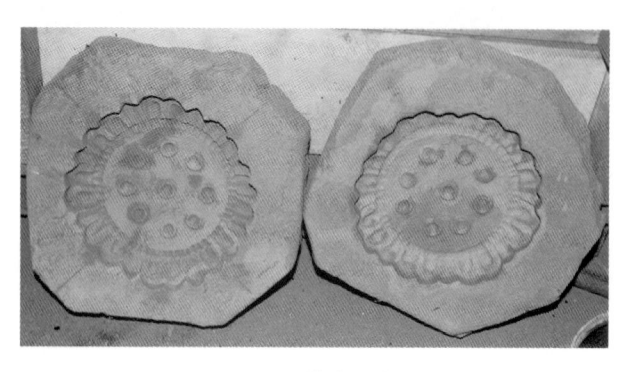

図2.11 撞座の鋳型

を安く，早くつくることができる．しかし，鋳型をつくるのに手間がかかるため，簡単な形状で，個数が少ない場合に用いられる．鐘は，外周の模様や龍頭のような部位以外は簡単な形状をしており，かつ個数もほとんどが1個と，引き型にはぴったりの条件のため，梵鐘づくりでは現代でも広く使われている．

しかし，外型と中子を組み合わせたとき，所定の肉厚どおりにつくらないと音色に大きく影響するため，外型，中子ともにその造型には注意を要する．この鋳造法は，掻き板をスピンドルに正確に取り付け，外型と中子を組み合わせるときに芯がずれないようにしなければならない．

なお，鋳型の砂は同じものをつき固めるのではなく，溶けた金属の熱で鋳型から発生するガスを抜けやすくするために，最初は耐火煉瓦などを組み，その後は粗い砂から順次細かい砂をつき固めていく．そして，表面は品物の肌がきれいに仕上がるように，肌砂といわれるきめの細かい砂が用いられている．

2.5.5 最終確認

鋳型は細心の注意を払ってつくられ，鋳型と鋳型を合わせて溶けた金属が流し込まれる．しかし，文字や文様の細かな鋳型の部分は，溶けた金属の温度に耐えられず，鋳型が溶けたり，流れ込んだ金属のエネルギーに耐えかねて鋳型が壊れたりして，本来の形状を損なうことがある．そのような場合は，図2.12のようにタガネなどを用いて形状を整える．川口では古くから鋳造の仕事が分業化され，図に見られるような細部の仕上げをする人，また溶解，荒仕上げ，割屋など，各工場からの依頼により，その工場で仕事をする人たちがいる．現在では，そのような人たちも鋳物工場の減少に伴い減ってしまった．図2.12に見られる人はこの道数十年のベテランで，数十本のタガネをさながら生き物のように扱って仕上げを行っていた．

このようにして鐘はできあがる．しかし，欠陥がなく，きれいに品物ができても，鐘は音色が問題である．そこで，鐘が完成したら必ず音色を確かめる（図2.13）．なお，鐘を撞き鳴らす撞木は，樫，欅，松，棕櫚などが使われる．当然，撞木の材質により鐘の音色も異なる．図に見られるものは棕櫚で，通常3年くらい自然乾燥されたものが用いられる．棕櫚は繊維質で，これで撞いた音は軟らかく，遠くまで音は響かないが山の上に取り付けられる鐘でなければかえって棕櫚の方がよい．棕櫚は鐘への衝撃力も軟らかいため，鐘にとってもやさしく，そのため広く用いられている．

しかし，この最終段階で音色が好ましくない場合は，鐘は壊され，再度製作し直さ

図2.12　タガネを用いて細部の仕上げ

図2.13　鐘の音色の確認

れる．原因究明のため，図2.14のように鐘を切断して不具合を確認することもある．なお，この図に見られるように，鐘の厚みは最下部の駒の爪の部分が最も厚く，口径の約10％の厚みがあり，上にいくに従い，その厚さは薄くなっていく．

鐘は姿，形もさることながら，その音色が重要である．そのため，ほかの鋳造品とはまた違った配慮が必要となる．たとえば，鐘の各部位の厚さとバランス，金属の成分，溶解温度，鋳型へ流し込む金属の温度，金属の冷える速さなど，それらの調和によって美しい音色は醸し出される．

2.6 平和の鐘

平和の鐘は，昭和29年（1954年），国連加盟国65カ国に戦争の悲惨さ，平和の尊さを説き，加盟国から提供されたコインやメダルを溶解金属の中に入れて世界平和統一を願って鋳造され，ニューヨーク国連本部に寄贈された．そして，その後もその考えが踏襲され，世界各国に平和の鐘を送り続けている団体の依頼により製作されている．

図2.14 鐘の破断面（上部は薄く，下部は厚い）

図2.15は平和の鐘で，和鐘とは大分趣が異なる．図2.16の龍頭にしても，龍ではなく月桂樹の葉がデザインされている．この鐘の製作で苦労する一つに，提供されたコインやメダルを鐘の材料とともに溶解しなければならないことで，この量が多すぎると成分バランスを崩し，鋳造性を阻害したり，鐘の音色を変えてしまう．

2.7 おわりに

小学唱歌の「夕焼け小焼け」や謡曲「道成寺」など鐘にまつわる事柄は古くから多々あり，それだけ身近で，親しまれた存在であった．しかし，第二次世界大戦では鐘

図2.15 平和の鐘

図2.16 平和の鐘の龍頭部（龍の頭ではなく月桂樹の葉の模様）

を溶解して武器につくり変えるため，その多くが供出され，その姿を消してしまうという悲しい時代もあった．戦後，社寺の復興により再び鐘がつくられるようになり，お寺に鐘が見られるようになった．

しかし，最近では，お寺の鐘の音もあまり聞かれることはなく，12月31日の大晦日の夜，「除夜の鐘」として撞かれるときぐらいになじみが薄くなってしまった．特に古い鐘は，鐘の保護のため宝物館や国宝館のような建物の中にしまわれ，見ることも難しくなったものが多々ある．しかし，横浜市の称名寺のように，1301

図2.17 除夜の鐘（横浜市・称名寺）

年（正安3年）につくられ重要文化財に指定されている鐘が，大晦日の夜，図2.17に見られるように，希望すれば誰にでも撞かせてもらえるものもある．それを，中には力まかせに鐘を撞く人もいて，鐘が大揺れに揺れ，鐘が壊れはしないかとはらはらさせられもする．鐘は，音を発して初めて鐘の機能を発揮する．鐘の保護のために建物の中にしまわれないよう大切に扱い，いつまでもその音色を楽しみたいものである．

参考文献

1) 坪井良平：新訂梵鐘と古文化，ビジネス教育出版社(1993).
2) 遠藤元男：近代職人の世界，雄山閣(1985).
3) 日本鋳物協会 編：鋳物用語辞典，日刊工業新聞(1974).
4) 枚方市教育委員会 枚方市文化財研究調査会 編：枚方の鋳物師(一)，じんのう(1980).

3章　鐘をつくる-2

3.1 はじめに

　前章の「鐘をつくる-1」で，伝統技法の惣型による梵鐘づくりを現在も続けている埼玉県川口市の工場を紹介した．本章では，高山銅器として有名な富山県高岡市で，梵鐘の全国シェアー70％近くを製作している老子製作所の鐘づくりを紹介する．この工場では，年間約100個の鐘を製作している．

　高岡市の鋳物は，加賀藩主・前田利長が慶長16年（1611年）に町づくりのために鋳物師を招き，土地を与え鋳物場を開設させたのが高岡鋳物の始まりといわれている[1]．老子製作所は，その高岡市で300年以上も前から鋳物づくりに取り組んできた．製造品は，鐘のほか，銅像，仏像や各種の銅合金品を機械加工も含め，近代的に手広く生産を行っている．この工場で製作した鐘で代表的なものに広島の平和の鐘，京都の三十三間堂の鐘や池上本門寺の鐘などがある．

3.2 鐘の市場性

　第二次世界大戦のときに多くのお寺の鐘が供出され，その数は45 000口以上[2]ともいわれ，お寺に鐘がない状態が長い間続いた．その後の復興により，お寺で新たに鐘をつくるようになった．現在，お寺は約75 000あるが，そのうち約1/4しか鐘を保有していない．すなわち，マーケットとしてはかなりの数があることになる．しかし，バブルもはじけ，鐘の注文も鈍化している．そして，製造業の厳しさは鋳造業も同じで，それまで鐘の製造をしていなかった工場が鐘づくりに進出し，非常に厳しい状況になっている．

　そのため，老子製作所では，従来，工場の見学を比較的快く受け入れていたが，製造のノウ・ハウの流出を防ぐため，近年は工場の見学をほとんど差し控えている．筆者は，特別に見学をさせていただいた．

3.3 造型作業

　年間約100個の鐘を製作している工場だけに，工場内では各工程の作業を一度に見ることができる．しかし，外型および中子の最初の造型作業を見ることはできなかった．製作個数が1～2個であれば，前章で紹介した工場のように簡便な木型による造型も考えられるが，製作個数が多いと，木型を現物と同じような現型をつくっての作業も考えられる．木型を現型でつくれば，引き型ほど熟練した技能を必要とせず，作業性も極めて早く，間違いなくできる．現型による木型の欠点としては木型費が高いことであるが，木型は同じものを繰り返し使えるので，製作個数が多い場合には，鋳物1個に占める木型費は低減してくる．

　作業性だけを考えると，以上のような考え方ができるが，つくるものが鐘で，形だけでなく音色の問題がある．鋳型の製作方法を変えることにより，鋳型に流し込んだ金属の冷却速度が変わることは当然考えられる．そうすると，音色にも影響を及ぼす．このようなことを考えなが

ら工場を見学させていただき，同時に，質問を投げかけてみたが，製造上のノウ・ハウに関わるようで明確な回答は得られなかった．

3.3.1 外　型

図3.1は，外型内面の修正を行っているところである．図3.2は，鐘の外型表面に取り付けられる乳〔図3.2 (a)〕，銘文〔図3.2 (b)〕，撞座〔図3.2 (c)〕の鋳型である．これらは，鐘の曲率と同じようにできているが，個々の木型から造型したときは平面にできている．鋳型を鐘の曲率に合うにするには，造型後鋳型を乾燥させるとき，まだ完全に硬化していない鋳型を鐘の曲率に合わせた板の上に置く（図3.3）．鋳型は，徐々にその曲面に沿って変形し，そして硬化する．この方法で行えば，鐘の大きさが異なっていても，その曲率に合った板を用意しておけば，鐘の大きさに応じた木型をつくらなくてすむ．また，木型も曲面につくらなくてよいので，木型を早く安くつくれる．まさに匠の智恵である．

図3.2 (a) の乳は数が多く108個取り付けられる．図3.2 (b) の銘文は，それぞれの鐘ごとに書かれる内容が異なる．図3.2 (c) の撞座は，通常2個取り付けられる．図3.4は龍頭の部分

図3.1　外型の内面

(a) 乳　　(b) 銘文　　(c) 撞座

図3.2　鐘の各部の鋳型（これらを外型の所定の位置に取り付ける）

図3.3　銘文や撞座などの鋳型の曲面は，造型後，鐘の曲率に合った板の上に置いて変形させる．変形は時間をかけてゆっくり行うため，鋳型の上は砂で覆われている

で，この型を二つ組み合わせて取り付ける．図3.4 (a) の龍の顔の部分には鋳物砂が既に込められている．この部分の木型を一体につくっても鋳型から抜くときに引っかかってしまうため，図3.4のように二つに分割してつくり，外型に取り付けられる（寄せ中子）．木型の上にある丸棒を組んだものは，鋳型の補強のために入れる芯金である．

図3.5はこれら各部を外型に取り付けているところで，また図3.6は撞座を取り付けているところである．さらに図3.7は，乳や銘文の取り付けが完了したところである．

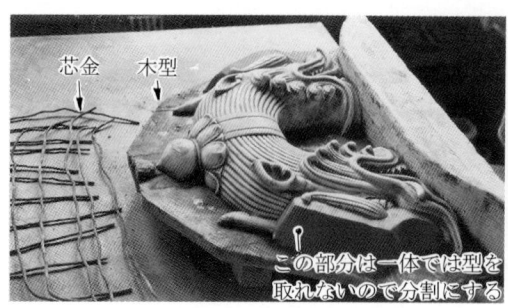

(a) 龍頭の木型と芯金　　　　(b) 細部までしっかり砂を込める

図3.4　龍頭の部分の造型

図3.5　外型に鐘の各部を取り付ける

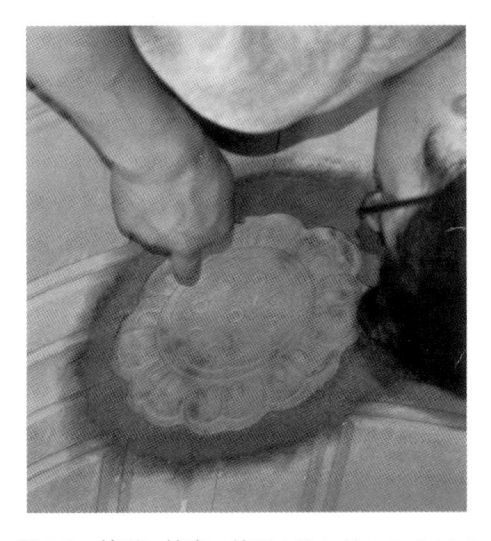

図3.6　外型に撞座の鋳型を取り付ける（図3.5の鋳型内の様子）

3.3.2 中子

図3.8は中子であるが，製造上のノウ・ハウがあるのか，あるいはほこりがかぶるさのを防ぐためか，むしろで覆われ中を見ることはできなかった．

3.3.3 掛け堰

図3.9は掛け堰（受け口）で，溶けた金属（溶湯）を鋳型に流し込みやすくし，また，溶湯中の滓を浮き上がらせて鋳型内に流入するのを防止するためのもので，鋳型の最上部に置かれる．湯口は溶けた金属を鋳型内へ流し込む入口で，押湯は鋳型内に溶湯が充満するときに発生したガスや空気を排出し，さらに，溶けた金属が固

図3.7　外型に乳や銘文の鋳型を取り付ける

まるときの凝固収縮分を補給するためのものである．この図では押湯は一つだが，さらに大きなものになると凝固収縮量も大きくなり，もう一つ付けられる．

図3.8 中子（むしろで覆われている）

押湯：溶けた金属を流し込んだ時に発生する
ガスや鋳型内の滓を排出する．そして，金
属の凝固収縮に対し，金属を補給する

湯口：溶けた金属を
ここから入れる

図3.9 掛け堰

押湯や湯口の位置は昔から変わっていない．金属を切断する工具がない時代は，鋳込みが終了後，それらが完全に固まらないうちに破断し，タガネで仕上げていた．古い鐘の笠形にその痕跡を見ることができる．

3.4 溶解作業

3.4.1 溶解炉

図3.10は溶解炉（るつぼ炉）で，所定の成分に配合された金属を黒鉛るつぼに入れ，それをガスの熱源により溶解する．溶湯が鋳込み温度（約1 200℃）に達したら，炉を傾動させて取鍋に入れ，クレーンで鋳型まで運び鋳込みが行われる．

るつぼ炉は地金を間接的に加熱するため，溶湯の汚染は，こしき炉のように直接加熱するものより少ない．また，燃料はガスを用いているため，コークス炉と比較すると温度制御が容易である．電気炉と比べると，コストがはるかに経済的であるため，ガスによるるつぼ炉は銅合金の溶解によく用いられる．

3.4.2 鋳込み

図3.11は，溶けた金属を鋳型内へ流し込む鋳込み作業である．鋳込み作業は高温の金属を扱うので危険である．したがって，取鍋から溶湯を湯口に流し込むとき，溶湯表面に浮いている滓を鋳型内へ入らないように注意して行う必要がある．鋳込みの終了

図3.10 ガス溶解炉

は，鋳型内への溶湯の入り具合から判断する．早すぎれば，鋳型内へ滓が流入し，遅ければ溶湯が鋳型の外へあふれ出してしまう．作業者は，湯口の溶湯の状況に注意を払いながら取鍋の溶湯を注ぎ込む．鋳込みは，作業者に経験と的確な判断力を求め，また周囲の人々をも緊張させる作業である．

鋳型に金属（溶湯）を流し込むと，鋳型に圧力を生じ，鋳型が押し上げられる．図3.11に見える角材（掛木，支柱）はこの圧力を抑えるためのもので，これを鋳型の上下からターンバックルで抑えている．この圧力を抑えきれないと，押し上げられた鋳型のすき間から金属が流れ出てしまう．

小さな鋳物を鋳込む場合は，この圧力を抑えるために鋳型の上に錘を置く．しかし，大きな鋳物では，この圧力に耐えうるだけの錘を鋳型の上に乗せようとすると，鋳型の上は錘で一杯になってしまう．そこで，このような角材により上下方向を固定する．こ

図3.11 鋳込み作業（溶解炉で溶かした青銅を取鍋に受けクレーンで吊り上げて鋳込み作業を行う）（老子製作所会社案内）

の方法は古くから行われており，鋳造遺跡にもその痕跡を見ることができる[3),4]．現代の鋳造作業でも支柱の材質は鋳鉄などに変わっているが，数十トンもの圧力を受ける大物の鋳造品では，上下方向のほか，鋳型の周囲も溶湯の圧力が掛かるため支柱で固定される．

3.5 仕上げ作業

3.5.1 型ばらし作業

鋳込み後，溶湯が凝固し，鋳物の温度がある程度冷却したら鋳型を壊す（図3.12）．図3.13は，

図3.12 鋳型を壊したときの鐘

図3.13 湯口と押湯

図3.14 ショットブラスト（遠心力で鉄鋼粒などを鋳物の表面にたたきつけて鋳物の表面を清掃する機械）

図3.15 表面が清掃された状態

溶けた金属を流し込んだ湯口と龍頭の上に取り付けた押湯である．この表面に付いた砂は，図3.14に示すショットブラストで除去される．品物を手前に見えるクレーンのフックに吊り，ショットブラスト室に入れ，扉を閉めて投射材を打ち付けて表面を清掃する．投射材は，仕上げる品物の材質や目的によりその材質や大きさが異なり，金属系や樹脂系のものが使われる．

3.5.2 仕上げ

図3.15は，ショットブラストで表面の砂が除去された状態である．表面には，鋳型のすき間よりはみ出て溶湯が凝固し，バリとなったものがわずかに見られるが，鋳造欠陥もなく，きれいな鋳肌で仕上がっている．この後，不要な押湯，湯口や揚がりを切断し，仕上げ作業を行う．銘文の文字の周囲は，入念にグラインダ（図3.16）やタガネ（図3.17）で仕上げられる．

図3.16 銘文など細部をグラインダで仕上げる

図3.17 タガネによる仕上げ

3.6 表面処理

仕上げが終わり，鐘の音色にも異常がないことを確認すると，出荷前のお化粧が施される．鐘は屋外に吊すので，酸類で表面の酸化膜を除去した後，鋳肌に研磨などを施し，防錆と着色を兼ねた表面処理が施される．

3.7 おわりに

鐘を年間100口近くも製作しているだけに，工場内は設備も整い，効率よくモノづくりが行われていた．また，鐘以外にも鋳物の特性を生かし，工芸家の方とともに，銅像，モニュメントなど新たな分野にも幅広く取り組んでいた．時には，図3.18のように足の部分が欠損した仏像の修理を依頼されることもある．修理には，この工場と付き合いの深い工芸家の方が，製作時の時代背景や仏像全体の雰囲気を考えながら粘土で模型をつくっていた．また，工場内には音響実験室もあり，鐘の音色についての実験も行われていた．

古くから連綿と行われてきた梵鐘づくりに対し，後世まで残るものとして恥ずかしくないモノづくりの精神を残しつつ，かつ生産性も考えながら，さらに伝統だけに頼らず科学的な検討を加え，研究や創意工夫を行うモノづくりの工場を見せていただいた．伝統的なモノづくりから受け継がれた技術が現代社会のモノづくりへ役立ち，そして独創的なモノづくりに応用されればと願う次第である．

図3.18 仏像の修理（足の部分が欠損している）

参考文献

1) 本保辰雄編：高岡銅器史抄，本保（1992）．
2) 坪井良平：新訂梵鐘と古文化，ビジネス教育出版社（1993）．
3) 八重樫忠郎：梵鐘，**6**（1997）p.19．
4) 中井一夫：梵鐘，**7**（1997）p.16．

4章　鐘をつくる-3

4.1　はじめに

これまでの「鐘をつくる-1」および「鐘をつくる-2」では，梵鐘を製作している工場を紹介した．本章では，伝来の技法を踏襲して約300年，9代にわたり梵鐘づくりをしている滋賀県五個荘町にある西澤梵鐘鋳造所について紹介する．この工場が先の二つの工場と大きく異なるところは，鋳型に金枠を用いていないことと溶解を伝統的なこしき炉で行っていることである．

4.2　造　型

梵鐘の鋳型のつくり方はどの工場も基本的にはほとんど変わらない．鋳物砂は繰り返し用い，使用後は砂置き場に保管される（図4.1）．鋳物砂は，溶けた金属の高温にさらされることにより，結晶水が除かれてシャモット（細かい粒）化する．その結果，その砂を用いてつくられた鋳型は鋳込み時の熱による鋳物砂の膨張が低下し，鋳物砂の膨張に起因する鋳物の表面欠陥を防止でき，鋳肌がきれいに仕上がる．

鋳型をつくるときは，鋳型の部位に応じてふるいで砂の粒度を整え，粘土水を加えて混練し，水分を均一に調整して使われる．砂の粒度は，最初は粗い砂を用い，表面は最も細かな砂を用いる．表面以外に粗い砂を用いるのは，鋳型に金属（溶湯）を流し込んだときに溶湯の熱で鋳型から発生するガスを鋳型の外へ排出する通気性をよくするためである．このガスが鋳型の外へ抜けないで品物の方へ入ると，溶湯がこのガスを巻き込み，鋳造欠陥となる．表面に細かい砂（粒度が非常に細かいので泥）を用いるのは，鋳肌を美しく仕上げるためである．

図4.1　鋳物砂置き場〔鋳型をつくるための砂（鋳物砂）は繰り返し使われ，鋳込みが終了した後，鋳型の砂は砕かれて鋳物砂置き場に保管される〕

図4.2　造型の開始前にレンガを並べる（鋳型をつくるときは，最初にレンガを並べ，その周囲に鋳物砂を貼り付けていく．レンガを用いることにより，鋳物砂が自重で崩れず，鋳型の乾燥も早くなるなどの様々な利点がある．レンガの下は既に造型が完了した鋳型）

また，鋳型をつくるときは，外型，中子にかかわらず，図4.2に示すようにレンガを並べ，その周囲に鋳物砂を押し固めていく．レンガは，鋳物砂に比べて強度もあり，含有水分量も少ないため，鋳型が鋳物砂の自重で崩れることもなく，鋳型は軽くなり，そして，鋳型の乾燥に要する時間も短縮でき，鋳込みのときに鋳型から発生するガスを低減できる．

4.2.1 中子

図4.3はピット内に置かれた中子で，ピットは床面より鋳型の高さだけ掘り下げられている．中子の内部は，写真に見られるように中空である．内部を中空にすることにより鋳型の乾燥を容易にし，また，鋳込み時に中子から発生したガスは，この中空部へ抜け，溶湯中にガスを巻き込むガス欠陥を防止する効果がある．

この中子の鋳型は，「鐘をつくる-1」で紹介した掻き板を回転して造型する．掻き板による造型が終了すると，スピンドルを抜き取り，この中子の上に別につくった鋳型を，蓋をするような形で載せて中子は完成する．その際，この合わせ目から中子内部に溶湯が入らないように，細かな鋳物砂と粘土を練り合わせたもので目張りをする．

このような造型のやり方は，わが国で梵鐘がつくられるようになってからほとんど変わっていないと考えられる．図4.4は，鋳造工房跡（滋賀県信楽町）から出土した中子の鋳型の一部を元に復元した中子である．この工房跡は，聖武天皇が造営した紫香楽宮（742～745年）の甲賀寺に銅製品を供給したと考えられている．この鐘の大きさは，口径約150cm，総高約210cmと推定されている[1]．

この中子も中空で，鋳型の厚さは約30cmである．なお，梵鐘鋳造遺跡から鋳型が発見され，それにより梵鐘の形が判明された例は見当たらない[2]．それは，現在の鋳造と同様に，鋳型は鋳造後壊されてその鋳物砂は再利用されるため，鋳造遺跡から梵鐘の形状を推定できるような鋳型は発見されていないことを示している．この遺跡から中子の形状が推定できる鋳型の一部が発見されたことは価値がある．

4.2.2 外型

この工場では，外型は通常4段に分割されている．上部の笠型以外の3個の鋳型は，最初，図4.2のよ

図4.3 造型が終了して掻き板のスピンドルを取り除いた中子（中子の造型は，床面より掘り下げたピット内で行う．造型の最初は，外型同様レンガを積み上げ，その周囲に鋳物砂を貼り付けて中心に取り付けた掻き板を回転させながら形状を整える）

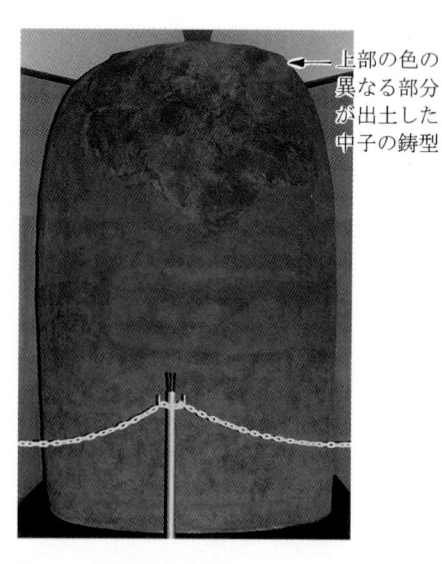

図4.4 梵鐘鋳造遺跡から発見された鋳型を元に復元された中子（滋賀県蒲生郡・安土城考古博物館）

4.2 造型　107

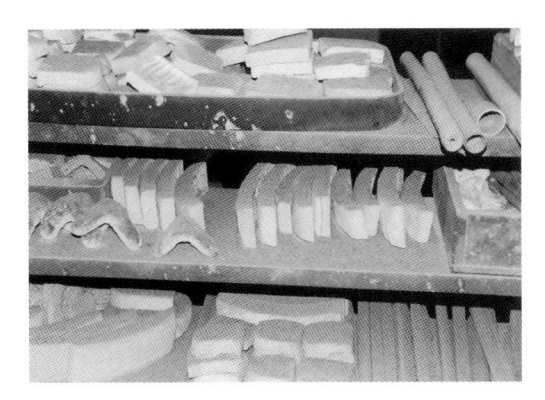

図4.5　鐘の文様となる鋳型（鐘外周部の文様や龍頭，乳，銘文の部分は別に鋳型をつくり，それらを外型の鋳型に取り付けていく）

図4.6　外型撞座の部分

袈裟襷円周方向の線は，外型造型のときに掻き板でけがく

図4.7　外型中段の部分

図4.8　外型上段の乳の部分（この上に笠形，龍頭の部分の鋳型が載る）

うにレンガを並べ，その周囲やすき間に粗い砂を押し固めていき，荒型をつくる．それを積み重ね，中央に掻き板を取り付けて掻き板を回転させながら鋳型をつくる．鋳物の肌となる鋳型表面の造型では，目の細かいふるいでふるった砂を粘土水にどろどろに溶かし，ひしゃくで鋳型にかけながら最後の仕上げを行う．そして，文様の位置をけがき，型が乾いたら，乳や銘文など個々につくっておいた鋳型（図4.5）を取り付ける．そして，バーナや炭火で十分に乾燥する．

図4.9　乳の鋳型は外型に1個1個取り付ける（乳の鋳型は等間隔になるように，①から⑤の順番に外型の型を削り落として取り付けていく）

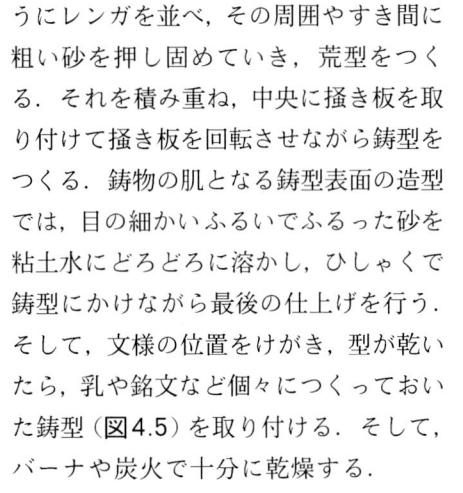

　図4.6，図4.7，図4.8は，完成したそれぞれの外型である．袈裟襷の円周方向の線は，外型をつくるときに掻き板を回転させながらつくる．通常，乳の部分は乳の数だけ鋳型を別につくる．外型の鋳型は，乳を取り付ける部位を削り落とし，それらの鋳型をはめ込んでいく．その際，上から順に取り付けるのではなく，縦方向が等間隔になるように，図4.9に示すような順序で取り付けていく．

　現代の鋳造工場では，鋳型の枠は強度もあり，クレーンで吊るときにも容易な鉄製の金枠が用

図4.11 造型が終了した外型（タガとレンガとの間を板でできた楔でさらに締め付ける）

図4.10 外型を締め付ける竹を編んだタガ（この工場では，外型に金型を用いず鋳型の周囲をタガを用いて締め付ける）

いられる．しかし，この工場では昔から踏襲されている図4.10に示すような竹を編んだタガが用いられている．タガは，造型が終了した後，鋳型にはめ，レンガとのすき間には板の楔を入れて締め付けて，図4.11に示すように鋳型を固定する．この場合，鋳型の移動は楔と楔の間にワイヤロープを通し，クレーンで吊り上げて行う．

タガは，一般に桶や樽，その他の器具などにはめて外側を固く締め付けるときに用いられる．ここで用いられているタガも，これらと同じ竹を割ってリングに束ねたものである．

4.3 溶解・鋳込み

溶けた金属を鋳型に流し込むと，溶湯の圧力により鋳型が上げられ，外型の鋳型と鋳型の間にすき間を生じて溶湯が外へ流出することがある．これを防止するために，鋳型の上下に掛木と呼ばれる横木を渡し，その上下をボルトで締め付ける（図4.12）．この方法は古くから行われ，昔はボルトではなく縄が用いられていた[3]．

溶解は，こしき炉で行われている．こしき炉は，炉内に必要量の金属が溜まると，図4.12に見るように出湯口の耐火材を壊して溶湯を流し出す．そして，溶湯は樋を通じて湯口へと導き，鋳型内に流入させる．鋳型は，床面より掘り下げられたピット内に置かれている．図4.12の左側の人が持っている止め棒の先には粘土が取り付けられていて，鋳型内に金属が充満したら，その粘土で出湯口をふさぎ，金属の流れ出るのを止める．しばらくすると，金属の凝固収縮に伴い湯口の金属が減少す

図4.12 鋳込み〔こしき炉で溶解し，樋を通じてピット内の鋳型に溶湯を流し込む．鋳型内に溶湯が充満したら，いつでも出湯を止められるように棒の先に粘土を付けた止め棒を持って待機している〕（西澤梵鐘鋳造所 会社案内）

図4.13 分割されたこしき炉（こしき炉は，このように三つに分割できる．溶解量に応じて種々の炉が用意されている）

図4.14 コークス（かごも昔ながらのものが用いられている）

るので，再び炉の出湯口の耐火材を壊し，溶湯を補給させる．この止め棒は，手で握ったときに持ちやすい太さの実生の松が用いられる．

こしき炉からの出湯は，出湯口をふさいでいる耐火物を図4.12の右側に見るような棒（これも松の木）でほじって穴を開ける．出湯を止めるときは，出湯口を粘土をつめてふさぐ．そのため，出湯口をふさぐ耐火物は溶湯の熱に耐え，強度も必要であるが，出湯のときには壊しやすいようにつくらなければならない．そこで，この耐火物は粘土に炭の粉を混ぜたりして，それぞれの工場で工夫されている．

こしき炉は，溶解量により使い分けられ，この工場では40～400貫（1貫は約3.75kg）のものが8種類用意されている（図4.13）．400貫の炉とは，1時間に約400貫溶解できるものをいう．燃料は，古くは木炭が使われていたが，現在はコークスが用いられている（図4.14）．溶解燃料が木炭からコークスへ移行したのは明治の末頃である．人力によるたたら送風が機械送風に切り替えられたのもこの頃である[4]．

鋳込み終了後，梵鐘を鋳型の中から取り出す作業は，通常は翌日に行うが，鋳物の温度が下がらない夏場や大物では，さらに日をおいてから行う．

4.4 仕上げ

梵鐘の仕上げでは，表面を磨いたり，着色が施されたりするが，この工場ではこのような工程は行われていない．それは，昔ながらのタガを用いた鋳造法により，鋳込みを行ったときに鋳型から発生するガスの抜けがよいため，梵鐘の肌が美しくできることによるそうである．

4.5 製 品

4.5.1 梵鐘の大きさと重量

梵鐘は注文生産で，銘文はそれぞれ異なる．しかし，その形や文様については幾つか用意されていて選択できるようになっている（図4.15）．そして，その寸法および標準重量は，表4.1の

4章 鐘をつくる-3

ようになっている．また，鐘楼についても鐘の大きさに対し，**表4.2**のような寸法を推奨している．大きさの単位は，いまでも尺貫法で呼ばれている．

4.5.2 大梵鐘例

この会社で製作した大物の梵鐘として，大正3年（1928年）に，京都の高橋才次郎商店とともに鋳造を行った神奈川県横浜市の総持寺の梵鐘がある．これは，**図4.16**に示すような口径195 cm，重量約13トンの大きさの鐘である．

この鐘に興味を引かれたのは，その大きさではなく，製造法である．この鐘は，完成したもの

表4.1 梵鐘の寸法および標準重量（西澤梵鐘鋳造所 会社案内）

寸法				標準重量	
口径		高さ（龍頭含まない）			
単位：尺	単位：cm	単位：尺	単位：cm	単位：貫	単位：kg
1尺8寸	54	2尺6寸	78	45貫	170
1尺9寸	57	2尺7寸5分	83	55貫	206
2尺0寸	60	2尺9寸	87	65貫	245
2尺1寸	63	3尺0寸5分	92	75貫	281
2尺2寸	66	3尺2寸	96	85貫	320
2尺3寸	69	3尺3寸5分	100	100貫	375
2尺4寸	72	3尺5寸	105	115貫	431
2尺5寸	75	3尺6寸5分	110	135貫	506
2尺6寸	78	3尺8寸	114	155貫	580
2尺7寸	81	3尺9寸	117	180貫	675
2尺8寸	84	4尺0寸5分	122	200貫	750
2尺9寸	87	4尺2寸	126	225貫	845
3尺0寸	90	4尺3寸5分	130	255貫	956
3尺2寸	96	4尺6寸	138	310貫	1 163
3尺5寸	105	5尺1寸	153	400貫	1 500
3尺8寸	114	5尺5寸	165	530貫	2 000
4尺0寸	120	5尺8寸	175	650貫	2 450

図4.15 製品例（平安型の梵鐘）（西澤梵鐘鋳造所 会社案内）

表4.2 梵鐘と鐘楼の適合寸法対照表（西澤梵鐘鋳造所 会社案内）

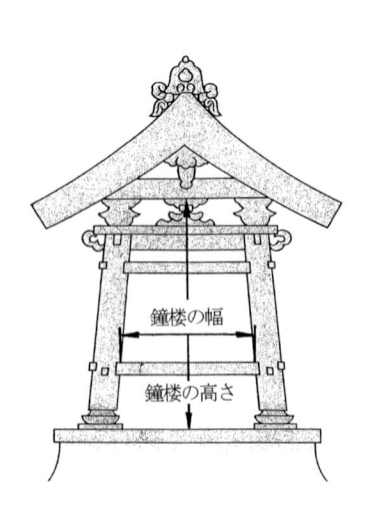

梵鐘の口径	鐘楼の幅	鐘楼の高さ
2尺	6尺3寸	9尺6寸
2尺1寸	6尺6寸	9尺8寸
2尺2寸	6尺9寸	1丈0尺1寸
2尺3寸	7尺2寸	1丈0尺5寸
2尺4寸	7尺5寸	1丈0尺9寸
2尺5寸	7尺8寸	1丈1尺2寸
2尺6寸	8尺1寸	1丈1尺4寸
2尺7寸	8尺4寸	1丈1尺6寸
2尺8寸	8尺7寸	1丈1尺8寸
3尺	9尺3寸	1丈2尺2寸
3尺2寸	1丈	1丈2尺7寸
3尺5寸	1丈1尺	1丈3尺4寸

鐘の大きさに対して鐘楼の鐘を吊るす空間は，だいたい表のようになっている

図4.16 総持寺の梵鐘（大正3年に，高橋才次郎商店と西澤梵鐘鋳造所が共同で製作した梵鐘の現在の姿）

図4.17 鋳込み前に行われた鋳造式〔多くの僧や信者の参加のもと，盛大な鋳造式が行われた〕（西澤梵鐘鋳造所 会社案内）

図4.18 お寺の僧と鋳造関係者で梵鐘完成の記念撮影（西澤梵鐘鋳造所 会社案内）

を運搬したのではなく，寺の境内に必要な道具類のほか，溶解炉，溶解材料，鋳物砂などを運んで現地で製造を行う「出吹き」によってつくられた．大正初期では，このように大きくて重量のあるものを運搬するのは難しいため，昔から行われていた出吹きでつくられた．製造には6カ月を要し，大正2年（1927年）12月に，図4.17に見るように盛大な鋳造式が行われ，そして，翌年に完成（図4.18）している．現在の9代目社長も，当時は子供で，祖父，父親，職人とともに現地へ行ったそうだが，詳細については記憶にないとのことであった．

溶解は，こしき炉で行われた．この炉は，大きく三つに分割できることから，運搬が容易で，現地でそれらを組み立てて使われた．昔は，鐘に限らず，大きな鋳物は現地で型をつくり鋳込みも行うため，溶解炉はこしき炉のように運搬も容易なものがつくられたと考えられる．詳細は不明であるが，昭和9年（1934年）に，先の高橋才次郎商店が埼玉県朝霧で口径280 cm，重量45トンの梵鐘を大がかりな出吹きで行った記録がある．それから推察すると，総持寺の梵鐘は2～4基のこしき炉により溶解は行われたと考えられる．

4.6 おわりに

西澤梵鐘鋳造所は，代々伝わる鋳造技法を踏襲して梵鐘づくりをしている．タガを用いて行う造型法は，福岡県鉾ノ浦の梵鐘遺跡に同様の痕跡が報告されている[3]．タガは，一般に桶などに用いられることで知られるが，桶に竹のタガを用いた古い例としては14世紀中頃といわれ，この遺跡はそれより若干古く，タガの歴史に対しても興味深い示唆である[3]．そのタガを用い

た造型法を現在も連綿と守り続けている工場を見せていただき，また話を伺うことにより，奈良の大仏を初め，いにしえの大物の鋳物がつくられた様子をより近くに感じることができた．

参考文献

1) 滋賀県教育委員会・(財)滋賀県文化財保護協会・滋賀県立安土城考古博物館：信楽町鍛冶屋敷遺跡調査報告書(2002).
2) 杉山 洋：日本の美術12-梵鐘，至文堂(1995).
3) 中井一夫：梵鐘，**7**(1997) p.16.
4) 倉吉市教育委員会編：倉吉の鋳物師，池田印刷(1986).

5章　こしき炉による溶解

5.1　はじめに

　鋳物をつくるとき，鋳型をつくる作業（造型），金属を溶かし鋳型に流し込む作業（鋳込み），そして仕上げを行う作業と大きく三つに分けられる．こしき（甑）炉は，金属を溶解する炉として古くから用いられ，奈良の大仏や鎌倉の大仏の製作にも銅合金の溶解炉として用いられた．それ以後も，銅合金や鋳鉄の溶解炉として使われ（図5.1），現在でも設備費が安く，取扱いが簡単なことから，小規模の工場や工芸鋳物を製作している工房で使われている．しかし，現在広く用いられている電気炉やガス炉に比べると，経験に基づいた技術的知識が必要となる．図5.2は，最近まで稼動していた鋳鉄溶解用のこしき炉で，また図5.3[1]はその構造を示したものである．こしき炉は，全体の高さが低いため，投入された材料の予熱効果も少なく，熱効率は悪い[1,2]．そこで，このこしき炉の全長を高くして熱効率を高め，さらに大型化し，炉体を分割しないで一体の筒形の炉としたものがキュポラである．

図5.1　江戸時代のこしき炉（日本山海名物図絵）[1]

図5.2　操業中のこしき炉

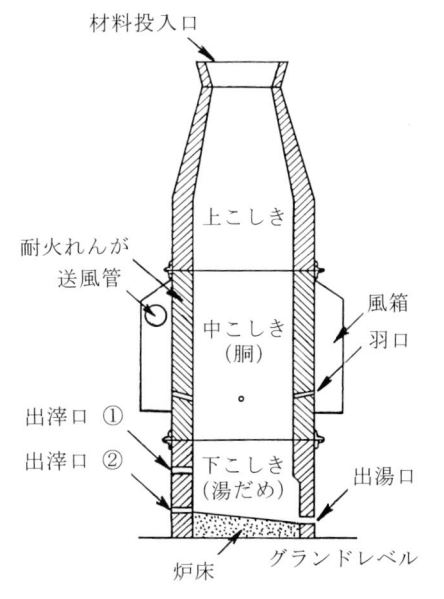

図5.3　こしき炉[1]

キュポラは鋳鉄の溶解に用いられ，1時間に1トンから25トンも溶解できるものもある．キュポラは，一般に広く使われ，その構造や特性についても詳細に研究が行われている[3),4)]．図5.4[5)]に，キュポラの構造を示す．その構造は，溶鉱炉（高炉）を小型化したようで，材料の装入も大きなものは図のように機械化されている．

それに対し，こしき炉は操業している数も少なく，その操業法も長年の経験に頼っているところがある．そのため，こしき炉では良質な鋳物はできないと誤解を招くこともあるが，多くの工場ではいろいろ研究，改善をして品質要求に応える操業をしている[6)]．

以下，最近までこしき炉により産業用機械鋳物を製作していた工場の操業を紹介する．

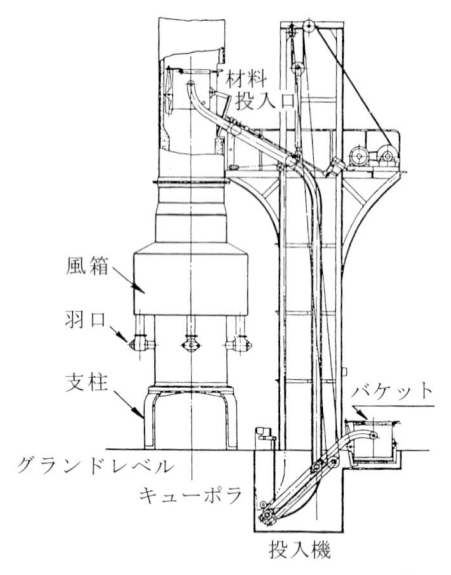

図5.4 バケット投入機付きキュポラ[5)]

5.2 こしき炉

こしきの語源は，こしき（甑）と呼ばれる穀物を蒸す器にその形が似ていたからといわれる[7)～9)]．現在の蒸し器は蒸篭といわれる．これは，鉄が一般的に使われるようになり，曲げ物や組み枠が使われるようになってからの名称で，それ以前の弥生時代から古墳時代では土器製で，図5.5に示すように積み重ねて使われていた[10)]．

こしき炉の特徴は，図5.3に示したように，炉体が普通三つに分けられ，上こしき，中こしき（湯だめ），下こしき（胴）よりなっている．さらに，上こしきの上に材料を投入しやすいようにジョウゴのようなものが取り付けられている．概略としては，上こしきで投入された材料を予熱し，中こしきで溶解が行われ，下こしきに溶けた金属が溜まるような構造となっている．炉体は，溶解作業が終わるごとに分解される．溶解が行われる中こしきや溶けた金属が溜まる下こしきは高温にさらされるので，炉内には耐火レンガが貼られている．使用するときは，それぞれの炉体の内面に付着したノロ（滓）をタガネなどで除去し，傷んだ箇所を耐火材で修理し，それぞれを積み重ねて使用する．キュポラのように炉体が一体構造のものに比べ，こしき炉の炉体は分割されるため，それぞれの高さはより低くなり，炉内の耐火物の補修作業はやりやすくなる．また，昔は「出吹き」と称し，梵鐘のように大型で運搬が困難なものは，現地で鋳物の製作を行った．このようなとき，こしき炉は炉を分割できるので，運搬が容易であった．

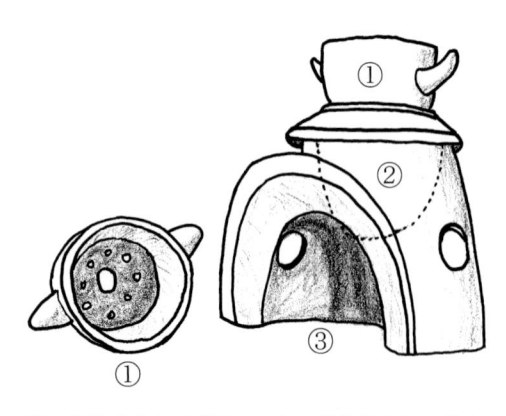

①：穀物を入れる器（この中に穀物を入れて蒸す．底には小さな穴が幾つかあいている）
②：湯沸しのかめ
③：火の炊き口

図5.5 6～7世紀の古墳から出土した副葬用の模型のこしき（穀物を蒸す器）

キュポラは，1861年，長崎製鉄所に初めて設置され，その後，横須賀製鉄所などの軍関係の工場で使われるようになった[11]．明治の末の頃，わが国の工業化の推進により機械用鋳物の需要が増すにつれ，次第に近代的工場でキュポラが普及するようになった．大きな工場では生産性の高いキュポラが導入されたが，小規模の工場では広くこしき炉が使われていた．しかし，こしき炉にもキュポラの技術が取り入れられ，木炭や薪からコークスへ，送風は人力によるたたら（ふいご）から機械送風へと移行した[12]．それにより，こしき炉の溶解効率も大きく伸びた．

　図5.2に示したこしき炉は，1時間に約1 000 kgの鋳鉄を溶解できる炉で，炉の内径約55 cm，高さ約350 cmと，こしき炉としては大型の部類に入る．そして，羽口からの有効高さは炉径の約6倍と十分な高さがあることから，炉内での地金の予熱は十分に行われ，高温の溶湯を得ることができる．材料を投入するには高さが低い方が作業は楽で，建物の高さも低くてすむため，こしき炉の有効高さと炉径の比は3.5～4.5程度のものが多かった．そのため，このような炉では材料の予熱効果も低く，良質な溶湯が得られにくかった[2]．

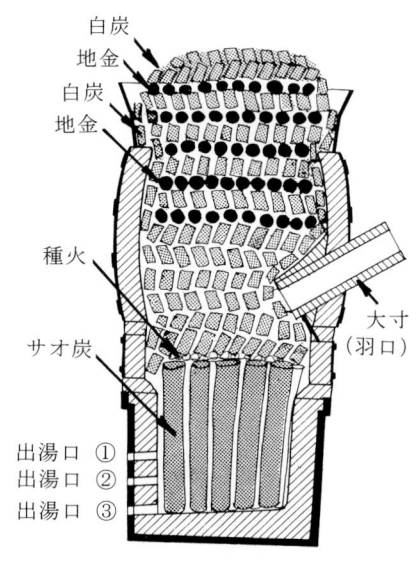

図5.6 木炭で溶解の場合の原材料装入方法[12]

　なお，木炭で溶解を行う場合は，**図5.6**[12]に示すように炉底に木炭を立てる．この木炭の立て方は操業者により違っていたようで，密に立てないで，すり鉢状に立てる方法もあった[13]．いずれの方法でも，地金は木炭が真っ赤に燃焼するまで装入しない．また，炉体各部の名称も図5.3や図5.6のように異なっている．羽口の向きは，溶解する材料により異なり，鋳鉄の場合は出湯口の上の方に向けられるが，銅合金の場合は，羽口は下の方に向けられる[14]．出湯口は，梵鐘専用の場合は1個であるが，何回も取鍋に受けて鋳込みを行う場合は，通常3～5個設けられる．

　今日，銅合金の溶解はできるだけ酸化をしないように，るつぼ炉では溶けた金属表面を木炭などで覆って溶解をしている[15]．青銅の溶解は，過剰送風により酸化雰囲気で溶解を行い，水素の侵入を防止し，出湯前に強制脱酸処理が行われている．

5.3　溶解準備

　溶解を行う場所は高温にさらされるので，耐火レンガや鉄板などが敷かれ，溶解作業のときは十分乾燥してから使用する．下こしきの炉床は，溶解作業終了後，底を抜くのでレンガは使わず，図5.3に示したように鋳物砂と粘土を混ぜたものを溶湯を流出させやすいように傾斜をつけて突き固める．各炉体は順次積み上げ，それぞれの炉体のすき間は粘土を詰めてふさぐ．耐火材の水分は，自然乾燥させた後，薪を入れて燃やし，さらに木炭を投入して乾燥する．乾燥を急激に行うと耐火材のはく離を起こすので，徐々に温度を上げて乾燥を行う．乾燥を十分行わないと，水蒸気と溶けた金属が反応し，金属の性状を劣化させるためである．

　燃料はコークスを用い，送風は送風機で行う．溶解作業は，最初に炉内の羽口まで入れた薪に点火する．そして，薪がよく燃え出したころを見計らってコークスを投入し，順次コークスを

燃焼させて炉内の温度を上げていく．炉内の温度が上がったら，溶解材料とコークスを交互に層状になるように投入口まで投入し，炉および材料を約45分間予熱する．そして，材料が十分加熱したら送風を開始する．

溶解材料は，銑鉄，鋼屑，返り材，Fe-Si，Fe-Mn，石灰石を材質に応じて配合し，炉頂から人力によって投入する（図5.7）．これらの材料は，操業前に炉頂近くまで運び上げておく．装入する材料について，以下簡単に記す．

- 銑鉄：鉄鉱石の還元により製鉄所でつくられた炭素含有量の高い鉄．鋳鉄溶解の主原料．
- 鋼屑：鋼の屑材で炭素含有量の低い鉄．鋳鉄溶解の主原料．
- 返り材：自社工場の鋳物製作で発生した押湯などの不要部分や不良品など．
- Fe-Si：ケイ素の添加材として用いられる．ケイ素は黒鉛の生成を促進し，また，セメンタイトを黒鉛とフェライトに分解させる作用がある．
- Fe-Mn：マンガンの添加材として用いられる．マンガンは，脱酸，脱硫の効果があり，また炭化物を安定化し，パーライトを微細にして強度を高める作用がある．
- 石灰石：炭酸カルシウムを主成分とし，溶解時に発生したノロの流動性をよくし，溶けた金属との分離を容易にし，除去しやすくするために添加される．

図5.7 材料投入口

なお，Fe-Siのような添加剤がなかったころの古い鋳鉄鋳物では，ケイ素（Si）が0.7～0.8％と低く，その分，炭素（C）を4.1～4.2％と高い値のものがある[13]．このように，ケイ素量が低いと，茶釜のように肉厚が5mm位しかないような薄物の鋳物をつくると，硬くて脆い白銑になりやすい．そこで，長い経験から炭素量を上げていたと考えられる．さらに，白銑化を防止するため，冷却速度を遅くする目的で鋳型の温度を上げて鋳込みを行ったり，白銑化した場合には，黒鉛化を促進するために焼なましを行ったりと苦労をしたようである．

5.4 溶解作業

このこしき炉は，配合した材料を1回に200kg，コークスを20kgずつ投入し，炉内には約500kgの材料が常時入った状態で操業を行う．材料は12分おきに投入し，投入した材料は約30分で溶け出す．炉内は，絶えず材料で満たされた状態を保ち，地金は予熱されてから溶解される．溶解作業者は作業中休みなく高温にさらされ，そして，重量物を扱わなければならない過酷な作業である．さらに，操業中は絶えず炉内の状況を監視し，異常がないよ

図5.8 操業開始直後の出滓口〔操業開始直後，出滓口②から低温の溶湯とノロ（滓）を出す〕

うに操業しなければ危険であるし，品質のよい溶湯が得られない．

　送風を開始して数分すると，図5.8のように出滓口②からノロとともに温度の低い溶湯（初湯（はなゆ））が出てくる．初湯が出たら，出滓口①，②を粘土でふさぎ，溶湯を炉内に溜める．炉内の様子は，のぞき窓から見て材料やコークスの落ち具合から判断する．材料の形状，投入方法，操業方法が不適切であると，材料が炉内に引っかかることがあり，そのような場合には，炉頂から鉄の棒で地金を突いて落とさなければならない．

5.5 出　湯

　炉内に溶湯が溜まったら，図5.9に示すように出湯口をふさいでいた粘土をノミとハンマで壊して，溜まった溶湯を流出させる（出湯）．流出した溶湯は，図5.10に示すように樋を通って，取鍋に溜められる（図5.11）．この際，溶湯の性状改善のための接種や球状化処理などが行われる．図5.12は，球状化処理を行った鋳鉄の顕微鏡組織写真で，黒鉛が丸く球状化しているのが

図5.9　出湯口ふさいでいた耐火物の栓をノミとハンマを使って壊す

図5.10　出湯口の栓が壊され，溶湯が出てくる．炉前では，作業者が出湯をいつでも止められるように，粘土を先端につけた止め棒を持って待機している

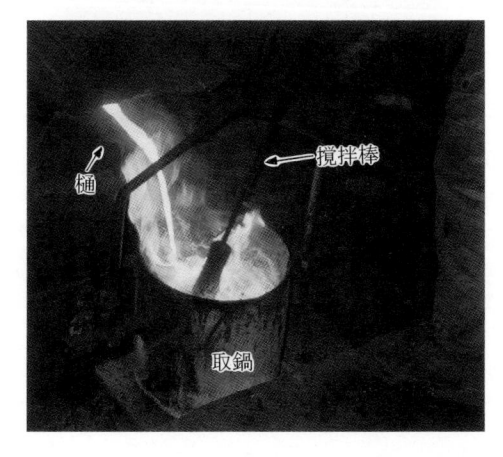

図5.11　溶湯は取鍋に溜められる（球状化処理を行っている）

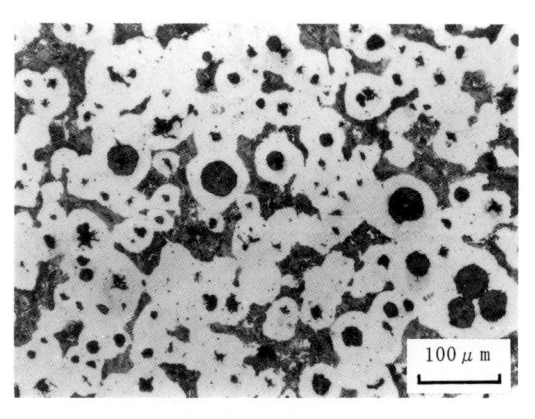

図5.12　球状化処理をされた溶湯の顕微鏡組織写真

わかる．取鍋に溶湯が必要量溜まったら，出湯口を粘土でふさぎ，再び炉内に溶湯を溜める．そして炉内に溶湯が溜まったら，出湯口をふさいでいた粘土をノミとハンマで壊して溶湯を流出させる．この作業を何回も繰り返し行う．

出湯口をふさぐ粘土は，高温の溶湯に耐えられなければ炉内の溶湯は流出するし，強度が強すぎれば出湯のときにこれを壊すのに手間取ってしまう．現在では鋼のノミがあるので，粘土の強度は多少強くてもあまり問題はない．しかし，昔はノミのように強度のあるものがなく，実生の松の細い木が使われていた．そこで，この粘土は耐火度を保ちつつ壊しやすい強度とするため，各工場ごとに木炭粉や砂を混ぜるなど，様々な工夫がこらされ，現在もキュポラなどにもこの工夫は生かされている．

5.6 鋳込み

取鍋の溶湯は，図5.13に示すようにクレーンで吊り上げて鋳型まで運び，溶湯を流し込む（鋳込み）．小さな鋳物は，図5.14に示すような湯汲みで鋳込まれる．鋳型の上には鋳込みの際，溶湯の圧力によって鋳型が持ち上げられるのを防ぐために，鋳物でできた錘が置かれている．

5.7 操業終了

操業が終了すると，上こしきから順に解体していく．図5.15は，上こしきをクレーンで吊り上げたところを示す．次に，中こしきをクレーンで吊り上げる．炉内には，先ほどまで材料を溶解していたコークスがまだ残って

図5.13 取鍋に溜められた溶湯は，クレーンで吊り上げられて鋳型まで運ばれ鋳込まれる

図5.14 小さな鋳物は湯汲みで鋳込まれる

図5.15 操業が終了し，上こしきをはずしたところ

図5.16 中こしきをはずしたところ（炉内には，まだ真っ赤に燃えるコークスが残っている）

図5.17 下こしきをはずし，炉内のコークスをすべて出して操業は終了する

いる（図5.16）．最後に，下こしきを吊り上げ，炉底を壊して炉内からコークスや未溶解の材料をすべて出す（図5.17）．これで操業は終了する．図5.18は，出荷前の製品の一部である．

5.8 おわりに

　川口は「鋳物の街」とはいわれるものの，こしき炉で球状黒鉛鋳鉄を製造しているのを見たときには驚きを禁じ得なかった．キュポラにしろ，こしき炉にしろ，溶湯が燃料のコークスと直接触れるため，溶湯中にコークスから硫黄が侵入し，その硫黄により黒鉛の球状化が阻害さ

図5.18 出荷を待つポンプケーシングと架台

れる．キュポラでも球状化処理にはしっかりした管理が要求されるのに，こしき炉で球状化処理を行っているとは，たゆまぬ研究と蓄積された多くの経験の賜物と思われる．

　川口市では工業試験所や鋳物組合を中心に，一国一城の主を自認する鋳物経営者の人たちが，鋳造技術や経営などについて勉強会を行っていることはよく知られているが，その一端を見た思いである．しかし，川口の鋳物工場の数は公害規制，労働力確保の難しさや仕事量の激減により減るばかりである．

　筆者が，こしき炉の操業を取材させていただいた鶴岡鋳工所も，この溶解を最後に廃業してしまった．500年の伝統，そして現代の近代化を支えてきた川口の鋳物産業の衰退は忍びないものがある．これも時代の流れといってしまえばそれまでだが，これまで培った技術が消えてしま

うのは残念である．しかし，まだまだ近代化を図り，創意工夫をして，基幹産業として産業界に鋳物を供給し続けている企業も多数ある．

　一度失われたモノづくりの技術は，それを取り戻すには計り知れないエネルギーを必要とする．日本の製造業に厳しい風が吹いているが，いつまでも頑張ってもらいたい．

参考文献

1) 労働省職業訓練局 編：鋳鉄鋳物科，職業訓練教材研究会(1981).
2) 松井良典：鋳物用語と解説，新日本鍛造協会(1980).
3) 日本鋳物協会 編：鋳物便覧，丸善(1961).
4) 日本鋳物協会 編：キュポラハンドブック，丸善(1968).
5) 日本鋳物協会 編：鋳物便覧，丸善(1973).
6) 佐藤忠雄：鋳物，**27**(1955) p.630.
7) 石野　亨：奈良の大仏をつくる，小峰書店(1983).
8) 日本鋳物協会 編：鋳物用語辞典，日刊工業新聞社(1974).
9) 内田三郎：鋳物師，埼玉新聞社(1979)
10) 下中邦彦：国民百科事典-5，平凡社(1977).
11) 日本鋳物協会 編：鋳鉄溶解ハンドブック，丸善(1983).
12) 倉敷市教育委員会：倉敷の鋳物師，池田印刷(1986).
13) 若林洋一：鋳物，**33**(1961) p.524.
14) 老子次右衛門：鋳物，**27**(1955) p.307.
15) 堤　信久：鋳造，コロナ社(1974).

IV部

鐘を訪ねて

- 1章　天下の三鐘 …………………………121
- 2章　三 大 鐘 …………………………129
- 3章　鎌倉の三銘鐘 …………………………138
- 4章　中 国 鐘 …………………………144
- 5章　朝鮮鐘―新羅時代 …………………………155
- 6章　朝鮮鐘―高麗時代 …………………………164
- 7章　韓国鐘をつくる …………………………173
- 8章　時 の 鐘 …………………………184
- 9章　半　　鐘 …………………………194
- 10章　音を奏でる鐘 …………………………202
- 11章　鐘こぼればなし …………………………215

1 章　天下の三鐘

1.1　はじめに

　有形，無形に限らず，数多くのものがあると，人はその中で一番良いもの，あるいは悪いもの，大きいもの，小さいもの等々序列をつけたがる．そして，それらについて様々なうんちくをかたむける．梵鐘についても，ご多分に漏れず歴史があるだけに，「天下の三鐘」と呼ばれる鐘がある．本章では，それらについて触れてみたい．
　「天下の三鐘」は，古くからその鐘の性質により，「勢は東大寺，声は園城寺，形は平等院」のようにいわれている．なお，「勢は東大寺」に代えて「銘は高雄の神護寺」と呼ぶこともある．そこで，三鐘ではなく，以下の四つの鐘について見てみることにする．

1.2　東大寺の鐘

　この鐘は総高386 cm，口径271 cm，重量26.3トンと，なにしろ大きく，「東大寺の大鐘」といわれるように，その大きさは群を抜いている．また，752年の大仏開眼供養前日に孝謙天皇の行幸を仰いで鐘楼にかけられたと古事記にあることから[1)]，「大仏鐘」とも呼ばれ，大仏にふさわしい大きさの鐘である．姿，形は，図1.1に見られるように，高さに比べて口径が著しく大きくどっしりとした安定感を漂わせている．この鐘には全く銘文がなく，そのため大正時代までは延応元年（1239年）に鐘が落ちた際につくられた懸吊金具に刻まれた銘の年号から，鎌倉時代の鋳造と誤解されたりした[2)]．奈良時代の鐘にはほとんど銘文がなく，これだけ大きな鐘に銘文がなくても不思議ではない．
　鐘は，袈裟襷と呼ばれる円周に沿って平行に数本の線が引かれ，さらにそれに直角に縦の線が入り，鐘身を幾つかに分けている．この鐘の特異な点として，この幅の広い袈裟襷が図1.2に示すように，下端から2/3位の乳の間と池の間との間を1周していて，これが鐘全体を引き締まった感じにしていること

図1.1　東大寺の鐘

図1.2　袈裟襷が鐘身を1周している

が挙げられる[3]．なお，撞座は50cmもある大きなもので，この鐘を撞く撞木も大きく，直径約30cmのケヤキが使われている（図1.3）．しかし，この撞木で鐘を撞くのは撞座ではなく，その下の方を撞いている．その理由として，鎌倉時代の剛力の朝比原三郎がこの鐘を撞いたところ三日三晩鳴り止まなかったからとか，撞座を撞けば奈良の街中の陶磁器類が割れてしまうとか，国宝に指定されたので撞座の模様が摩耗で損なわないようにするためとか，様々なことがいわれている．

この鐘は，一度鋳造に失敗してつくり直されたものである．そして，その後も鐘楼が倒れたり，鐘が墜落していることが東大寺の古い記録に残されている．鐘楼は鎌倉時代の再建で，鐘とは別にこれも国宝に指定されている．なお，この鐘の実測は過去に何度か行われ文献などにも発表されているが，近年では1965年に鐘楼の解体修理が行われた際，鐘を降ろして奈良文化財保存事務所により詳細な調査が行われ，実測図がつくられた[4]．香取氏は，この実測図と鐘内面の凸凹の激しさ（図1.4）から，東大寺の鐘の製作は，近年の梵鐘づくりで行われている造型法の支柱を軸にして板を回転させながら鋳型をつくる引き型（まわし型）ではなく，東大寺大仏の鋳型（中子）をつくるときに用いられた削り中子法によると推測している[5]．この削り中子法について，石野氏らは，図解をもとに説明している[6]．

また，龍頭は近年の精密鋳造の一つであるロストワックス法と同じ原理の蝋型法でつくられたと考察している．蝋型法は，仏像などのように形状が複雑で鋳肌のでき上がりがきれいな鋳物をつくるときに使われる方法で，蝋（ミツバチの巣からとる）で原型をつくり，その周囲を鋳物砂で成型して鋳型とし，加熱して中の蝋を流し出し，そこに溶けた金属を流し込む鋳造法である．これは，当時の朝鮮半島の鐘（朝鮮鐘）に見られる技法と同じである．

図1.5のように，鐘の内面を下から見ると中子の上面（笠形の部分）は真円に見える．中子を削った場合，これだけの真円を得るのは

図1.3 鐘を撞くのは撞座ではなく，その下を撞いている

図1.4 東大寺の鐘の内面の凸凹部（鋳型の割れやすく割れなどが生じたと思われる跡）

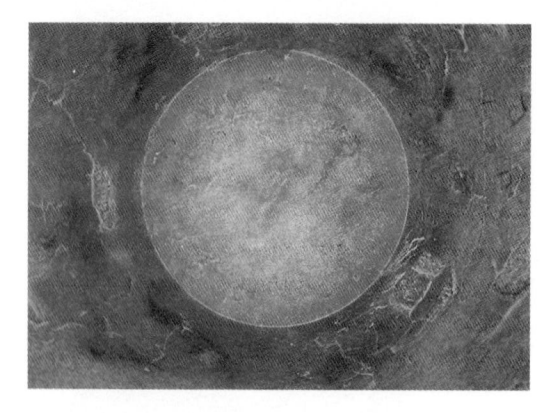

図1.5 東大寺の鐘の内面を下から見る（笠形の部分は真円になっている）

難しい．また，鋳型の凸凹は，これだけ大きな鋳物であることから，鋳込んだ溶湯の流動エネルギー，溶湯圧，高温の溶湯に長時間さらされたことにより，鋳型に割れ目や「すくわれ」が生じたと考えられる．すくわれとは，溶湯の熱によって鋳型表面の鋳物砂がはく離したり，削り取られたりしてへこみを生ずる鋳造欠陥である．このように考えると，中子の造型法について，果たして削り中子法だろうかと疑問がわいてくる．

乳は144個あり，わが国の梵鐘中で最もその数が多い．そして，その形状は一つ一つ異なっている[7]．すなわち，現代の梵鐘づくりのように乳の鋳型をつくってから外型に取り付けるのではなく，個々の乳を蝋型でつくり，それを外型に取り付けたのではないかと思われる．

溶解については，37.5トンの金属が溶かされたことが記録から知られている．当時の溶解炉（こしき炉）の能力は小さく，100基以上の溶解炉を使って一斉に4本の樋に流し，その4本の樋を通じて鋳型に金属を流し込んだと考えられている[4),5]．樋を4本用いたとされるのは，鐘の上部に金属を流し込んだと考えられる跡が4箇所，またガス抜きと考えられる跡が3箇所見られることによる[5]．そして，慶長19年(1614年)につくられた京都の方向寺の総高404cm，口径276cm，重量36トンの鐘の記録から推定している．そのときの溶解炉の配置は，図1.6に示す中国の「天工開物」の鼎(かなえ)を鋳込む方法[8]を真似たものと考えられている．

しかし，近年，東大寺の総合防災施設工事に伴う発掘調査(平成2～4年度)により，戒壇院の東地区で大型銅製品の鋳造遺構が確認された[9]．そこには，銅の溶鉱炉跡2基，そのうちの1基は内径約270cmもあり，また鋳造用のピット跡は，径が200cm以上，深さが150cm以上と大規模な遺構である．寿永2年(1183年)の大仏補鋳の記録『続東大寺要録』に，溶解炉について大炉3口，その大きさ口径1丈(約3m)，高さ1丈とあり，これとほぼ同規模の溶解炉ではないかと考えられている．また，この遺構は，その大きさから東大寺の鐘を鋳造した跡ではないかとも思えるが，鐘が現在の高台にあったと考えると，その運搬方法に大きな疑問が残り，この遺構は他の大きな鋳造品を製作したのではないかと考えられている[9]．この遺構が東大寺の鐘を鋳造した跡ではないとしても，同様に大規模な溶解方法で行われたことは十分考えられる．いずれにしても，天平時代にこのように大きな溶解炉を操作して鋳造品をつくっていた技術力は極めて高いものである．

奈良の大仏は，平安時代の源平の合戦(1180年)や戦国時代(1567年)の兵火によって大きな被害を受け，頭は江戸時代，胴体は鎌倉時代に修復されたもので，奈良時代につくられた部分は蓮華座に残すのみとなっている．大仏と同時期につくられた26.3トンもの大鐘が，その天平時代のままで現存していることは当時の鋳造技術を知るうえでも貴重なものである．

図1.6 鼎や鐘を鋳込む（幾つもの溶解炉で一斉に金属を溶かして4本の樋に流し，それを鼎や鐘の鋳型に流し込む）(天工開物)

1.3 園城寺の鐘

滋賀県大津市の園城寺,通称三井寺には近江八景の一つ「三井の晩鐘」として音色で名高い鐘がある(図1.7).現代の「残したい日本の音風景百選」にも選ばれている.この鐘は,総高209cm,口径124cm,重量2.25トンで,慶長7年(1602年)につくられたものである.この鐘の音色がよい理由として,園城寺の梵鐘は後ろが山で前には琵琶湖が広がり,鐘の音は湖面を伝わり遠くまで響くことなど,その立地条件も含まれると考えられている.現在では木が生い茂り,鐘楼から琵琶湖を見ることはできないのは残念である.なお,現在多くの鐘の乳は108個あるが,銘がある鐘で乳が108個あるのはこの鐘が最初である.

近江八景とは,琵琶湖周辺の景勝地八景を以下のように詠んだもので,慶長年間頃に近衛家17代当主三藐院信尹(1565~1614年)が中国瀟湘八景にならい詠んだといわれている[10].

三井晩鐘　粟津晴嵐　瀬田夕照　石山秋月
矢橋帰帆　唐崎夜雨　堅田落雁　比良暮雪

三藐院信尹は近衛信尹ともいわれ,本阿弥光悦,松花堂昭乗と並んで「寛永の三筆」と称せられた人である.

参考までに,奈良時代につくられた重要文化財の鐘が霊鐘堂に安置(図1.8)されている.これは,総高197cm,口径133cmで,鐘には図に見られるように引きずられたような疵があり,その部分は摩耗が激しく文様も見えない状態である.この鐘は,この引きずられたような疵があることから,別名「弁慶の引き摺り鐘」ともいわれている.もちろん,その真偽は定かではないが,武蔵坊弁慶が比叡山との争いにより,この鐘を奪って山上に引きずり上げて撞いてみると「イノー,イノー」と響いたので,弁慶は「そんなに三井寺へ帰りたいのか」と谷底へ投げ捨てたと伝えられている[10].そして,「三井の晩鐘」はこの鐘を模してつくられたといわれているが,撞座の位置や乳の形は明らかに異なる.

図1.7　園城寺の「三井の晩鐘」

図1.8　園城寺の「弁慶の引摺鐘」
(左側に引きずられたような疵と摩耗痕)

鐘を引きずったような摩耗痕としては，平安時代につくられ重要文化財に指定されている唐招提寺（奈良市）の鐘（総高156 cm，口径91 cm）にも園城寺ほどひどくはないが，引きずられたような痕が見られる．これらの疵は，恐らく運搬するときに生じたもので，その距離が長いか短いかによりその程度が異なったと考えられ，当時の苦労が偲ばれる．なお，三井（御井）とは天智・天武・持統の三帝の誕生水があることによる．

1.4 平等院の鐘

平等院は，この世に極楽浄土の世界を表現しようとしてつくられたもので，現在では鳳凰堂を残すのみとなったが，その面影が偲ばれる．堂内の壁面には，雲に乗る雲中供養菩薩たちが様々な楽器を奏でながら宙を舞う彫刻があることで知られている．平等院の鐘にも，この鳳凰堂のような衣を翻し雲の中を舞う飛天が大きく描かれ，その衣の流麗さは鐘の重厚さを忘れさせてしまうほど軽やかに感じられる．ほかにも雲に囲まれるように唐獅子や鳳凰など，他所の鐘には見られないような装飾的な文様が見られることで名高い（図1.9）．

これらの文様の元の形は，当時の先進国朝鮮の鐘を真似たと考えられているが，それにわが国の文化を融合させ流麗さを与え，華麗な平安時代を代表する工芸品と呼ぶにふさわしいものに完成させている．鐘は，総高199 cm，口径123 cmで，口径に対し高さはあまりないため，文様は軽やかだが，落ち着いた感じを与える．鐘身の流れるような文様に対し，龍頭は写実的で，龍はたて髪をたてて鋭い印象を与える．

鐘は長い年月で傷みが増してきたため，現在は鳳翔館に保管され，その音色を聞くことはできない．しかし，鐘身全体に施された流麗な文様をじっくり観察することができるようになった．鐘楼に架けられているものは模造品で，よくできてはいるが，肌合いは見るからに近年つくられたことがわかり，趣に欠けるのはいたしかたない．

平等院の鐘には銘がないため，その製作された年代がはっきりしない．鐘の様式，形状，その他の細部から類推して，鳳凰堂が完成したと思われる藤原氏全盛時代の頃ではないかと考えられている[11]．

図1.9 平等院の鐘（模造品）

1.5 神護寺の鐘

紅葉（もみじ）の名所として知られる高雄山神護寺は，京都市街地から北西の方向に車で50分程のところにある．また「かわらけ」を渓谷に投げ，その行方を見定める「かわらけ投げ」でも有名である．寺は，その渓谷を見下ろすところに位置するため，自然につつまれ，京都のお寺とは思えない静寂な環境である．

神護寺の国宝の鐘は，総高148 cm，口径81 cm，重量0.9トンで，平安時代のもので，鐘身に鋳出された銘文が当時の大家三者によることから，「三絶（さんぜつ）の鐘または三哲の鐘」として名高い[3]．

1章 天下の三鐘

図1.10 神護寺の鐘楼

図1.11 神護寺の鐘（第三区銘文）

図1.12 神護寺の鐘の銘文（第一区銘文）

図1.13 神護寺の鐘の龍頭

　そして，銘文として具備しなければならないことがらをすべて備え，銘文の模範とされている．鐘は，江戸時代初期に建てられた figure 1.10 の袴腰つきの鐘楼の2階にある．

　鐘は，図1.11に見られるような端正な形をしていて，小ぶりの撞座が少し高いところに位置し，平安時代の特徴を示している．そして，銘文は池の間に4区にわたって，詞書は橘 広相，銘は菅原道真の父親，菅原是善，そして書は藤原敏行と，堂々と鋳出し文字で記されている（図1.12）．詞書は17行で神護寺の鐘の改鋳の経緯を述べ，銘は8韻でこの鐘の功徳をうたい，鐘銘として記すべき要件をすべて備えている[11]．鋳肌は少し荒れているが，文字は図1.12に見られるように力強い楷書体で書かれ，引き締まった感じを与える．

　笠型は，図1.13に見られるように少し盛り上がっている．その上の龍頭は，生き生きと表現され，暗がりで灯りを当てたとき目の緑青がさらに睨みを増したような印象を受けた．さらに，その上の宝珠と火焔には透かしが施され，鋳造技術の高さを感じさせられる．

　この鐘は，銘文のほかにも姿・形や龍頭などすばらしいものを備えているのに，一般には公開されていないのは残念である．また，鐘

1.5 神護寺の鐘

にはき裂が入り，その音色を聞くこともかなわなくなってしまった．

銘文によって神護寺の鐘と並び賞されるものに栄山寺（奈良県五条市）の鐘がある（図1.14）．この鐘は，総高155cm，口径90cmと，神護寺の鐘と大きさはほとんど変わらず，銘文より延喜17年（917年）11月3日につくられたことがわかる．銘文は菅原道真，書は小野道風と伝えられるが，延喜17年は道真が死んで14年後で，道風の書に対しても疑問視されている[11]．

道風は，三蹟の一人として，また和様書道の創始者として，書体は流れるような線で知られている．延喜17年は道風が22歳のときで，和様体を完成させる以前のものとなるが，それまでの楷書と比較して，とうてい同一人物の書とは思われない[12]．それまでの新しい書体に染まらぬ，写経をよく書き込んだ人の手によるものと考えられている．これらの銘文は，書家によって書かれたものを1行ごとに板に彫り，それ

図1.14 栄山寺の鐘

を1行ごとに鋳型用の土で写し取り，鋳型（外型）の所定の位置にはめ込んだと考えられる．すなわち，紙に書かれた文字と梵鐘に鋳出した文字では，彫り方いかんによって筆致に大きな違いがでるのは当然である．その意味では，この文字を彫った彫り師も当代一流の人といえる．

また，この鐘は均整のとれた形と各部との調和，そして龍頭の出来映えは天下一品といわれている．その龍頭の上の火焔は，図1.15に見られるように，宝珠は球形で，その四方に火焔をつくり，立体感をもたせ，技巧的なつくりをしている．それでいて，図1.16に見られるように，乳の配置は必ずしも整然とはしておらず，かつ曲がったものまであるが，不思議と納まりはよい．

図1.15 栄山寺の鐘の龍頭鐘に龍頭の上に見える宝珠は，ほかでは見られない球形をしており，そこに火焔が十文字に立ち上っている

図1.16 栄山寺の鐘の銘文と乳（端正な銘文の上に見える乳は配置も向きも整然とはしていないが，納まりはよい）

1.6 おわりに

　梵鐘は，寺で人を集めたり，時を知らせるために用いられる鐘であるが，本章で紹介したように，長い年月を経たものは考古学的にも貴重なものである．特に，鐘に記された銘文からは様々なことを知ることができる．神護寺や栄山寺の鐘のように，銘文のみならず，それを書いた人の書体も高く評価されているものもある．

　銘文の形式も時代により異なり，大きく三つに分けられている．神護寺の鐘は最も形が整ったものといわれ，「序」と「銘」の二つからなる．通常，「序」では鋳鐘発願の趣旨，寺院の来歴，鋳造の時期，願主，檀那，鋳工の名が記される．そのほかに，所要材料，序・銘の撰者，筆者などを併記することもある．「銘」は韻文からなるものが多く，仏法の功徳，鋳鐘・撞鐘の利益などを賛嘆するものである[13]．

　梵鐘をつくることは，その費用も莫大なものである．当然，そこには様々な思いが込められている．その思いが銘文の中に見られ，それらを解き明かすことにより，当時の人の思いを知ることができる．「モノをつくる」という観点から鐘に焦点を当て，その幾つかを見てきたが，金石文としての銘文の内容を知ることにより，一つの鐘からまた違った見方を知ることができた．もうしばらく梵鐘を訪ねる旅を続けようと思う．

参考文献

1) 文部省文化庁 監修：原色版国宝2，毎日新聞社（1968）．
2) 坪井良平：梵鐘の研究，ビジネス教育出版（1991）．
3) 坪井良平：新訂梵鐘と古文化，ビジネス教育出版（1993）．
4) 香取忠彦：東大寺の大鐘，東京国立博物館美術誌 MUSEUM，**179**（1966）p.12.
5) 香取忠彦：大型鋳造技術に関する一資料（木村家蔵梵鐘鋳造図を中心に），東京国立博物館美術誌 MUSEUM，**317**（1977）p.22.
6) 石野 亨・小沢良吉・稲川弘明：鐘をつくる，小峰書店（1987）．
7) 奈良六大寺大観刊行会 編：東大寺1，岩波書店（2000）．
8) 宋 応星（薮内 清訳）：天工開物，平凡社（1974）．
9) 奈良県立橿原考古学研究所：南都仏教，**69**（1994）p.1.
10) 天台寺門宗総本山園城寺事務所：みいでらの鐘．
11) 文部省文化庁監修：原色版国宝4，毎日新聞社（1967）．
12) 谷山乾岳：高雄山神護寺，別格本山高雄山神護寺（2000）．
13) 下中邦彦 編：書道全集第12巻，平凡社（1974）．

2章 三大鐘

2.1 はじめに

　前章で,「天下の三鐘」として古くから名鐘として親しまれてきた鐘について紹介した.そこで,本章では,その大きさについて見てみることにする.「三大鐘」として知られる鐘は,まず第一に,その大きさのみならず,製作年代,歴史的価値からも「奈良 東大寺の鐘」が挙げられる.次に,「京都 方広寺の鐘」,「京都 知恩院の鐘」が知られている.方広寺の鐘,知恩院の鐘は,ともに東大寺の鐘の模作と伝えられている.それは,東大寺の鐘と同じ袈裟襷,乳の数,そして笠形周辺に上部が尖って下方が四角い形状の突起を持っていることである.東大寺の大鐘には,この突起が笠形周辺近くに6箇所設けられ,それに直径4.5cmの孔が貫通している.この孔に鉄の環がつけられ,それに鎖を通し梁に止められている(図2.1).

　これは,鐘を補助的に支えるものか,あるいは鐘の振動を防止するためのものと考えられている[1].しかし,鐘の音色から考えた場合,鐘の振動がこの鎖に伝わって不快な響きをたてるか,鐘の振動エネルギーがこの鎖から逃げて振動を弱めると考える意見もある[2].この肩の突起は,東大寺の鐘,方広寺の鐘は6箇所に対し,知恩院の鐘は4箇所である.

　東大寺の鐘については前章で紹介したので,以下,方広寺の鐘,知恩院の鐘について紹介する.また,このほかにも大鐘と称される鐘についても記す.

図2.1　東大寺の鐘(鐘上部の突起に鉄の輪が6箇所取り付けつけられ,それに鎖を通し梁に止められている)

2.2 方広寺の鐘

　方広寺は,天正14年(1586年)豊臣秀吉が創建した寺である.この寺には,慶長元年(1596年)の大地震で壊れたものの,奈良の大仏より大きい19mの木像の大仏があったことでも知られている.また,この寺の鐘(図2.2)は,慶長19年(1614年)に豊臣秀頼が父秀吉の供養のため再建した際つくられた.鐘の銘文の一節「国家安康」(図2.3)が家康の2文字を分断していることから,徳川家に災いが起こるように仏に祈願したといいがかりをつけられ,これがきっかけとなり,1914年に大坂冬

図2.2　方広寺の鐘(左側四角に囲まれている箇所が「国家安康」の銘文)

2章 三大鐘

図2.3 方広寺の鐘（「国家安康」「君臣豊樂」の銘文が見られる）

の陣，そして1915年に夏の陣が起こり，大坂城は落城し，豊臣家が滅亡するきっかけとなったことでも有名である．

この鐘は，総高404 cm，口径276 cm，重量約36トンで，銘文には日本中から集められた鋳物師11人の棟梁の名前のほか，それらの棟梁の指揮のもと総勢3 100余人で，136丁の火床やたたらで唐金（青銅）17 000余貫（1貫は約3.75 kg）を溶かし，4本の樋から鋳型へ金属を流し込んだことなどが記されている[3]．

また，方広寺の鐘については，日本史の手引書ともいわれる「大日本史料」の第12編の13，慶長18年9月16日の記録で「豊臣秀忠，京都方廣寺大佛殿の鐘を鋳る．片桐旦元をして之を監せしむ」の項[4]に多くの史料が編集されている．これらの記録により，数値上多少異なるところが見られるものの，溶解炉やたたらの数，鋳造作業責任者の棟梁や作業者の鋳物師の数が上記の記載とほとんど変わらないことがわかる．また，鐘が完成したときの祭典に用いた道具類一式も記録され，鐘の完成をいかに盛大に祝ったかを窺い知ることができる．

この鐘は，東大寺の鐘をことごとくまねてつくられているが，鐘の内面は東大寺に比べ滑らかである．なお，鐘楼の下には方広寺大仏殿の遺物として風鐸（図2.4）など，9点が展示されている．風鐸とは，図2.5のように仏堂や塔などの軒の四隅などに吊り下げ，風に揺られて音を発する青銅でできた鐘に似た鈴である．鈴とは，朝鮮起源説によると「身を清める」という意味があり，日本では神を呼ぶ音とともに自身を清めるということから身につけたりする[5]．

この鐘は，徳川時代では撞くことを禁じられ，雨ざらしのまま転がされていた．明治17年に鐘楼が建立され，そのとき300年ぶりに鐘が撞かれた．しかし，この鐘は東大寺や知恩院の鐘に比べて音量に乏しく音色もよくないといわれている[2]．

図2.4 方広寺大仏殿遺物の風鐸〔慶長17年（1612年）に製作されたもの〕

図2.5 風鐸

2.3 知恩院の鐘

知恩院(京都市左京区)の鐘は,寛永13年(1636年)9月に鋳造されたもので,方広寺の鐘が鋳造されてから22年後につくられたものである(図2.6).総高330cm,口径274cm,重量70トンと,その大きさで名をはせている.形状は豊満にして丈は短いが,紐は太くするなど,各部において東大寺の鐘によく似ている[2].

これら三つの鐘の各寸法を比較すると表2.1[1),2)]のようになるが,これらの値は測定者によりわずかに異なる.また,口径では撞座がある方向は,長い間,鐘を撞かれたことによりわずかに変形して小さくなったと考えられている[2].

この鐘が多くの僧侶によって撞かれることは大晦日の除夜の鐘の中継でよく知られている.鐘が大きいため,この鐘を撞く撞木は太さ40cm,長さ4mの檜で,これに1本の親綱と16本の小綱を結び,17人の僧が呼吸を合わせて行う[6].このとき,次の鐘を撞くときのタイミングが重要である.普通の鐘は約10秒ごとに鐘を撞くが,この鐘は音量も大きく余韻も長いことから20秒ごとに撞かれる[2].

図2.6 知恩院の鐘

表2.1 三大鐘の各部寸法(単位:cm)[1),2)]

	口径	総高	口の厚さ	撞座の高さ
東大寺	271	386	24	118
方広寺	276	404	27	108
知恩院	274	330	29	105

また,大正11年(1922年),アインシュタインが来日して全国各地を講演でまわった際に知恩院を訪問している.そして,鐘の真下に立ち「鐘の真下では鐘の音が聞こえないことを体験した」といわれている.これは,鐘が撞かれたとき,鐘の各部が独自に振動し,基音は鐘を撞いた軸と直交する面ではそれぞれの波形は逆位相となり,その結果,外側ではそれぞれの方向に音は伝播するが,内面ではそれぞれの音は打ち消し合って小さくなり,鐘の中心上では音は全くなくなる現象を述べたものである[2),7)].しかし,実際の計測では基音以外の音もあり,鐘の内側も外側もあまり変わらないことが報告されている[7].音を音で打ち消す現象(アクティブ騒音制御)は,空調,家電製品などの騒音の低減などに使われている.

2.4 古鐘における三大鐘

中世以降,巨鐘として人々に親しまれ,三兄弟にたとえられた古鐘がある.それらは,「東大寺の鐘」,「金剛峯寺大塔の鐘」,「廃世尊寺の鐘」である.これに「出羽神社の鐘」を加えて『四大鐘』ともいわれる.

2.4.1 東大寺の鐘

東大寺の鐘は,その風格から,わが国を代表する梵鐘として『南都の太朗』または『奈良太朗』

と称される．

2.4.2 金剛峯寺大塔の鐘

9世紀頃につくられた通称『大塔の鐘』で知られる金剛峯寺の鐘（図2.7）は，日本で2番目に大きな鐘として『高野二郎』の愛称で親しまれていた．その後，火災などで何度か改鋳を繰り返した後，永正18年（1521年）の火災でまたまた損傷したため，天文16年（1547年）に重ねて改鋳されたのが現在の鐘である．口径180 cm，総高251 cmの大きさで，総高から龍頭の高さ48 cmを除くと口径とほとんど変わらず，どっしりとした安定感がある．

この鐘は，元の鐘の形を踏襲したためか，この鐘がつくられた時代の様式よりはるかに古い様式を伝えている[1]．寺の説明書によれば，この鐘の通称は『高野四郎』と称されている．改鋳されたことにより製作年代が新しくなり，暗黙のうちに方広寺の鐘，知恩院の鐘に二男，三男の座を譲り，『高野四郎』と称するようになったのではないかと思われる．

図2.7　高野山の鐘（和歌山県伊都郡高野町高野山）

2.4.3 廃世尊寺の鐘

現在あるものは，永暦元年（1160年）に改鋳された鐘（図2.8）で，銘文には改鋳前の鐘の銘文がそのまま残され，保延6年（1140年）の年号が残っている．この鐘は口径123 cm，総高207 cmであるが，龍頭の上の火焔が損傷（図2.9）しているので，製作時にはもう少し高かったことになる．また，龍頭は寛元2年（1244年）に切れたため，この部分を鋳継いでいる[8]．

世尊寺は，1868年の神仏分離の難に遭い廃寺となった．そして，本尊，梵鐘，石燈籠が残ったが，梵鐘だけが跡地に残り，ほかのものは別の場所に移された．吉野山には，わが国修験道の根本をなす金峯山蔵王堂を中心に，吉野山一帯に多くの寺院が点在している．また，桜の名所としても知られ多くの人が吉野の山を訪れる．しか

図2.8　廃世尊寺の鐘（奈良県吉野郡吉野町吉野山の金峰山寺）

図2.9　廃世尊寺の鐘の龍頭（宝珠の上の火焔は破損している）

し，『吉野三郎』と称され人々から親しまれたこの鐘は，人があまり立ち寄らないところに昔日の面影を残し，世間から忘れ去られたように存在している．先の金剛峯寺大塔の鐘が「高野四郎」と自称すると，「廃世尊寺の鐘は五郎になるのかな」などと余計なことを考えてしまうほどひっそりとした存在である．

2.5 世界最大の鐘

世界最大の鐘は，モスクワのクレムリン宮殿中庭にある高さ792 cm，口径573 cm，重量193トンの「イワン大帝の鐘（ツアール・コロコル）」である（図2.10）．この鐘は，皇帝の命令で1733～1735年にかけて，イワン・マトーリン，ミハイル父子によって2度の失敗の後，3度目にしてようやくつくられたものである．しかし，この鐘は一度も鳴らされることがなく現在の姿をさらしている．この鐘がつくられたとき，鋳造工場で火災が発生し，火を消そうとしてかけられた水で鐘にき裂が入り，鐘の一部が欠け落ちてしまった．その欠けた部分も展示されているが，これだけでも11トンもの重量がある．

洋鐘の大きなものとして，ミャンマー北部のマンダレーに高さ360 cm，口径490 cm，重量約90トンのものがある．これは，コンパウン朝（1752～1885年）のボーダパヤ王によって1808年寄進されたものである[9]．

2.6 中国最大の鐘

中国の古鐘で最大の鐘は北京市鐘楼の鐘で，高さ702 cm，口径340 cm，重量63トンである[10]．この鐘は，図2.11に見られるように日本の梵鐘とは異なり，鐘の裾が六つに分かれた六稜形で，明・清の時代を通して時を告げる鐘として使われた．この鐘は，明の時代に皇帝朱棣(しゅてい)（永楽帝）の勅命によって鋳造された三つの鐘の一つで，「北京鐘楼永楽大鐘」といわれている．残りの二つは，北京市大鐘寺古鐘博物館にある「大鐘寺永楽大鐘」と「北京鐘楼永楽鉄鐘」である．

鐘楼は故宮の北に位置し，その南200 mほどのところには，同じく時を太鼓で知らせた鼓楼がそびえている．鐘楼は，最初，元の至元9年（1272年）に建てられたが，火事で焼失し，明の永楽18年（1420年）に元の大都の万寧寺跡に再建された．現在の鐘楼は

図2.10 イワン大帝の鐘（モスクワ）（提供：保坂氏）

図2.11 北京鐘楼永楽大鐘（北京市鐘楼）

清の乾隆10年（1745年）に建てられたもので，高さが47.9mもある．この鐘楼から市街を見下ろしていると，どのようにしてこの鐘をつくり，また，どのようにしてこのような重量物を運び上げたか，当時の技術力に感心させられてしまう．

古代の鐘の運搬法についておもしろい記述があるので紹介する[11]．

「1里ごとに井戸を掘り，道に沿って溝を掘った．冬，この溝に水を入れ凍らせ，大鐘を氷の上にのせ，たくさんの家畜に引張らせて運ぶのである．目的地に着いた大鐘は高く堆積された凍土の上に引張り上げられ，翌年春の到来を待って土台を打ち固め，梁を据え，鐘を吊るし，大殿が落成してから鐘の下の高く積した土を取り除くと，鐘は吊り下がるようになる」

重量物を運搬するこのような方法は，万里の頂上の石を運搬する時にも同様に行われたと考えられている．

大鐘寺古鐘博物館にある「大鐘寺永楽大鐘」は，高さ560cm，口径330cm，重量46トンで[10]，鐘楼の2階の太い梁に柱を渡して吊り下げられている（図2.12）．鐘は大きすぎて，下からは龍頭のところまで見ることはできないが，2階に上がって見ることができる（図2.13）．図2.13に見られるように，柱から鐘を吊り下げる懸垂装置も鐘とともにつくられ，鐘の一部となっていることがわかる．この鐘には，書家沈度によるといわれる経文など，約23万字が鐘の内外面にすき間なく整然と鋳出し文字で記され，その美しさで知られている．

図2.14は鐘の稜のレプリカで鐘の内側から見たものであるが，厚さ約20cmの底の部分にも鋳出し文字が見られる．この鐘については詳細な調査が行われていて，各

図2.12　大鐘寺永楽大鐘（鐘の内外面には鋳出し文字で経文など約23万字がすき間なく整然と記されている）（北京市）

図2.13　大鐘寺永楽大鐘の上部（懸垂装置にも鋳出し文字が見られる）

図2.14　大鐘寺永楽大鐘稜の部分のレプリカを鐘の内面側から見たもの（鐘のそこにも鋳出し文字が見られる）（大鐘寺古鐘博物館）

表2.2 大鐘寺永楽大鐘の化学組成（単位：wt%）（大鐘寺古鐘博物館）

部位	Cu	Sn	Pb	Zn	Al	Fe	Mg	Au	Ag
上部	79.55	16.41	2.31	0.22	0.022	0.038	0.007	0.008	0.042
下部	81.13	15.35	2.11	0.22	0.026	0.043	0.009	0.032	0.040

部の寸法は図2.15，また化学組成は表2.2のように報告されている．

鋳型づくりは精緻で，中国の伝統技法（無型鋳造法：4章にその鋳造法を記す）で行われ，鐘の音は15〜20kmまで達し，残響時間も2分以上に及ぶといわれている．「長安客話」に「昼夜撞撃し，声数十里に聞こえ，時に遠く，時に近く，它の鐘に異る有り」とある[12]．

図2.15 大鐘寺永楽大鐘の各部寸法（単位：mm）（大鐘寺古鐘博物館）

2.7 韓国最大の鐘

韓国最大の鐘（図2.16）は，国立慶州博物館（慶州市）の庭園に石造遺物とともに展示されている高さ366cm，口径223cm，重量18.9トンの聖徳大王神鐘，別名，「エミレの鐘」または「奉徳寺の鐘」である．この鐘は，新羅第35代王の景徳王（キョウドク）が先の聖徳大王の冥福と人民の浄福を祈念してつくろうとしたが果たせず，次の第36代恵恭王（ヘゴン）により771年に完成した．鐘身には1037文字の銘が左右に書かれていて，それによりこの鐘のいわれを知ることができる[13]〜[15]．

この鐘は，鋳造に何度か失敗を重ねたため，女の子を「人身御供」にして鋳造されたといわれるほど苦心の末につくられたものである．そして，この鐘を撞くと幼児が母（エミレ）を呼ぶ声に似た響きがすることから，「エミレの鐘」ともいわれる．なお，青銅の溶解では，リン（通常はリン15%，銅0.1〜0.2%）を添加して脱酸処理を行い，溶けた金属の浄化を行う．もちろん，人間の体内に含まれるリンによって溶けた金属を清浄化したなどとはとても考えられない．

最初，この鐘は聖徳大王の冥福を祈って創建された奉徳寺にかけられた．そのため，「奉徳寺の鐘」ともいわれる．その後，幾つかの変遷を経た後，1975年に現在の地に移された[13]．龍頭の脇には，韓国の鐘にのみ見られる甬（よう）（韓国では音管と称している）と呼ばれる円柱状の筒がある．鐘身には装飾が施され

図2.16 聖徳大王神鐘（慶州博物館）

た乳郭が4個と，その中に9個の乳がある．天から舞い降りてくる天人が，両手に香炉を捧げて正座をしているのが4体見られる．天人が香炉を捧げて正座をしているのは，この鐘が聖徳大王の冥福を祈ってつくられたことによると考えられる．撞座は2箇所で，下帯に見られる8個の小さな円形は撞座ではなく蓮華文である（図2.17）．蓮華文の下には8箇の稜（先端が尖った部分）が見られる．蓮華文の上に見られる脈状の線は鋳造時のもので，鋳型に溶けた金属を鋳込んだときの熱で，鋳型の砂が膨張して押し出されたことにより発生した欠陥で「脈状絞られ」といわれるものである．

つくられてから1300年近く経っているにもかかわらず，龍頭の一部に破損が見られるもののほとんど原形をとどめ，この優美な形，華麗で精緻な装飾から新羅時代の円熟した金属工芸品としても高く評価され，国宝にも指定されている．また，その美しい余韻のある深い音色は，現在，録音されたものが時報代わりに鐘楼から流されている．なお，この鐘を撞く時は，知恩院の鐘のように多くの人によるのではなく，2〜4人の人によって行われる．

図2.17 下帯の蓮華文と稜（蓮華文の上に見える跡は，鋳造欠陥による脈状絞られである）

表2.3 韓国国内新羅時代の代表的な梵鐘の化学組成[14]

鐘名		Cu	Sn	Pb	Zn	S	Fe	Ni	備考
上院寺		83.87	12.26	2.12	0.32	—	—	—	
禪林寺		80.2	12.2	—	2.2	0.14	—	—	
實相寺		75.7	18.0	0.31	—	—	—	—	
奉德寺	上部	84.39	11.21	0.23	0.009	0.22	0.64	0.07	聖徳大王神鐘
	中部	78.56	15.51	0.45	0.009	0.22	0.30	0.07	
	下部	83.13	12.98	0.14	0.016	0.22	0.61	0.08	

この鐘については，韓国を中心に数多くの論文および調査が行われていて，慶州博物館でそれらをそれぞれ500頁に及ぶ報告書としてまとめ出版している[14),15)]．それらの中には，鐘についての歴史[15)]や断面の寸法測定値[14)]，化学組成（表2.3[14)]），振動数の比較[15)]などが詳細に報告されている．

2.8 幻の大鐘

世界最大の鐘はモスクワ，クレムリンの「イワン大帝の鐘」であるが，世界で2番目に大きい鐘としては，いまはないが「大阪四天王寺の鐘」が知られている[1),8)]．この鐘は，口径約485 cm，総高約781 cmで，重量約158トンといわれている．龍頭は，朝鮮鐘のように中空の甬（旗指し）が設けられていた．この鐘は，鋳造のときに肩の下から鐘の口に至るまで大きなき裂を生じたため，鐘は鳴らされることはなかった．そして，戦時中に供出され，溶かされてしまった．

このき裂は，鋳型に金属を鋳込んだ後，金属の凝固・冷却に伴う収縮に対し，中子の砂が抵抗

になって割れたものと推察されている．記録では，鋳込み後4日目に外型を壊し，5日後に外型の砂がすべて取り除かれている[1]．このようなき裂を防止するには，中子の砂が金属の収縮に追随できるようにクッション材を混ぜたり，鋳込み後，鋳物が高温のうちに，外型はそのままの状態で中子の砂を壊し，中子の砂の抵抗をなくせばよい．しかし，これだけ大きな鋳物の場合，後者の方法は作業者が暑さに絶えられないことと，鋳型全体を持ち上げることが難しく，不可能に近い．

なお，名古屋の日暹寺と埼玉県の青山寺にも非常に大きな鐘があったが，前者は戦時中に割って供出し，後者もまた鋳潰されてしまい現存しない[1,8]．

2.9 おわりに

古来人々に親しまれ，その中でも三名鐘，三大鐘と脚光を浴びてきた鐘を中心に紹介をした．筆者の取材中，幸運にも鐘の音を聞く機会があった．その響きは郷愁を感じさせるものであった．しかし，この鐘の音も大晦日や旅先などで心に余裕があるときは心に沁みる音色であるが，現代社会のあわただしい日常では，その音色も聞き逃してしまう．

そして，われわれの生活の中には音があふれ，いやおうなく様々な音が私たちの耳に飛び込んでくる．笑い話のようであるが，あるキャンプ場に来たグループが，早朝の鳥のさえずりをスピーカから放送されている音と思い，管理事務所に苦情の電話を入れたという話がある．われわれは，あまりにも人工の音に浸りすぎているのではないだろうか．時には，心静かに鐘の音に耳を傾けるような心に余裕を持ちたいものである．

参考文献

1) 坪井良平：梵鐘，学生社 (1976).
2) 青木一郎：鐘の話，弘文堂書店 (1948).
3) 文部省文化庁 監修：原色版国宝2，毎日新聞社 (1968).
4) 東京帝国大学 文科大学史料編纂掛 編纂：大日本史料第12編，東京帝国大学文科大学史料編纂掛 (1909).
5) 原　勉：名鐘と祈り，日相印刷 (1993).
6) 相賀徹夫編：探訪日本の古寺7京都（二）洛東，小学館 (1980).
7) 大熊恒靖：梵鐘，**14** (2002) p.48.
8) 杉山 洋：梵鐘，**71** (1997) p.14.
10) 北京市文物事業管理局 編：北京文物精粋大系・古鐘巻，北京出版社 (2000).
11) 宋　応星（薮内　清訳）：天工開物，平凡社 (1974).
12) 中国国家文物事業管理局 編：中国名勝旧跡事典1，ぺりかん社 (1986).
13) 国立慶州博物館 編：博物館のはなし，通川文化社 (2001).
14) 国立慶州博物館 編：聖徳大王神鍾（綜合論考集），通川文化社 (1999).
15) 国立慶州博物館 編：聖徳大王神鍾（綜合調査報告書），通川文化社 (1999).

3章　鎌倉の三名鐘

3.1　はじめに

　前々章では，数ある鐘の中で，その性質から「天下の三鐘」として古くから親しまれてきた東大寺，園城寺，平等院，そして神護寺の鐘について記した．さらに前章では，「三大鐘」として，その大きさから方広寺，知恩院の鐘についても紹介した．これらは，いずれも関西地方の鐘である．そこで，本章では関東地方に目を移してみることにする．

　鐘をつくるということは，他の工芸品と同様，人が集まり文化が根付き，それらが開花し始めてから行われる．関東地方では，1192年に鎌倉に幕府が開かれ，鎌倉文化といわれ，仏像や絵画などの隆盛が見られる13世紀半ば以降，鐘も盛んにつくられるようになる．その結果，関東地方で名鐘といわれる古鐘は鎌倉時代以降のものが中心となる．なお古鐘とは，慶長末年以前につくられた鐘を指す[1]．鎌倉時代につくられたとされ，かつ現存する鐘は134個あり[2]，その多くが，そして秀作といわれるものの数多くが鎌倉を中心とした地域にある．

　以下，「鎌倉の三名鐘」といわれるものについて紹介したい．

3.2　鎌倉時代の鐘の特徴

　鐘は，中国から仏教の伝来とともに，仏器の一つとして奈良時代に渡来したと考えられている．そして，それらを手本として日本の鐘が生まれた．鎌倉時代は貴族文化から武家の時代に移ったときであり，また大衆に密着した仏教各派が勃興し，文化の程度に差はあるものの，国分寺政策とも呼応し合って日本各地に普及したときでもある．そして，寺院の創建，それに付随して鐘も数多くつくられたと考えられている．といっても，その多くは政治の中心地である鎌倉を中心に分布している．この時代，鐘が数多くつくられるようになると，鐘の形式がある基準に統一されるような傾向を示すようになった．もちろん，これは鋳造技術の発達，形状や音響に対する長い経験の積み重ね，また鋳物師の組織化が行われたことにより，鋳物師を無意識にそうさせたと考えられる．

　鎌倉時代の鐘は，前の時代のものに比べて総じて縦長で，大きさも小さくなり，口径2尺(60.6cm)前後のものが多くなる．もちろん，円覚寺や建長寺のような大型のものも例外としてはある．そして，この時代を境に龍頭の向きが90°向きを変え，鎌倉時代以降は撞木を正面にしたときに龍頭の穴が見えない方向になった．ただし，これにも例外はある．鐘身には銘辞を持つようになる[1]．

　ほかに以下のようなところに，同様な傾向を示すようになる．
(1) 乳：形状は復古的なものを除いて1種類，配列の仕方は口径2尺前後のものは1区画4段4列
(2) 撞座の位置：鐘身の高さの約22％の所
(3) 各部の重量
(4) 撞座の大きさ

(5) 鋳型の継ぎ目
(6) 湯口の位置
(7) 各鋳物師による龍頭の形

3.3 鎌倉の三銘鐘

　鎌倉時代を代表する「鎌倉の三名鐘」としては，常楽寺の鐘，建長寺の鐘，そして円覚寺の鐘が知られている．

3.3.1 常楽寺の鐘

　常楽寺は，北条泰時が妻の母の菩提を弔うために建立したのが始まりといわれている．この鐘は，泰時の孫の時頼が鋳造させたもので，宝治2年（1248年）の銘があり，鎌倉地方に現存する鐘としては最も古く，重要文化財に指定されている．現在は鎌倉国宝館に保管されている．

　この鐘は，総高131cm，口径68cmで，図3.1に示すように全体に膨らみがなく，撞座の位置もかなり下の方にあるため，全体に長くほっそりとした感じを与える．下帯には連続した唐草文が見られる．これより後につくられる長谷寺（図3.2），建長寺，円覚寺の鐘にも同様な唐草文が見られるようになる．銘は藤原行家の撰述により，史料的にも価値が高く[3]，図3.1に見られたように銘文は克明に刻まれている．しかし，龍頭は特異な形状で，歯などはタガネで彫って表現されるなど，いささか迫力に欠ける（図3.3）．これは，鐘身とともに鋳造されたものではなく，補作であるといわれている[4]．現在，龍頭の周囲にき裂が見られるが，龍頭を補ったときに生じたものか，その後の負荷と残留応力によりき裂が発生したのではないかと思われる．撞座上方の縦帯の右側中央に鋳型の破損による鋳造欠陥が見られる．同様の欠陥はほかの鐘にもよく見られ，これは当時の鋳型の強度が弱かったこと

図3.1　常楽時の鐘（銘は藤原行家の撰述）（鎌倉国宝館）

図3.2　長谷寺の鐘〔龍頭は精緻なつくりである．胴体はいたるところに鋳造欠陥（鋳型が壊れて押し込まれた欠陥）が見られ，乳の欠落もいたるところに見られる．銘文は美しい書体である〕

3章　鎌倉の三名鐘

図3.3　常楽時の鐘の龍頭（写真では見にくいが、龍頭の周囲にき裂が見られる）（鎌倉国宝館）

図3.4　星谷寺の鐘（撞座の下にはき裂が見られる）

き裂

と，鋳型の乾燥が十分でなかったと考えられる．

　なお，関東地方で紀元銘がある最古のものは，神奈川県座間市の星谷寺(しょうこくじ)の鐘（図3.4）である[5]．この鐘は，総高129cm，口径72cmとやや細身で，最下部の駒の爪も張り出さず，平安末期の特徴を残すが，嘉禄3年（1227年）につくられたものである．乳は22個も欠落しており，何かの事情でかなり乱暴に扱われたと考えられる．撞座の下にはき裂も見られ，この鐘が鐘楼から降ろされる日もそう遠くないと思われる．この鐘の大きな特徴は撞座が一つしかないことで，日本では珍しく「日本三奇鐘」として知られている．残り二つは，成田の不動尊として親しまれている新勝寺（千葉県成田市）の応長元年（1311年）の鐘，高林坊（広島県高田郡吉田町）にある建武2年（1335年）の鐘である[6]．撞座は通常2個であるが，多いものでは5個あるものもある．

3.3.2　建長寺の鐘

　建長寺は，後深草(ごふかくさ)天皇の勅命で建長5年（1253年），鎌倉幕府五代執権北条時頼によって建立された．この鐘は，総高209cm，口径124cm，建長7年（1255年）につくられたもので，国宝に指定されている（図3.5）．重量は，2003年6月，東京国立博物館に特別展示された際に実測され2.7トンであることが判明した．過去，この鐘が鐘楼から降ろされたのは江戸中期に鐘楼の建替えのときで，これで2度目である[7]．なお，図3.5の鐘は鳩のふんでずいぶん汚れているが，特別展示以降はきれいに化粧直しされた姿を見せている．蛇足ながら，堅牢につくられている鐘楼といえども2.7トンもの鐘を降ろしたことにより，鐘楼が長い年月保って

上帯には飛雲文
下帯には唐草文
駒の爪

図3.5　建長寺の鐘

図3.6 慈光寺の鐘

図3.7 建長寺の鐘の撞座部分（撞座の上に大工大和權守物部重光の名が見られる）

きた力学的バランスが崩れ，建築物に影響がでないものかと気になった．

鐘の形は平安時代の復古的なもので，鎌倉時代の作風を代表する慈光寺（埼玉県比企郡）の図3.6に示す鐘（1245年）とは対照的である[8]．龍頭は水平な笠形の上に宝珠を中心に抱き，頭上には大きな眉を持ち，上唇は長く伸び，先端が反り上がった勢いのよい形をしている．駒の爪は平安時代の模倣による三条の線で表されている．撞座の位置は，他の鎌倉時代の鐘に比べて高く，平安時代後期の特徴をよく表している．この撞座は八弁の蓮華文で写実的で立体感に富んでいる（図3.7）．乳は，いぼ状の古い形をして，奈良時代につくられた奈良県の當麻寺と同じ形をしている[4]．

銘文から，鋳物師は鎌倉時代に鎌倉を中心に活躍した物部重光であることが知られている．また，物部重光が1245年に慈光寺の鐘をつくったときには銘文に肩書きがなかったが，1255年につくられた建長寺の鐘の銘文には「大和權守」という肩書きが見られる（図3.7）．これは，この間に何か大きな功績があったのではないかと考えられる．この間の鋳造品として有名なものに鎌倉の大仏がある．そこで，物部重光は鎌倉の大仏を鋳造した功績により，「大和權守」という肩書きがつけられたのではないかと中山氏は『神奈川県内古鐘の調査』の中で推測している．鎌倉の大仏鋳造に関しては確かな史料がないため，十分考えられる仮説である．また，開祖 大覚禅師による銘文には『建長禅寺住持云云』と記されていることから，わが国で最初に「禅寺」という呼称が建長寺に使われたことも知られている[8]．

3.3.3 円覚寺の鐘

円覚寺は，北条時宗が父親である時頼の建立した建長寺にならい，弘安5年（1282年），文永・弘安の役で戦死した敵味方双方の霊を弔うために建立したものである．こ

図3.8 円覚寺の鐘

3章 鎌倉の三名鐘

の鐘（図3.8）は，総高260cm，口径142cmで，正安3年（1301年），北条貞時が国家の安泰を祈って寄進したもので国宝に指定されている．鐘は山門東の急な石段を140段登った弁天堂にあり，円覚寺の洪鐘として知られている．洪鐘とは梵鐘のことで，ほかにも突鐘，撞鐘，九乳，青石，華鯨，霊鐘，鴻鐘などと呼ばれる．

　これは鎌倉では最大の鐘で，建長寺の鐘とともに鎌倉時代を代表する巨鐘としても名高い．龍頭は宝珠を頂点とした正三角形で，宝珠の周囲には火焔が表現されている．龍の額には一角があり，口唇はくちばしのように鋭く尖っていて独特な形相をし，力強い表現が見られる．撞木がある表側の撞座は，摩耗がひどく，その文様を知ることはできない．また，裏側もかなり摩耗していることから，この鐘は鐘楼の修理か何らかの事情で鐘を降ろした際，鐘の向きを変えたと考えられる．それも摩耗の状況から見てかなりの時間が経過している．なお，鎌倉時代最大の鐘は，山形県出羽神社の総高286cm，口径168cm，建治元年（1275年）につくられたもので，古くは4番目に大きな鐘であったことから「出羽四郎」の名で親しまれてきた（図3.9）．

　この鐘の鋳造由来として，円覚寺蔵の略縁起に『住僧西潤子曇の教えに従って貞時が江ノ島弁才天に祈願したところ不思議な示現を受けたので，宿竜池の水底をさぐってみると一塊の金銅を得，感激した貞時はこの銅を使い，鋳造に成功した』という伝説がある[8]．鋳物師は，建長寺の鐘をつくった物部重光の三代目物部国光による．この鐘には鋳造技術および各部分への行き届いた配慮が見られ，鎌倉時代の特徴をよく備えた名鐘である．なお，称名寺の鐘（横浜市），東漸寺（横浜市）の鐘も国光の作である．

　鐘楼には，鐘とともに鰐口がかけられている（図3.10）．鰐口とは，社寺で用いる金属製の打楽器で金鼓，金口ともいわれる．形は，皿形をした鉦鼓（円形の青銅製の鐘）を2枚合わせたような円形をしている．下の半周部分は大きく開いていて，この部分があたかも鰐が口を開いているようなので，鰐口といわれた．この鰐口は，大きな鐘の脇に懸かっているためあまり目立たないが，口径78cm，厚さ43cmとかなり大きなものである．これは天文9年（1540年）につくられたもので，県の重要文化財に指定されている．なお，鰐口に刻まれた銘により，当初は別の社寺に奉納されたものではないかといわれている[8]．

図3.9　山形県出羽神社の鐘　　　　　図3.10　円覚寺の鐘楼に懸けられてる鰐口

3.4 おわりに

　鐘は，その形状としての美と同時に「音」を発する仏器である．鐘の音色には，形状，各部の厚み，金属の配合，金属を溶かす温度，鋳型に流し込む温度など，様々な要因が複雑に絡み合っている．それを科学的ではなく，職人の感性によって判断されて鐘づくりは行われてきた．

　鎌倉時代になると，それまで鋳物師の職人集団が独自に行っていた鐘づくりに，形状の統一性が見られ始めた．これは，長い経験の積み重ねから理想とする形となったものか，あるいは需要が増したことにより，製作依頼者側の要求が鋳物師を無意識のうちにそうさせたのかは定かではない．鐘に限らず，長い年月にわたってつくられたものを見つめてみると，それがつくられた時代の文化をかいま見ることができる．鐘は，まさにその時代の文化を反映している文化遺産でもある．

　鐘は，それをつくった当時の鋳物師が世間に認められようとか，後世まで残そうとか云々ではなく，良いモノをつくろうとする職人の情熱の結晶と思われる．現代の職人も先人の偉業を継いで，後世に残ったときに恥ずかしくないようなモノづくりが行われている．

　わが国の国宝としての金工品は約30種，約200点が現存するが，仏教に関するものが多く，その中で梵鐘の占める割合が最も多い[9]．なお，このうち最古のものは京都市の妙心寺の鐘で，天武2年（698年）に鋳造されたものである．

参考文献

1) 坪井良平：新訂梵鐘と古文化，ビジネス教育出版社 (1993).
2) 坪井良平：梵鐘，学生社 (1976).
3) 神奈川県文化財保護課：神奈川県文化財図鑑工芸篇，神奈川県教育委員会 (1972).
4) 原　勉：名鐘と祈り，日相印刷 (1993).
5) 坪井良平：梵鐘の研究，ビジネス教育出版社 (1991).
6) 座間町文化財保護委員会 編：国指定重要文化財嘉禄三年紀梵鐘と星谷寺略記，座間教育委員会 (1968).
7) 朝日新聞：2003年5月15日朝刊，13版.
8) 渋江二郎 編：鎌倉時代の古鐘鎌倉国宝館図録 (11)，鎌倉市教育委員会・鎌倉国宝館 (1964).
9) 若林洋一：鋳物，**33** (1961) p.524.

4章 中国鐘

4.1 はじめに

　前章まで，和鐘のつくり方および慶長末年以前の古鐘といわれる梵鐘について紹介してきた．日本にある梵鐘は，西洋のベルを除いて製作をした地域別に見ると，大きく中国（中国鐘），朝鮮半島（朝鮮鐘），日本（和鐘）の三つに分けられる．

　鐘の起源は中国といわれ，鐘は金属でつくられた楽器の中で最も大切なものとされていた．その音は，大きいものは10里（1里＝約3.9km）先にも聞こえ，小さいものでも1里に及んだといわれ，様々な形で使われた．君主が出御したり，官吏が役所に出てくるときには，必ず鐘によって人々が集められた．また，地方で選ばれた有能な士を送るための地方官が設ける公式の宴会では，歌に合わせて鐘を鳴らした．社寺では，参拝者の真心を引き起こさせるとともに，鬼神への崇敬の心を呼び起こす目的で鐘が鳴らされた[1]．

　なお，ここで「中国鐘」と記したが，研究者の間では多年「支那鐘」という呼称で，広く中国全土でつくられた鐘を意味する言葉として用いられてきた．しかし，時代の流れとともに中国鐘という呼称に定着しているので，ここでは中国鐘という言葉を用いる．また，韓国でつくられたものは「韓国鐘」といわれるが，古鐘では朝鮮半島全体でつくられたと考え，長年用いられてきた「朝鮮鐘」という呼称を用いる．

　本章では，「中国鐘」について，その特徴およびその内の幾つかを紹介する．

4.2 鋳造法

　中国鐘の鋳造方法は，和鐘のつくり方の惣型とは異なる．中国の明の時代に著された技術書「天工開物」によれば，以下のように記されている[1]．

(1) 鋳型は鋳造を行う場所に穴を掘り，その中を突き固めてよく乾燥し，その中で行う．

(2) 土をこねて鐘の中空部となる鋳型（中子）を最初につくる．鋳型は石灰三和土（石灰，砂，土の3種類を水でこねたもの）でつくり乾燥する．

(3) この上に牛油と黄蝋（蜂の巣からとった密蝋）を8：2の割合で混ぜ，それをこの上に鐘の厚さと同じになるように塗る．

(4) この油と蝋が固まったら，図4.1の上方に見られるように表面に文字や文様を彫り付ける．これが外型の文様となる．夏は油が固まらないので避ける．

(5) 次に，できた型の周囲に，ふるいにかけた細かい砂と炭粉を泥状にしたものを塗り重ねていく．これが外

図4.1 中子表面に塗った蝋に文字や文様を彫り付けている（天工開物）

型の表面，すなわち鐘の鋳肌を決定する．その後，粗い砂で周囲を固めて鋳型をつくる（粗い砂は，鋳型に金属を流し込んだときに発生するガスを排出しやすくするため）．
(6) 外型を十分乾燥させてから外部から火を当て，中の蝋と油を下の穴から流出させる．中子と外型の間にはすき間ができる．
(7) このすき間に溶けた金属を流し込めば鋳物ができる．このとき，流し込む銅合金の密度は油と蝋の混合物の密度の約10倍なので，流れ出した油と蝋の混合物の重量を量れば，鐘の重量を知ることができる．金属を溶解する量は，この重量に湯口や押湯の重量を加えた量とする．

表 4.1　日本に現存する中国鐘 [2]〜[4]

No.	保管場所	所在地	大きさ，cm	備考
1	奈良国立博物館	奈良市 登大路町	φ 21, 39H	太建7年（575年）
2	書道博物館	東京都 台東区 根岸	φ 18, 36H	応徳2年（764年）
3	長徳寺	大垣市 三津屋町	φ 73, 127H	天復2年（902年）
4	立正大学博物館	埼玉県 熊谷市	φ 20, 28H	永楽5年（1407年）
5	立正大学博物館	埼玉県 熊谷市	φ 9, 11H	宣徳年間（1426〜34年）
6	発心寺	長崎市 鍛冶屋町	φ 78, 135H	正統3年（1438年）
7	大倉集古館	東京都 港区 虎ノ門	φ 110, 170H	正統11年（1446年）
8	大倉集古館	東京都 港区 虎ノ門	φ 77, 152H	成化元年（1465年）
9	泉屋博古代館	京都市 左京区 鹿ケ谷宮ノ前	φ 16, 27H	弘治12年（1499年）
10	光明寺	福岡県 田川郡 赤村 字赤	φ 79, 130H	正徳4年（1509年）
11	リトルワールド	愛知県 犬山市 今井成沢	φ 99, 168H	正徳8年（1513年）
12	増福院	福岡県 宗像市 山田	φ 104, 168H	正徳9年（1514年）
13	岩屋寺	愛知県 知多郡 南知多町 山海	φ 25, 39H	正徳9年（1514年）
14	宗休寺	岐阜県 関市 日吉町	φ 127, 187H	嘉靖19年（1540年）
15	北山別院	京都市 左京区 一乗寺薬師堂町	φ 109, 172H	嘉靖23年（1544年）
16	立正大学博物館	埼玉県 熊谷市	φ 69, 110H	嘉靖40年（1561年）
17	長母寺	名古屋市 東区 矢田町 字寺畑	φ 24, 35H	隆慶4年（1570年）
18	聖蓮寺	岐阜県 不破郡 関ヶ原町 平井	φ 50, 79H	隆慶5年（1571年）
19	熊野神社	岐阜県 揖斐郡 池田町 宮地	φ 68, 107H	萬暦14年（1586年）
20	根津美術館	東京都 港区 南青山	φ 59, 84H	萬暦33年（1605年）
21	個人蔵		φ 24, 33H	萬暦35年（1607年）
22	蔵鷺庵	大阪市 天王寺区 上之宮町	φ 82, 125H	萬暦36年（1608年）
23	太平寺	大阪市 天王寺区 夕日ケ丘町	φ 65, 84H	天啓4年（1624年）
24	大黒寺	大阪府 羽曳野市 大黒	φ 140, 223H	康熙3年（1664年）
25	藤井有鄰館	京都市 左京区 岡崎円勝寺町	φ 117, 163H	康熙39年（1700年）
26	金寿堂	滋賀県 愛知郡 湖東町 大字長	φ 39, 59H	康熙39年（1700年）
27	長谷寺	鳥取県 倉吉市 仲ノ町	φ 77, 116H	康熙47年（1708年）
28	照蓮寺	広島県 竹原市 竹原町	φ 49, 79H	嘉慶24年（1819年）
29	禅照寺	富山県 射水郡 小杉町 浄土寺	φ 19, 29H	道光9年（1829年）
30	長楽寺	京都市 東山区 円山寺	φ 14, 19H	同治7年（1868年）
31	徳応寺	愛知県 岡崎市 美合町 字平地	φ 42, 52H	光緒31年（1905年）
32	禅照寺	富山県 射水郡 小杉町 浄土寺	φ 46, 53H	明治44年（1911年）
33	西土寺	富山県 射水郡 小杉町	φ 47, 53H	明治44年（1911年）
34	徳川美術館	愛知県 名古屋市 東区 徳川町	φ 13, 23H	無紀年
35	個人蔵		φ 17, 21H	無紀年
36	酬恩庵	京都府 綴喜郡 田辺町 字薪	φ 37, 43H	無紀年
37	大倉集古館	東京都 港区 虎ノ門		部分（龍頭）
38	旧気比神社	福井県 敦賀市 曙町		所在不明

(8) 大きな鐘に金属を流し込むときは，溶解炉（こしき炉）を幾つも用意して，これらから金属を同時に流し出し，樋を通じて一斉に鋳型の中に金属を流し込む．溶解は金属を炉から一斉に流し出せるように行うことが重要である．

4.3 和鐘の祖型

日本の梵鐘の起源は，中国から仏教の伝来とあわせて多くの仏器とともに渡来したと考えられている．わが国にある中国鐘は，**表4.1**[2)~4)]のように有紀年のもの34口，無紀年のもの3口，一部のみ現存するもの1口，所在不明のもの1口と合計38口との報告がある．しかし，ここでも紹介するが，表4.1に含まれていないものがまだある．いずれにしても，その数はあまり多くはないと思われる．

中国鐘は，その外形により大きく二つに分けられる[5),6)]．それは，長江を境として南北に分けられ，それらは，それぞれの地域の文化を反映したものと考えられている．

4.4 中国南方域でつくられた鐘

わが国にある中国南方域でつくられた鐘はわずかに4例のみである．この鐘の特徴は下端が水平で，袈裟襷に似た大小の区画があり，その形は和鐘とほとんど変わらず，和鐘の基の形となったと考えられている．

4.4.1 奈良国立博物館の鐘（奈良市）

この鐘は，六朝時代，陳の太建7年（575年）の銘があることから「陳太建鐘」ともいわれ，現在知られている最古の中国鐘で重要文化財に指定されている（**図4.2**）．総高39cm，口径21cmと，小ぶりながら日本の鐘の原始的な姿を見ることができ，和鐘はこれら渡来したものを模倣したと考えられている[5),9)]．

この鐘が和鐘と似ている点としては，龍頭が双頭であり，袈裟襷に似た区画が施され，平安時代中期以前の撞座に見られるように，その位置が高いなど，和鐘最古（奈良時代）の妙心寺（京都市）の鐘と同じような形をしていることである．異なる点としては，突起物の乳がないこと，そして製作方法である．和鐘のつくり方は，中心に心棒を立て，そこに取り付けた板を廻して外型の鋳型をリング状に製作する（引き型）が，この鐘は縦方向に二つに割れるようにし，中国の鐘に見られるように蝋で型をとってつくり，それらを合わせて金属を流し込んだと考えられている[10)]．

4.4.2 書道博物館の鐘（東京都台東区）

この鐘は，総高36cm，口径18cmで，広徳2年（764年）の銘がある．形態は和鐘に類似し，「陳太建鐘」と細部は異なるものの雰囲気は似ていることから，中国北方系の鐘として考えられている[7)]．龍頭は，「陳太建鐘」に比べて大きく，装飾的である．

この鐘は，日本に現存する鐘としては2番目に古く，**表4.2**[7)]

図4.2 陳の太建7年（575年）の鐘（奈良国立博物館所蔵）

表4.2 現存する唐代までの中国鐘〔( )内は元あったところ〕[7)]

No.	年号	保管場所
1	太建7年(575年)	奈良国立博物館
2	貞観3年(629年)	陝西省甘泉県 宝室寺
3	景雲2年(711年)	陝西省博物館(景龍観)
4	開元8年(720年)	浙江省博物館
5	天宝10年(751年)	山東省博物館(山東北海都 龍興寺)
6	広徳2年(764年)	書道博物館
7	中和3年(883年)	江蘇省鎮江市丹陽公園(丹陽普寧寺)
8	乾寧4年(897年)	広東省肇慶府至道観
9	天復2年(902年)	大垣市長徳寺(広東省 清泉禅院)

に示すように中国のものを含めても6番目に古いものである．なお，どのようにしてこの鐘が日本に来たのかは不明である．

4.4.3 長徳寺の鐘(岐阜県大垣市)

総高127cm，口径73cm，天復2年(902年)の鐘がある(図4.3)．この鐘は，銘文より中国本土にあったことは知られているが，日本に来た経緯は不明である．

この鐘は，笠型にあたるところに張りがなく，なだらかな丸みを帯びて鐘身に至っているため，柔らかな感じを与える．撞座の位置は「陳太建鐘」同様，かなり高い位置にある．そして，その数は4個ある．龍頭は傷みがかなり激しく，角，脚，宝珠や火焔は破損しているものの，特異な形状をしている(図4.4)．唇は大きく反り返り，朝鮮鐘の龍頭を思わせる．脚は1本しか残っていないが，鳥のような細い脚をしている．龍頭は，蝋型でつくられている．

4.4.4 大黒寺の鐘(大阪府羽曳野市)

この鐘は，さらに時代を経て康熙3年(1664年)の鐘

図4.3 長徳寺の鐘(撞座が4箇所ある)

図4.4 長徳寺の鐘(脚が1本だけ残っている)

図4.5 大国寺の鐘(鐘が大きく，また鐘楼の柱が邪魔をして全体の姿を1枚の写真に収められない)

148   4章　中国鐘

で，総高223cm，口径140cmのもので非常に大きい．図4.5に見られるように，鐘楼の柱が邪魔して，全体を1枚の写真に収めることができないくらい大きくどっしりとしている．撞座は四つあり，裾は和鐘に見られる駒の爪のように広がり，中国鐘特有の6綾ないし8綾に分かれた形状をしていない．龍頭は，図4.6に見られるように龍とは異なる容姿のように思える．4本の太い脚は鐘にしっかりふんばり，大きな鐘を支えるのに効果的である．

図4.6　大国寺の鐘の龍頭（龍とはだいぶ異なる容姿をしている）

4.5　中国北方域でつくられた鐘

長江の北側の地域でつくられた鐘は，日本の鐘の形状とは全く異なり，裾が開き下端が波を打ったような形状または6綾か8綾につくられ，龍頭は双頭で前脚を備えている．

4.5.1　立正大学博物館の鐘（埼玉県熊谷市）

総高28cm，口径20cm，大明永楽5年（1407年）の銘がある小型の鐘である（図4.7）．龍頭は左右対称で，龍の目には鍍金(ときん)が施されている．龍頭の下の笠形中央部には直径2.2cmの穴があいている．裾の部分には直径約2cmの撞座が八つあり，下端は8綾につくられている[11]．

4.5.2　立正大学博物館の鐘（埼玉県熊谷市）

総高11cm，口径9cm，大明宣徳年間（1426～1434年）の銘がある小型の鐘である（図4.8）．

図4.7　立正大学博物館の鐘〔大明永楽5年（1407年）〕

図4.8　立正大学博物館の鐘〔大明宣徳年間（1426～1434年）〕

龍頭は左右対称であるが，中央のわずかなすき間から，これは蝋で左右別々につくり合わせたことがわかる．龍頭の下には直径1.5cmの穴があいている．裾の部分には直径約2cmの撞座が八つあり，下端は8綾につくられている[11]．

4.5.3 大倉集古館の鐘（東京都港区）

大倉集古館入口の庇の下に総高170cm，口径110cm，正統11年（1446年）の銘のある鐘がある（図4.9）．龍頭の龍はひげをたくわえ，身体全面にうろこが表現され，前脚で鐘をつかみ，いまにも飛びかからんかのように見える．その下の鐘身には穴があいている．鐘身の周囲8面には，銘が鋳出し文字でぎっしりと書かれている．裾には撞座が四つあり，下端は8綾につくられている．

4.5.4 大倉集古館の鐘（東京都港区）

上記の鐘と並ぶように，総高152cm，口径77cm，大明成化元年（1465年）の銘のある鐘がある（図4.10）．この鐘は裾が開いていないため，鐘身はすっきりした形をしている．上帯や下帯の文様は装飾的である．龍頭は，2頭の龍が口を開けて向かい合い，火焔に囲まれた宝珠を前脚で支え，後ろ脚で鐘をしっかりとつかんでいる．この龍には尻尾もあるが，1頭のものは欠損している．龍頭の下には穴があいている．

図4.9 大倉集古館の鐘〔正統11年（1446年）〕

なお，図4.11に見られるように，上帯のすぐ下に穴があいている．これは，穴の周囲の厚みが薄いことから，中子の一部が破損して動いたため，この部分に穴があいたと考えられる．鐘にこのような穴があいていることから，その音色は満足のいくものではなかったかも知れないが，鐘としての形，装飾性はすばらしいものである．

図4.10 大倉集古館の鐘〔大明成化元年（1465年）〕

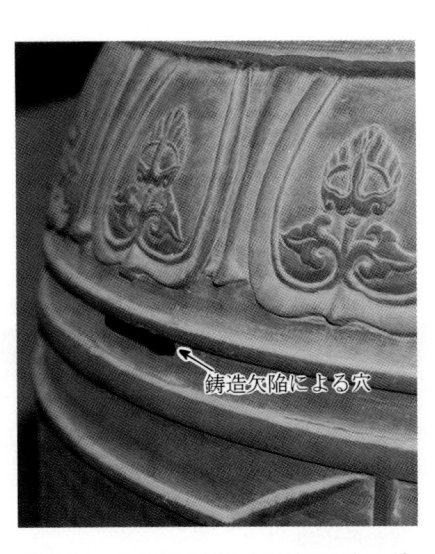

図4.11 大倉集古館の大明成化元年の鐘

図4.12 リトルワールドの鐘

4.5.5 リトルワールドの鐘（愛知県犬山市）

野外民族博物館として知られるリトルワールド本館2階のロビーに，総高168cm，口径99cm，正徳8年（1513年）の鐘が展示されている（図4.12）．これは，小野敏子氏が個人で所有していたものをリトルワールドに寄贈されたものである．裾は8稜に開き，その近くに撞座が4箇所見られる．鐘身は傷みもなく，各部のつくりも丁寧で，すっきりした形をしている．龍頭は目をカッと見開き，前脚は鐘に食い込み，鐘に近寄る者に対し威嚇をしているように生き生きと表現されている．前脚関節部下方に鉄の錆が見られることから，この龍頭は鉄筋を芯金にして蝋型でつくられたと推察できる．

4.5.6 増福院の鐘（福岡県宗像市）

2階建ての鐘楼に，総高168cm，口径104cm，正徳9年（1514年）の鐘が懸かっている（図4.13）．この鐘も，リトルワールドの鐘同様に，裾は8稜に開き，その近くに撞座が4箇所見られる．鐘身もきれいで，同じようなつくりをしている．鐘を下から見上げると，龍頭の下は穴があいているのがわかる（図4.14）．この鐘の下の床は1階に抜け，さらに，その下の土台には甕が置かれている（図4.15）．これは，鐘の音を反響させるためのものと考えられるが，その効果のほどはわからない．

この鐘は，日清，日露の頃に檀家が寄進したもので，戦時中に供出したものの，無事寺に返還された[3]．

4.5.7 北山別院の鐘（京都市左京区）

宮本武蔵が吉岡一門と決闘をした「一乗寺下り松」の近くに，本願寺北山別院がある．ここの鐘楼には，総高172cm，口径109cm，嘉靖23年（1544年）の鐘が懸かっている（図4.16）．この鐘は，姿，形もすばらしい．さらに，現在も除夜の鐘でその音色を響かせている．

4.5.8 立正大学博物館の鐘（埼玉県熊谷市）

鐘には，総高110cm，口径69cm，大明嘉靖40年（1561年）の銘がある（図4.17）．龍頭の龍は，ひげをたくわえ，

図4.13 増福院の鐘（鐘の下の床は1階に抜け，その下の土台には甕が置かれている）

図4.14 増福院の鐘を下から見る

図4.15 増福院の鐘の下の土台には甕が置かれている

前脚は鐘をつかむようにふんばり，力強く表現されている．龍頭中央には火焔に囲まれた宝珠が見られる．龍頭の下には直径6.8cmの穴があいている．この鐘には，縦方向，横方向に鋳型を分割してつくった跡が認められる．裾の部分には直径約8.4cmの撞座が四つあり，下端は8綾につくられている[11]．

立正大学博物館には，撫石庵コレクションとして，ここに紹介した以外にも日本の梵鐘や半鐘，多くの小型の中国鐘，朝鮮鐘が展示されている．さらに，ミャンマー，タイ，スリランカなど，東南アジアの鐘も一同に見ることができる．

4.5.9 根津美術館の鐘（東京都港区）

総高84cm，口径59cm，大明萬暦33年（1605年）の鐘で，美術館の庭に展示されている（図4.18）．龍頭の龍は，後方になびくようなひげを9本もたくわえ，ほほには左右4個の円形の膨らみがあり，躍動感と同時にユーモラスな感じを与える．龍頭は，鐘の大きさに比べて大きく，また鐘身は口径に比べて高さが低いため，龍頭の龍が2頭でこの鐘を護っているように見える．龍頭は装飾的で，鐘のつくりも丁寧である．龍頭の下には穴があいている．

4.5.10 蔵鷺庵の鐘（大阪市天王寺）

総高125cm，口径82cm，大明萬暦36年（1608年）の鐘である（図4.19）．大きさ，形はすばらしいが，細部に稚拙さが感じられる．龍頭の龍も悪くはないが，他の鐘に比べると，前脚は鐘に置くような感じで鐘をつかむような力強さに欠ける．また，和鐘の袈裟襷に相当する

図4.16 北山別院の鐘

図4.17 立正大学博物館の鐘〔大明嘉靖40年（1561年）〕

図4.18 根津美術館の鐘〔大明萬暦33年（1605年）〕

図4.19 蔵鷺庵の鐘

鐘身を縦横に分断する線は直線性に欠け，その高さも不ぞろいであり，一部欠落しているところもある．また，その線で囲まれた面も平滑でないため，鐘全体としての端正さが乏しい．裾の部分は8綾につくられ，四つの撞座が見られる．

この鐘は，全体として精緻な面に欠けるが，逆によく観察することにより，この鐘のつくり方を知ることができる．鐘身の平滑さや文様の直線性が損なわれているのは，この鐘の外型の形状を蝋と油でつくったとき，気温が高かったため，蝋と油の硬化が悪く，そのため，このまわりに砂を押し付けて外型の鋳型をつくる際，蝋と油でつくった形状が崩れたものと推察される．裾には分割面の跡が残り，そのことから外型を八つに分けてつくったことがわかる．この鐘がどのような経緯でこのお寺にあるかは不明で，お寺の方も情報を欲しがっていた．

図4.20 太平寺の鐘

4.5.11 太平寺の鐘（大阪市天王寺）

総高84cm，口径65cmで天啓甲子（1624年）の銘がある（図4.20）．龍頭の龍は，前脚で鐘をつかむようにふんばり，力強く表現されている．図4.21に見られるように，龍頭の上には宝珠はなく，何らかの外力がそこに掛かり，龍頭の一部までが欠損したと考えられる．そこには鉄筋をよったものが見られるが，これは蝋型でつくった龍頭の強度を保つための芯金である．鉄筋の融点は青銅より高いため，溶けた銅合金を鋳型に流し込んでも，鉄筋は溶けずに龍頭の中に鋳包まれた状態となる．

龍頭の蝋型に鉄筋の芯金を入れた場合，龍頭はこの周囲に蝋を塗り姿・形を整える．これを鐘身本体の蝋型の上に取り付けるが，その上に載せただけでは，鋳型が完成した後，蝋を流し出したときに鉄筋だけが龍頭のところに残る．それまで鉄筋を支えていた蝋がないので，鉄筋は鋳型の空洞部を自由に動いてしまい，鉄筋を溶湯で鋳包むことができない．

そこで，一つの方法として，図4.22のように龍頭の脚部の鉄筋は先端を少し長くして，鐘身本体の蝋型の上に取り付ける際，その一部を中子に固定する．鋳造後はその部分が飛び出すが，タガネで除去すればよい．

図4.21 太平寺の鐘の龍頭（中央部は欠損し，その下に鉄筋をよったものが見える）

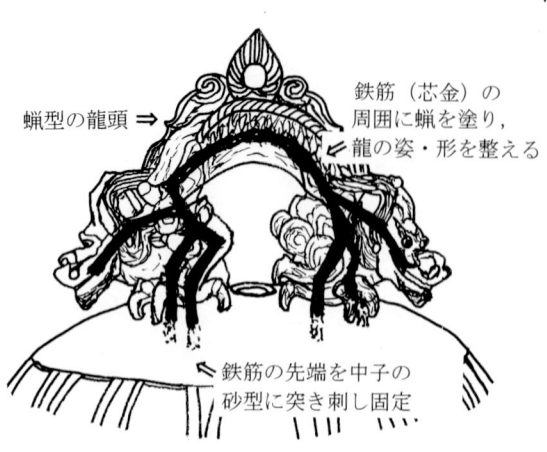

図4.22 蝋型の龍頭と鉄筋

これは推測で確認はしていない．鐘内面の龍頭の下に鉄筋を除去した後があれば，この推測は正しいことになる．

龍頭の下には穴があいている．その脇に見られる穴は鋳造欠陥によるものである．その周囲はタガネで削られたような跡があるが，これは，押湯があった部分を削り落とした跡と考えられる．裾の部分は8綾につくられ，四つの撞座が見られる．

4.5.12 大倉集古館の龍頭（東京都港区）

大倉集古館の庭に，鐘身を失い，龍頭だけが展示されているものがある（図4.23）．この龍頭はかなり大きいことから，大倉集古館にある鐘（図4.9, 図4.10）より大きな鐘と考えられる．龍頭中央には，鐘身を失ったときに曲がったと思われる火焔に囲まれた宝珠が見られる．この龍頭は，鐘身を失ってはいるものの，躍動感あふれる丁寧なつくりをしている．

図4.23　大倉集古館の龍頭

4.6　龍頭の製作法

長江の北方域でつくられた鐘は，和鐘とは異なり，装飾性に富んでいる．特に，龍頭は細部にまで手が施され，躍動感にあふれている．これは，まさしく蝋型鋳物の金属工芸品である．なお，鐘の笠形に継ぎ目のような傷が見られることから，鐘身部と龍頭を別々につくり，それらを接合したか，あるいは鐘身部をつくった後，龍頭の鋳型をその上に載せて金属を流し込んで接合したという考え方がある．

当時の金属を接合する技術としては「鋳掛け」という方法が考えられる．しかし，鋳掛けだと鐘身部の温度を融点近くまで上げないと，接合部に接合不良の「湯境い」と呼ばれる鋳造欠陥を生じ，接合強度が著しく低下する．鐘を吊り下げたとき，強度を受ける部分にこのような方法を採るとは考えられない．これは，龍頭の部分と鐘身部との蝋型を別々につくり，それを後から鐘身部分の蝋型に付けたときに生じた継ぎ目と考えられる．鐘身部と龍頭を別々につくったかどうかを確認するには，それぞれの化学成分を分析すればはっきりする．

4.7　龍頭の下に見られる穴

いままで紹介した中国北方域でつくられた鐘すべてに，中国南方域の鐘や和鐘には見られない龍頭の下に穴が見られた．これは，鐘の音色に対し何か考えがあって開けられた穴か，それとも信仰心からきたものかはっきりしない．

これは，筆者の全くの憶測ではあるが，信仰心からきているのではないかと思う．中国の古代における祭祀の対象は複雑多様であるが，大別して自然の力の天空と地上，そして霊魂と考えられる[13]．霊魂に対しては，祖先に対する祭祀として，廟堂，祭器などある．天空に対しては，いかなる支配にも超越した力があると考え，天帝として崇めてきた．天空と同時に，地に対し

ても祭祀を執り行っている．その天帝を祭る祭壇が天壇で，北京市の天壇は明・清の時代，273万m^{3}の敷地に皇帝が五穀豊穣を祈るためにつくったものでよく知られている．その中の建造物の一つに，直径55mの大理石造りの3層の壇で，圜丘（えんきゅう）といわれる場所がある．ここには建物はなく，皇帝が神に直接祈り，重要な出来事を報告した場所である．同様に，地の神（皇地神）を祭った地壇もある．

　鐘は霊魂を祭る礼器としてつくられたが，その音色は神聖なものであるから，天空の神にも地の神にも鐘の音が届くように考えたと思われる．鐘の音は地面で反射し，鐘上部の穴から天に向かってその音が届けと願ったと考えられる．北京市の大聖寺の古鐘博物館に行くと，大小多くの古鐘を一同に見ることができる．その中には，鐘上部の穴は一つではなく，二つや三つ，中には九つもあいているものがある（図4.24）．このことから，この穴が音響に対してあけられたのではなく，信仰心からあけたと考える理由である．

図4.24 鐘上部の穴は一つとは限らない．この鐘は九つの穴が開いている（北京市 大鐘寺古鐘博物館）

4.8 おわりに

　鐘に限らず，先人のつくった工芸品の中には，同じものを製作するのに現代の技術をもってしても難しいものが数多く見られる．それらがどのようにつくられたか，また，現代の技術を加味したらどのようにつくりやすくなるかなどを考えるのはおもしろいものである．鐘上部の穴についても，日本の鐘には穴はない．その祖形となる中国南方域でつくられた鐘にも穴はない．そうなると，本章の仮説はどう考えたらよいか．なお，思案中である．

参考文献

1) 宋　応星（薮内　清訳）：天工開物，平凡社（1974）．
2) 石田　肇：群馬大学教育学部紀要人文・社会科学編，**44**（1995）p.97．
3) 石田　肇：群馬大学教育学部紀要人文・社会科学編，**45**（1996）p.35．
4) 石田　肇：群馬大学教育学部紀要人文・社会科学編，**46**（1997）p.65．
5) 坪井良平：梵鐘，学生社（1976）．
6) 全　錦雲・神崎勝訳：梵鐘，**13**（2001）p.20．
7) 石田　肇・鈴木　勉：史迹と美術，**650**（1994）p.384．
8) 鈴木　勉：史迹と美術，**652**（1995）p.48．
9) 石野　亨：鋳造技術の源流と歴史，産業技術センター（1977）．
11) 香取忠彦：MUSEUM，**185**（1966）p.2．
12) 立正大学学園 編：撫石庵コレクション考古資料図録Ⅱ，立正大学学園（2001）．
13) 小島祐馬：古代中国研究東洋文庫493，平凡社（1988）．

5章　朝鮮鐘—新羅時代

5.1 はじめに

　前章で，日本に現存する中国鐘について述べた．本章では，わが国にある朝鮮半島でつくられた「朝鮮鐘」について紹介する．なお，韓国では「韓国鐘」といわれている．
　朝鮮鐘とは新羅統一時代から高麗時代に韓国で鋳造された鐘で，特異な形状から日本でも古くから親しまれている[1]．日本に現存する朝鮮鐘は，新羅時代(356〜935年)が有銘鐘2口，無銘鐘3口，また高麗時代(918〜1392年)が有銘鐘15口，無銘鐘21口である[2]．そして時を経て，李朝時代(1392〜1910年)のものは有銘鐘4口，無銘鐘2口が現存する[3]．このほかにも，朝鮮鐘および李朝時代の鐘は，その形状が和鐘とは異なり，美しく華やかなことから，特に小型のものは愛好家によって秘蔵されている可能性は大きい．
　朝鮮半島の文化は，飛鳥・白鳳時代の文化に大きな影響を与えたが，鐘の形状では和鐘と朝鮮鐘とでは大きく異なる．以下，日本に現存する新羅時代の鐘について記す．

5.2 特　　徴

5.2.1 朝鮮鐘の特徴
　朝鮮鐘には，以下のような特徴を備えているものが多く[1],[4]，技巧的に凝っているのが特徴である．
(1) 和鐘の龍頭は頭が二つ合わさっているのに対し，朝鮮鐘は一つである．
(2) 龍の首の前部を半環状に曲げ，懸けて吊り下げられるようにしてある．
(3) 龍には前脚がある．李朝時代のものには4本脚のものもある．
(4) 龍頭の背面に甬(装飾筒，旗挿し)がある．
(5) 鐘身に袈裟襷がない．
(6) 鐘身の上帯と下帯に装飾帯がある．
(7) 上帯と下帯の間に，宝相華文や唐草文様が浮き彫りにされている．
(8) 上帯の下に接するように4箇所の乳郭があり，それぞれに3段3列の乳がある．
(9) 下帯の上の方に撞座や飛天が浮き彫りにされている．

5.2.2 新羅時代の鐘の特徴
　新羅時代の鐘は，上記の特徴のほかに，後述の高麗時代の鐘と比べて以下のような特徴が見られる[1]．
(1) 甬の高さは鐘の口径の33％前後である．10世紀頃からこれより高くなる．
(2) 笠型周縁の突起帯は蓮弁を放射状に並べたような文様である．13世紀初頭からこの文様帯は立体的なものとなる．

5.2.3 現存する新羅時代の鐘
　表5.1に，日本国内にあり，破損していない新羅時代の鐘を古い順に示す[2],[5]．朝鮮鐘で最古といわれるものは韓国の上院寺の鐘で，725年につくられたものである．最大のものは三大鐘の

5章 朝鮮鐘—新羅時代

表5.1 日本国内朝鮮鐘新羅時代の鐘一覧[2),5)]

保管者	所在地	紀年（西暦）	口径と総高，cm	備考
雲樹寺	島根県 安来市	8世紀	φ44，75H	重要文化財
常宮神社	福井県 敦賀市	太和7年（833年）	φ66，111H	国宝
光明寺	島根県 雲南市	9世紀	φ51，88H	重要文化財
宇佐神宮	大分県 宇佐市	天復4年（904年）	φ47，86H	重要文化財
住吉神社	山口県 下関市	10世紀	φ79，142H	重要文化財

項でも紹介した慶州博物館にある771年につくられた聖徳大王神鐘（エミレの鐘，奉徳寺の鐘）である．

5.3 各部の名称

新羅時代の鐘の各部名称は，図5.1のとおりである[4)]．龍頭は，韓国では「龍鈕（りゅうちゅう）」ともいわれる．和鐘の龍頭の形状は基本的にはほとんど変わらないが，朝鮮鐘では時代により様々な形のものが見られる．

龍頭後方にある円筒形の甬は，この内側が空洞で笠型を貫通しているものが多い．そこで，この穴に武将が軍旗を立てたことから「旗挿し」ともいわれている．そして，この甬は何のためにあり，また，なぜ内側の空洞部は笠型を貫通しているのか，これまでいろいろ議論されてきた．なぜ笠型を貫通しているのかという問いに，この甬は音律調整を目的につけられたとする考え方もあった[6)]．しかし，現在では笠型を貫通していないものがあることから，図5.2に示す鐘の原型の「甬鐘（ようしょう）」についていた取手（甬）のなごりと考えられている[7)]．しかし，韓国ではこれを

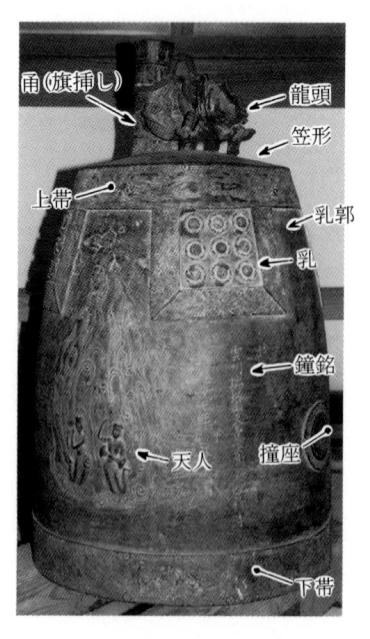

図5.1 新羅統一時代の朝鮮鐘の各部の名称（雲樹寺の鐘）

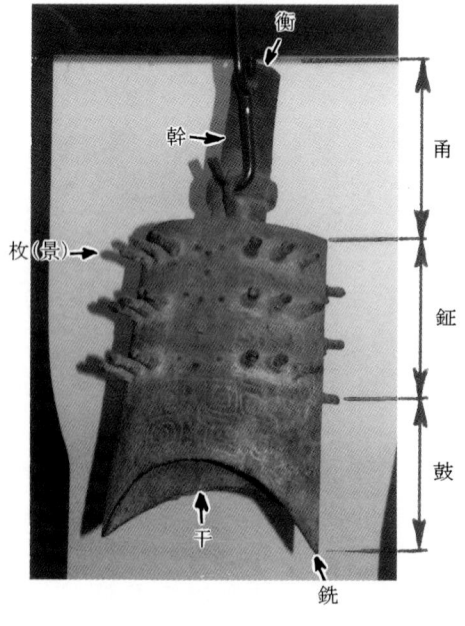

図5.2 鐘の原型といわれる鐘〔甬鐘（北京市大鐘寺古鐘博物館）〕

「音管」と称し，音響調査をもとに，この内部が中空か否かで振動数に違いがあることなどが報告されている[8]．

　図5.2は，北京市大鐘寺古鐘博物館にある西周の時代（BC1027～BC771年）につくられた甬鐘で，総高27.7cm，甬高15.9cm，底口9.9×14.6cm，重量6.8kg，銅合金製である．甬鐘は，殷時代末に祖霊を祭る礼器としてつくられたもので，吊り下げて打ち鳴らす楽器である．横断面は円ではなく杏仁形をしていて，下の縁はアーチ状に内湾している．釣手の形状は2種類あり，筒状の甬に環をつけたものを「甬鐘」といい，コの字形の鈕をつけたものを「鈕鐘」という．

　甬の内側の空洞について鋳造面から考えてみると，無垢（空洞のない状態）のままでは金属が固まるときの凝固収縮を防止するために，この上に押湯をつけなければならない．押湯をつけると，鋳型の高さが増すうえ，この押湯を除去しなければならず，作業が著しく煩雑になることから中空にしたと考えられる．

　次に，なぜ内側の空洞部が笠型を貫通していたり，貫通していないものがあるのかを考えてみる．
(1) 穴が貫通している場合
① 最初に，図5.3に示すように下型の上に鐘の中子を砂でつくる．
② その周囲に中国鐘のつくり方と同様の方法（前報参照）で，蝋で鐘の形状をつくる．
③ 甬や龍頭は別に蝋型でつくる．
④ その際，甬は図5.3(a)に示すように，甬の中子は甬の形状より両端を長くつくり，幅木とする．
⑤ 甬を取り付ける位置の鐘の蝋型および中子の一部を壊して幅木(B)を鐘の中子にしっかり固定した後，鐘の蝋型および中子を修正する．
⑥ 龍頭の蝋型を甬の脇に取り付ける．
⑦ 上型の枠を取り付け，砂を込めて外型とする．このとき，幅木(A)は外型に固定し，甬の中子の両端は外型と鐘の中子にしっかりと固定する．
(2) 穴が貫通していない場合
① 図5.3(b)のように幅木(B)がないものを(1)と同様につくる．

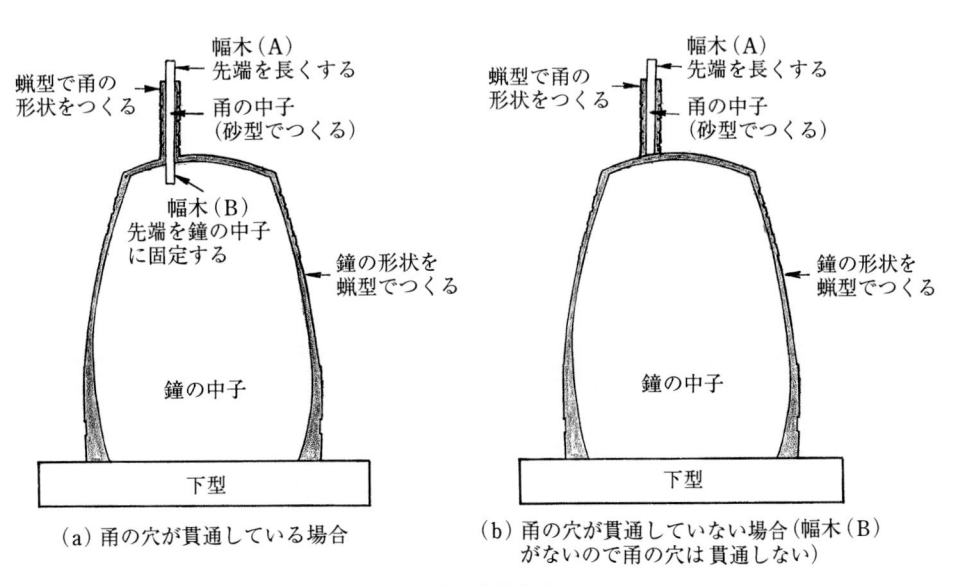

(a) 甬の穴が貫通している場合
(b) 甬の穴が貫通していない場合（幅木(B)がないので甬の穴は貫通しない）

図5.3　甬の造型方法

② これを鐘の蝋型の上に取り付けるが，鐘の蝋型や中子は壊さない．
③ これ以降は(1)と同様に上型をつくる．この方法では，鋳込む前に鋳型内の蝋型を溶かし出したとき，甬の中子は外型にのみ固定された状態となる．

幅木(A)だけで外型に固定した(2)の方法では，甬の中子は外型にぶら下がった状態となり，金属が鋳込まれたときに中子が折れて鋳造欠陥となることが考えられる．その結果，図5.3(a)のような造型方法で行われるようになり，甬の空洞部が笠型を貫通しているものが多くなったと推察される．

笠型は，その周囲に蓮弁などの装飾を施したものが多いが，時代によりその装飾は異なる．乳は，乳郭内に3段3列の9個が配列され，それが4箇所あるのがほとんどである．乳の形は複雑なものが多い．撞座は鐘身下部に対照的に2箇所，蓮華文を文様としたものがほとんどであるが，例外もある．文様は和鐘に比べると華やかで美しい．装飾としてほとんどに天人が鋳出しで表現されている．

5.4 鋳造法

鋳物をつくる方法は，中国鐘と同様な蝋型により行われたと思われる．なお，鐘身の細かい文様は，現代の鋳物師も行っている地紋板を用いたと考えられる．

それは，以下のような方法である．
(1) 地紋板は，板，柔らかい石，蝋，粘土など，ある程度強度があり加工しやすい材質のものを用い，それに文様を削り出す．
(2) その上に鋳物用の砂を押し付けて文様を写し取り，鋳型とする．
(3) 地紋板から込め付けた鋳型をはがし，中子表面の蝋型の上に取り付けて，後は外型をつくる手順で作業を進める．

現代の鐘の鋳造法でも，地紋板に鋳物用の砂を押し付け，鋳型をつくる作業はある．図5.4は，そのようにしてつくられた撞座の鋳型である．現在の惣型法では，外型を別につくるので，外型の一部を削り，そこへ地紋板を用いてつくった鋳型を取り付ける．

または，以下のような方法も考えられる．
(1) 板などに，文様の向きおよびその凹凸が反対になるように削り出す．
(2) その上に柔らかくした蝋を押し付けて型をとる．その際，蝋が板から離れやすくするため湿り気を与える．
(3) でき上がった蝋型を中子に貼り付け，外型の造型を行う．

地紋板は何回も使えるため，同じ型を用いてつくられた鐘が幾つかある．長期間保存された地紋板が使われた例として，韓国中央博物館にある1058年につくられた鐘と岩手県盛岡市中央公民館が所蔵している太和6年(1206年)の銘が入った鐘がある．これらは，地紋板が150年もの間保存されていた一つの例である[1]．

図5.4 地紋板を用いて造型した撞座部分の鋳型

5.5 日本に現存する新羅時代の朝鮮鐘

5.5.1 雲樹寺の鐘（島根県安来市）

雲樹寺は臨済宗の古刹として知られ，室町時代前期につくられた唐様の四脚門は重要文化財の指定を受けている．鐘は，口径約44cm，総高約75cmである．8世紀につくられたもので，開山堂の中に保管されている．この鐘は，日本にある朝鮮鐘の中で最古のものであるが，図5.1に見られたように，各文様は摩耗も少なく，はっきり表されている．胴体には，図5.5に見られるように横笛と腰鼓を持った2体の天女が雲の上に乗り，衣を流れるように複雑に絡み合わせ，のびのびと表現されたものが2箇所に表されている．龍頭は，首の部分を破損し鉄筋で補強されているが，丁寧なつくりで，眼光鋭く，牙は大きくせり出している．そして，脚は，図5.6，図5.7に見られるように前後に踏み出し，いまにも走り出さんとしているようで，躍動感にあふれている．甬は，水平に5段に分かれ，中央の部分には飛天の文様が見られる（図5.7）．上帯にも楽器を持った天人が表現されている（図5.8）．幅広く表現されたこの上帯と乳郭により，鐘全体が引き締まった感じを与える．この鐘は重要文化財である．

なお，鐘楼にもこれと全く同じ形状の鐘が吊り下げられているが，これは韓国でつくられたレプリカで，破損した龍頭の箇所も違和感なく再現されている．

図5.5 天人（雲樹寺）

図5.6 龍頭（雲樹寺）

図5.7 甬（雲樹寺）

図5.8 上帯（雲樹寺）

5.5.2 常宮神社の鐘（福井県敦賀市）

常宮神社の歴史は古く，神社の由緒書きによれば，いまから2000年前に行宮がつくられ，大宝3年（703年）に社殿が修造されたのが始まりといわれ，養蚕の神として崇められている．鐘は宝庫に保管され，大きさは，口径 約66cm，高さ 約111cmで，太和7年（833年）につくられたものである（図5.9）．神社は敦賀湾に面した海辺にあり，宝庫は耐火性で通気性が悪いせいか，昔の写真に比べ，鐘は腐食がかなり進んでいた．

上帯，下帯は幅広く安定感を与え，その文様は蓬萊山を表している．撞座は装飾的で美しい．雲の上に座り腰鼓を打つ天女は，衣を風になびかせ，動きを感じさせるが，文様がはっきりしないことと，また大きさが少し小さいため躍動感に乏しい．龍頭と甬は，鋳造時，溶けた金属が上部まで行き渡らなかったようで，不完全である．乳は松かさ状の突起のあるつくりだが，その多くを欠損しているのが惜しい．

この鐘は，若狭湾藩主の大谷刑部義隆が朝鮮の役で持ち帰ったと伝えられているが，鐘の分捕りを誇りとした過去の名残で，一概には信じられないといわれる[3]．なお，この鐘は朝鮮鐘で唯一の国宝である．

図5.9 常宮神社の鐘（常宮神社パンフレット）

5.5.3 光明寺の鐘（島根県雲南市）

光明寺は，39個の銅鐸が出土したことで知られる加茂岩倉遺跡の南に 約2km，大竹の集落を眼下に見下ろす山の中腹にある．鐘は，口径 約51cm，高さ 約88cmで，9世紀につくられたものである（図5.10）．鐘は収蔵庫に保管され，鐘楼にあるのはレプリカである．

この鐘は，図5.10に見られるように中央部と撞座の下の2箇所にバリが円周方向に見られることから，外型はこの箇所で分割されたことがわかる．このくらいの大きさでは，通常，中央部で1箇所分割面が見られるが，2箇所で分割した理由はわからない．鐘身は中央の分割面を境にほとんど直線的なため，鐘が縦長に見える．

鐘全体の文様は鮮明さに欠けるため，粗雑な印象を与える．天人は分割面と分割面の間に収めなければならなかったせいか，鐘の大きさに対して小さすぎてバランスに欠ける．また文様がはっきりしないため，雲に乗り衣を翻しているにもかかわらず，躍動感が伝わらない．下帯にも天人が見られるが，同様に文様がはっきりしない．図5.11に見られるように，龍頭は角が欠落し，胴は細く，目は下を向いているため貧弱に見える．さらに甬は，製作時，溶けた金属が上部先端まで行き渡らなかったため，その形状が不完全になったと考えられる．図5.12の乳は大きさも位置も不揃いで，ある意味おおらかなモノづくりをしている．乳郭の文様も鮮明ではないが，おもしろそうな文様が描かれている．表面状態があまりよくないため粗雑な感じを与えるが，その大きさや個々の文様を詳細に観察すると，味わい深い鐘である．

図5.10 光明寺の鐘

5.5 日本に現存する新羅時代の朝鮮鐘　　161

図5.11　龍頭（光明寺）　　　　　　図5.12　乳郭と乳（光明寺）

なお，龍頭には鎖が掛けられている（図5.11）が，鐘を吊っているのではなく，調査で音色を聞くような場合，いつでも鐘を吊り上げられるように付けられたものである．この鐘には製造時の銘はないが，追刻銘から，朝鮮半島から渡来後，康暦元年（1379年）に鳥取県西伯郡の増輝寺に収められ，明応元年（1492年）に光明寺に移されたことが知られている．この鐘も重要文化財である．

5.5.4 宇佐神宮の鐘（大分県宇佐市）

神亀2年（725年），聖武天皇の勅願により建立されたとされる宇佐神宮は，全国約4万社ある八幡宮の総本山である．鐘は，口径約47cm，高さ約86cmで，天復4年（904年）につくられたもので，宝物館に保管されている．

この鐘は，宇佐神宮の神宮寺であった弥勒寺に伝わったもので，江戸時代頃までは半鐘として日常用いられたようである．龍頭は唇が大きく反り返り，甬は円筒ではなく四角柱である．天人像は左右に2体，鼓を持ち両手を広げ，衣を翻して雲の上に座っているが，その出来映えは華麗さに欠ける．上帯，下帯の唐草文は，地紋板を用いて文様をつなぎ合わせて配列している．しかし，その配列は連続性に欠け，無造作につくられている．乳はかなり欠損している部分もあるが，蓮の蕾を表したつくりである．撞座は相対2箇所に蓮華文が施されている．鐘全体としては中央が張り出し，裾はやや絞られた形でどっしりとした安定感がある．

この鐘には銘文があり，製作年代は明らかであるが，どのように宇佐神宮に伝わったかは不明である．なお，この銘文の文字は裏返しに表されている．これは，意図したものではなく，恐らく文字の部分の鋳型をつくるとき，版画の原画と同じように文字を反転して鋳型をつくり，それを外型に取り付けたと思われる．鐘は重要文化財である．

5.5.5 住吉神社の鐘（山口県下関市）

住吉神社の鐘は，口径約79cm，高さ約142cm，重量約800kgで，10世紀につくられたものである（図5.13）．この鐘は渡来した朝鮮鐘では最大で，そのつくりは手が込んだすばらしいものである．特に龍頭は，図5.14に見られるように，前脚を上げ，いまにも動き出しそうである．その後ろに見える甬も，単に円筒状ではなく，5段に絞り込んだ柔らかな曲線で表現され，それが龍の勢いをさらに強調している．写真では見づらいが，龍の脇には雲か何かを表現したよう

5章　朝鮮鐘—新羅時代

図5.13　住吉神社の鐘

図5.14　龍頭と甬（住吉神社の鐘）

なら旋状の突起物も見られる．

　図5.15の乳郭や乳にも精緻な模様が施されている．鐘の胴体には，図5.16のような宝冠をいただいた飛天が4体見られる．衣の曲線が流麗さを表現しているが，天女の両足の裏側をはっきり表現しているのは，作者のいたずら心のようにも感じられる．図5.17の撞座にしても，和鐘のように簡素化されたものに比べると手の込んだつくりをしている．

　もし，この鐘に銘があり，製作年代が特定できれば国宝に指定されるだろうと思われるほど，傷みも少なくすばらしいものである．龍頭の上部が欠落しているのは残念である．その下に錆が見られるが，これは鐘を鎖で吊ったときに鎖に生じた錆と考えられる．

図5.15　乳郭と乳（住吉神社の鐘）

図5.16　飛天（住吉神社の鐘．飛天の足の裏が両足ともに見えるのは愛嬌がある）

5.6 おわりに

　中国から朝鮮半島に鐘の鋳造技術が伝えられたが，朝鮮鐘は中国鐘とは異なる優美な形態，文様とし，朝鮮鐘という一つの工芸的地位を築き上げた．本章では，数ある朝鮮鐘のうち，新羅時代の鐘について紹介した．

　日本には多くの朝鮮鐘が存在する．朝鮮鐘は韓国においても240口[2]しかない貴重な文化財である．なぜ，日本にこれほどの朝鮮鐘があるのか．それは，13世紀後半から出没し始めた倭寇により剥奪されたもの，また15世紀の日本からの要請によって送られたもの，さらに16世紀末の朝鮮役の際に武将たちが持ち帰ったものが主であると考えられている[2]．そこには悲しい歴史が見られるが，これらを貴重な文化財として保管し，これからも後世に伝えるべきである．

図5.17　撞座（住吉神社の鐘）

参考文献

1) 香取忠彦：韓国の美術鋳物，総合鋳物 (1979-9) p.17.
2) 姜　健栄：梵鐘をたずねて，アジアニュースセンター (1999).
3) 姜　健栄：李朝の美─仏画と梵鐘，明石書店 (2001).
4) 坪井良平：新訂梵鐘と古文化，ビジネス教育出版社 (1993).
5) 真鍋孝志：梵鐘遍歴，ビジネス教育出版社 (2002).
6) 黄　壽永：朝鮮の古文化論讚，図書刊行会 (1987).
7) 坪井良平：朝鮮鐘，角川書店 (1974).
8) 国立慶州博物館 編：聖徳大王神鐘，通川文化社 (1999).

6章　朝鮮鐘―高麗時代

6.1　はじめに

　日本に現存する朝鮮鐘で高麗時代の鐘は，表6.1[1),2)]に示すように，その数32口と非常に多い．本章では，その幾つかを紹介する．

　高麗時代は便宜的に前期（918〜1146年）と後期（1147〜1392年）に分けられる[3),4)]．高麗時代前期につくれた鐘が日本に数多く存在するのに対し，韓国内に残存する数は極めて少ない．鐘の製作は，高麗時代前期に成熟期を迎えたといわれるのに対し，後期は隣国の元の侵攻を受けて国力が衰退したため，鐘もその影響を受けて見るべきものはなくなったといわれる．その結果，高麗時代約470年間の秀作といわれる鐘は，ほとんどが高麗時代前期のものである[3)]．

表6.1　日本国内に残存する高麗鐘（前期：918〜1146年，後期：1147〜1392年）[1),2)]

No.	保管場	所在地	大きさ，cm	備考
1	盛岡市中央公民館	岩手県 盛岡市 旧南部家別邸	ϕ 38, 58 H	太和6年（1206年）
2	東京国立博物館	東京都 台東区 上野公園	ϕ 33, 48 H	乾統7年（1107年）
3	東京国立博物館	東京都 台東区 上野公園	ϕ 18, 30 H	正統14年（1449年）
4	東京国立博物館	東京都 台東区 上野公園	ϕ 30, 50 H	明昌7年（1196年）
5	今淵せつ	神奈川県 鎌倉市 腰越	ϕ 27, 43 H	承安6年（1201年）
6	鶴岡八幡宮	神奈川県 鎌倉市 雪ノ下	ϕ 15, 23 H	至治4年（1342年）
7	長安寺	新潟県 両津市 久知河内	ϕ 61, 108 H	高麗時代（11世紀）
8	久遠寺	山梨県 南巨摩郡 身延町	ϕ 29, 33 H	高麗時代（13世紀）
9	曼陀羅寺	愛知県 江南市 前飛保	ϕ 21, 46 H	21甲午年（1234年）
10	専修寺	三重県 津市 一身田町	ϕ 38, 65 H	高麗時代（12世紀）
11	園城寺	滋賀県 大津市 園城町	ϕ 49, 77 H	太平12年（1032年）
12	高麗美術館	京都市 北区	ϕ 27, 50 H	貞祐13年（1225年）
13	長仙寺	京都市 中央区	ϕ 23, 35 H	高麗時代（13世紀）
14	正伝永源院	京都市 東山区	ϕ 35, 54 H	高麗時代（13世紀）
15	鶴満寺	大阪市 北区 長柄町	ϕ 58, 77 H	太平10年（1030年）
16	鶴林寺	兵庫県 加古川市 北在家	ϕ 53, 91 H	高麗時代（11世紀）
17	尾上神社	兵庫県 加古川市 尾上町	ϕ 73, 127 H	高麗時代（11世紀）
18	辰馬考古資料館	兵庫県 西宮市 松下町	ϕ 24, 43 H	高麗時代（13世紀）
19	観音院	岡山市 西大寺	ϕ 65, 111 H	高麗時代（10世紀）
20	照蓮寺	広島県 竹原市 竹原町	ϕ 41, 61 H	峻豊4年（963年）
21	不動院	広島県 広島市 牛田町	ϕ 65, 111 H	高麗時代（11世紀）
22	大願寺	広島県 佐伯郡 宮島町	ϕ 23, 39 H	高麗時代（13〜14世紀）
23	天倫寺	島根県 松江市 国屋町	ϕ 53, 87 H	辛亥年（1011年）
24	加茂神社	山口県 光市 三井賀茂	ϕ 43, 68 H	高麗時代（11世紀）
25	出石寺	愛媛県 喜多郡 長浜町	ϕ 56, 88 H	高麗時代（11世紀）
26	金剛頂寺	高知県 室戸市 室戸町	ϕ 43, 65 H	高麗時代（12世紀前半）
27	承天寺	福岡県 福岡市 辻堂町	ϕ 45, 76 H	清寧11年（1065年）
28	円清寺	福岡県 朝倉郡 杷木郡	ϕ 49, 93 H	高麗時代（11世紀）
29	聖福寺	福岡県 福岡市 御供所町	ϕ 61, 98 H	高麗時代（11世紀）
30	志賀海神社	福岡県 福岡市 志賀島	ϕ 31, 52 H	高麗時代（13世紀）
31	甘木市出土	福岡県 甘木市 甘木歴史資料館	ϕ 53, 101 H	高麗時代（11世紀）
32	恵日寺	佐賀県 唐津市 鏡町	ϕ 51, 73 H	太平6年（1206年）

6.2 特　徴

高麗時代の鐘の各部名称は**図6.1**のとおり[4]で，その形状は技巧的に凝っているものが多い．また，朝鮮鐘に共通して見られる特徴のほかに，新羅時代の鐘と比較して以下のような特徴が見られる[4),5)]．

(1) 下帯の上部には撞座や天人のほかに，仏や菩薩などの像が浮き彫りにされている．そのため，新羅時代の優雅な飛天に対して動きがなくなり，かたい感じを与える．

(2) 甬(よう)の高さは，それまで鐘の口径の33％前後であったものが10世紀頃からこれより高くなる．

(3) 笠形周縁の突起帯は蓮弁を放射状に並べたような文様であったが，13世紀初頭からこの文様帯は立体的なものとなり装飾性を増す．

6.3 高麗時代の鐘

日本に現存する高麗時代の鐘について，そのうちの幾つかを紹介する．

6.3.1 照蓮寺の鐘（広島県竹原市）

照蓮寺は，「安芸の小京都」竹原市の町並み保存地区の一画にある．鐘は，口径約41cm，高さ約61cmで，峻豊4年(963年)の高麗時代初期につくられたもので，重要文化財に指定されている．この鐘は，安土桃山時代の武将，毛利元就の三男の小早川隆景が朝鮮出兵で持ち帰ったといわれ，現在はガラスケースに入れられて本堂に保管されている．**図6.2**に見られるように飛天の姿は優雅さに欠けるが，鐘身のスペース一杯に描かれている．乳郭も大きく表現され，鐘身には余すことなく文様が見られる装飾的な鐘である．乳は，付け根の部分が丸みを帯びた突起のない「座乳」である．この

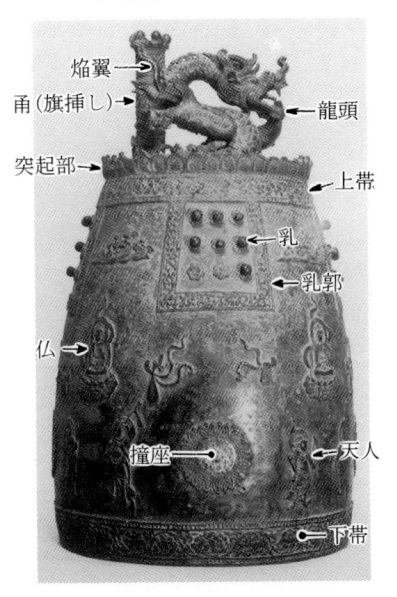

図6.1　朝鮮鐘（高麗時代後期）各部の名称（福岡市博物館）

図6.2　照蓮寺の鐘（ガラスケースに収められている）

図6.3　照蓮寺の鐘の龍頭は形が崩れている

鐘には銘文があり，峻豊4年9月18日，韓国の古弥県西院の鐘としてつくられたことが知られる．

龍頭は鋳造に失敗し，形が崩れたと思われる（図6.3）．これは鐘をつくるとき，鋳型に溶けた金属を流し込む量が不足したため（鋳造欠陥の入れ干し），金属が鋳型で一番上の龍頭全体に行き渡らなかったためと考えられる．さらに，鐘の胴体部の凝固の進行に伴い，金属が固まるときの凝固収縮分を龍頭のまだ固まっていない上部の方から補給されたため，さらに龍頭の形が崩れたと考えられる．

6.3.2 鶴満寺の鐘（大阪府大阪市）

鶴満寺は，大阪環状線天満駅近くの繁華街にある．鐘は，口径約58cm，高さ約77cmで，太平10年（1030年）につくられたものである．鐘は，図6.4に見られるように，大きさもあり堂々としたものであるが，天人の姿，形，そして，その大きさは鐘身に比べ小さいため，空白の部分が多く華やかさに欠ける．龍頭は，とても龍には見えないつくりであるが，甬には蓮弁の装飾が施されている．この鐘は，銘文があり，その履歴がはっきりしていること，形状もしっかりしていることから，重要文化財の指定を受けている．鐘は，寺の鐘楼に懸けられ，自由に見ることができる．

なお，この鐘は表面の汚れを落とすためにサンドブラスト処理を行ったようで，乾いた肌をしている．そのため，鋳造欠陥のき裂や押込み，鋳肌の凸凹などが顕著になり，江戸時代から人々に親しまれてきた風情を失ってしまったのは残念である．

6.3.3 園城寺の鐘（滋賀県大津市）

園城寺には，『三名鐘』の一つである音色で名高い「三井の晩鐘」や弁慶の「引き摺り鐘」として知られる奈良時代の鐘があることでも知られている．

このほかに，口径約49cm，高さ約77cm，太平12年（1032年）につくられた重要文化財の朝鮮鐘がある．これは，本堂に安置され容易に見ることはできないが，この模作は観音堂の脇の鐘楼に見ることができる（図6.5）．高い位置に懸けられているため，下から鐘の内面が見られる．また，図6.6に見られるように，甬の底が貫通しているのがわかる．撞座の中央に線が見えるが，これは鋳型を半円ずつつくったことを示すバリで，本物にも同様なものが見られる．この鐘から推察されるように，撞座や乳郭，上帯，下帯などの文様は，丁寧につくられている．

6.3.4 観音院の鐘（岡山県岡山市西大寺）

この寺は，正式には「観音院」というが，「西大寺」の呼称でよく知られている．特に，毎年2月の第3土曜日

図6.4 鶴満寺の鐘

図6.5 園城寺の鐘（模鐘）

撞座は半円ずつつくられている

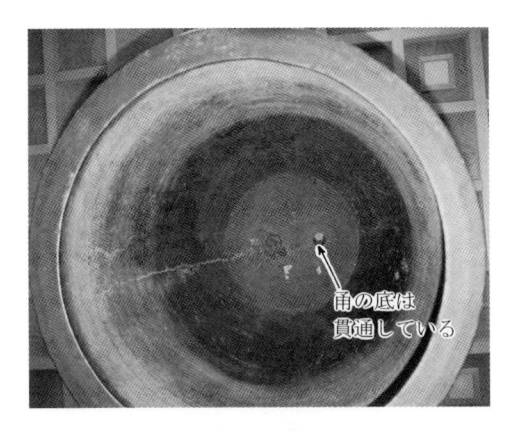

図6.6 園城寺の鐘（模鐘）を下から見る 　　図6.7 観音院の鐘は楼門の2階にある

龍頭

鐘身

図6.8 観音院の鐘

の深夜に境内で行われる『日本3大奇祭』の一つ「西大寺の裸祭り」は有名である．広大な境内には七堂伽藍が立ち並び，毎年2月の厳寒期に数百人の下帯ひとつの男たちが，「宝木」を取り合う場所とは思えないような静寂なところである．

鐘は，図6.7のような楼門の2階にあり，近くで見ることはできないが，図6.8のような形をしている．口径約65cm，高さ約111cm，重量約400kgで，10〜11世紀につくられたものである．龍頭は眼光鋭く，角を大きく張り出し，唇は前方に大きく突き出し，入念なつくりが見られる．甬や乳郭，突起状の乳のつくりから，そのできの良さが窺える．朝鮮鐘の多くは甬の底は貫通しているが，この鐘は貫通していない[5]．

この鐘について寺伝として以下のような話がある．

「この鐘は開山の安竜上人が龍神から授かったと伝えられている．また，岡山城を築いた浮喜多直家が無理やり城へ持ち帰ったが一向に鳴らなくなったので，仏罰を恐れて当山へ返納した」

なお，この鐘は重要文化財ではあるが，現在でも撞かれていて，鐘を撞くときは，図6.7の右側に見られる撞木につないだロープをその右側にある建物の窓から引張って撞く．

6.3.5 承天寺の鐘（福岡県福岡市）

この寺は，正式には「勅賜承天寺」と称し，後嵯峨院寛元元年（1243年）宣旨により勅願所官寺となった名刹である．鐘は以前，本堂の廊下に懸かっていたが，現在は宝物庫のガラスケースの中に保管されている（図6.9）．総高76cm，口径45cmの大きさで，鐘銘より清寧11年（1065年）につくられ，承天寺の開山堂の喚鐘

6章 朝鮮鐘—高麗時代

（小型の梵鐘）であったことが知られる．龍頭は，全体に細身で，さらに，鐘を吊り下げる部分の穴は大きく，甬のつくりも細長く，文様の凹凸が小さいため，龍頭全体は華奢に見える．

鐘身は膨らみを持たず，裾に向かって広がり，すっきりとした形をしている．乳は，突起がすべて欠落しているのが惜しいが，飛天や仏像，天蓋（てんがい），上帯，下帯に見られる文様は丁寧なつくりで，すばらしい．この鐘は重要文化財に指定されている．

6.3.6 尾上神社の鐘（兵庫県加古川市）

尾上神社の鐘は古くから知られ，平安末期の千載和歌集にも以下のように詠まれている．

「高砂の尾上の鐘の音すなり　暁かけて霜や置くらん」

鐘は，口径約73 cm，高さ約127 cmと大型で，11世紀につくられたと考えられている（図6.10）．鐘身は，高さもあり，直線的なため，ほっそりとした感じを与える．龍頭は，図6.11に見られるように宝珠を口にくわえて勇ましい姿をしている．甬は，図6.12に見られるように細かな細工が施され，5段からなる．1，3，5段と2，4段は同一の蝋型を積み上げてつくられているのがわかるが，文様の向きを整えるまでの配慮は見られない．上帯，下帯や乳郭にはきめ細やかな美しい装飾が施され，下帯は通常は1段であるが，これは2段になっている．乳は突起型であったが，すべて欠落し（図6.13），その形状がわからないのは残念である．胴体には，左右対称に如来（にょらい）とその頭上に天蓋，その両側に飛天が一体ずつ衣を大きく翻し，バランスよく表されている．惜しいことに，如来，天蓋，飛天，そして，撞座の摩耗が著しいために，その模様を知ることはできない．

この鐘は，海から引き上げられたことから，その間に鐘の表面が摩耗したと考えられている．しかし，龍

図6.9　承天寺の鐘

図6.10　尾上神社の鐘

図6.11　尾上神社の鐘の龍頭

図6.12　尾上神社の鐘の甬　　　　　　図6.13　尾上神社の鐘の乳郭

頭や上帯，下帯，乳郭の文様の具合から，撞座は長い間，鐘を撞かれたことにより摩耗し，飛天や菩薩は親しみ，あるいはご利益を得るために多くの人により，長い期間にわたって撫でられたことによる摩耗と思われる．神社の立て札によれば，音色は盤渉調（洋楽のシの音に近似）とあるが，鐘にはわずかに割れ目があるため，現在その音を聞くことはできない．この鐘は，その美しさから平安時代の頃から広く人々に親しまれ，現在は重要文化財の指定を受けている．

6.3.7　鶴林寺の鐘（兵庫県加古川市）

鶴林寺は，尾上神社からそう遠くない距離にある播州の名刹である．鐘は，図6.14に見られる重要文化財の袴腰づくりの優美な鐘楼に納められている．この鐘を見ることはできないが，パンフレットの写真を見る限り，上帯の外径は下帯に比べて著しく細く，そのためどっしりとした安定感が見られる．龍頭は，その体躯を大きく曲げ，重厚さを感じさせる．

なお，撞座は通常2個であるが，この鐘は撞座を3個持つ珍しい鐘である．口径は約53cm，高さは約91cm，11世紀につくられたものである．この鐘の音色は黄鐘調といわれている．この鐘も重要文化財に指定されている．

6.3.8　不動院の鐘（広島県広島市）

不動院の鐘は，朱色に塗られた袴腰づくりの重要文化財の鐘楼に納められている（図6.15）．鐘は口径約65cm，高さ約111cm，11世紀につくられたもので，この鐘も重要文化財に指定されている．パンフレットの写真を見ると，大きさの異なる撞座がそれぞれ二つずつある．しかし，小さい方の中央には菩薩坐像があることから，これは撞座ではなく菩薩像の文様と考えられている[5]．

6.3.9　志賀海神社の鐘（福岡県福岡市）

志賀海神社は，金印が出土した志賀島にある．鐘は，

図6.14　鶴林寺の鐘楼（この鐘楼も重要文化財）

口径約31cm，高さ約52cm，13世紀につくられたもので，重要文化財に指定されている．この鐘も高麗時代後期の特徴をよく備えている（図6.1）．

この鐘は，鍍金が施されていることで知られ，その痕跡を見ることができ「鍍金鐘」ともいわれる．鐘は入念につくられ，まさに工芸品である．龍頭は胴体をくねらせ，焔翼は甬にからみつき，その甬の上には小さな玉が6個ちりばめられている．笠型には周縁に突起帯を並べ，その上にも小さな玉が取り付けられ，装飾性に富んだつくりである．鐘身においても，姿，形が異なる仏像を配し，スペースがないほど文様で飾りたてられている．また，乳は突起した球形のもので，これが鐘の表面に立体感を与え，さらに鐘を変化に富んだものにしている．撞座は4箇所ある．なお，この鐘は，金印が展示されていることで知られる福岡市博物館に展示されている．

図6.15 不動院の鐘楼（朱塗りのこの鐘楼も重要文化財）

6.3.10 曼陀羅寺の鐘（愛知県江南市）

曼陀羅寺は西山浄土宗の古刹で，1300坪の敷地に塔頭が八つあり，尾張徳川藩より寺領231石余りを給地されていた名残りをとどめている．近年，その一部が市に提供され公園として整備され，そこに2100m^{2}の藤棚がつくられ「曼陀羅寺の藤」として知られている．藤の花の咲く4月下旬から5月上旬には寺宝を一般に公開しているが，その中には重要文化財の朝鮮鐘も含まれている．

この鐘は，口径約21cm，高さ約46cm，21甲午年（1234年）につくられたものである．図6.16に見られるように，小ぶりではあるが，鐘全体にすき間なく細やかで丁寧な細工が施されている．また，鐘には鍍金の跡が見られる．文様としては垂飾りの下に雲に乗った菩薩像，その下に飛天を配したものが4対，その間を乳郭，その下に連珠文を施した撞座が4対見られる．龍頭は細身の体をくねらせ，口には宝珠をくわえている．甬は雲形の座の上にあり，図6.16に見られるように，大粒の球がその周囲にちりばめられ，装飾的にもできのよい鐘である．この鐘も高麗時代後期の特徴をよく備えている．

6.3.11 大願寺の鐘（広島県佐伯郡）

大願寺は，宮島の厳島神社の脇にあり，明治維新まで厳島神社の修理，造営を司ってきた寺院である．本堂には，口径約23cm，高さ約39cmと大きさは小さいが，13〜14世紀につくられた鐘がある（図6.17）．

この鐘は，図6.1に示したように高麗時代後期の特徴をよく備えている．甬の高さは鐘身の半分以上もあり，それに龍頭から焔翼がからみついている．また，笠型の周縁に

図6.16 曼陀羅寺の鐘

は突起帯の蓮弁が立体的に並び，装飾性を増している．

6.3.12 鶴岡八幡宮の鐘（神奈川県鎌倉市）

鶴岡八幡宮本宮の回廊に宝物館があり，そこに口径約15cm，高さ約23cmと小型の鐘がある．菩薩像，乳郭，そして，撞座はそれぞれ4個あるが，それらは鐘身に対して小さすぎてバランスはよくない．また，乳郭や乳の文様もはっきりせず，龍頭や笠形周縁の突起帯のできもよくないため，全体として粗雑な感じを受ける．

しかし，この鐘が貴重なのは，至治4年（1342年）につくられたことを示す銘文を有することである．さらに，乳郭が上帯よりわずかに離れていることである．これは，次の李朝時代の鐘に見られる一つの特徴で，高麗時代から李朝時代への過渡期を示している．

図6.17 大願寺の鐘

6.4 おわりに

高麗時代は約500年と非常に長い期間を指し，その前期は宗の影響を受けて華麗な装飾の鐘がつくられた．後期に入り13世紀半ばからは国力の衰退により，前期に見られたような洗練された姿を失い，鶴岡八幡宮の鐘のように粗雑さが目立つようになって来た[4]．その後に来る

図6.18 東照宮の鐘〔口径 約91cm，高さ 約145cm，崇禎15年（1642年）に李朝仁祖が東照宮に献じた．笠形に小さな穴があいていることから「虫食いの鐘」と称されている〕

図6.19 根津美術館の鐘〔口径 78cm，高さ 約125cm，康熙29年（1690年）の鐘で梵字が12個並ぶ〕

李朝時代では，「韓支混淆型式鐘」と称される中国鐘の型式の一部を取り入れた鐘がつくられ，朝鮮鐘の伝統的な形式が薄れていく．参考までにその時代のものを図6.18と図6.19に示す．

朝鮮鐘は中国を起源とした鐘ではあるが，その影響をあまり受けることもなく独自の形式として発達した．同様に，朝鮮鐘を起源とした日本の鐘もその影響はあまり見られない．和鐘で朝鮮鐘の影響を強く受けたものとして，平安時代中期につくられた平等院の鐘の文様が挙げられる．

朝鮮鐘は華麗な装飾を備えていることから，江戸時代の茶人に好まれ，その模造品が多くつくられた．中には専門家をも迷わせるようなものもある．その一例として，大英博物館にある「高麗時代14世紀」の朝鮮鐘は，江戸時代の模造品であると指摘されている[6]．朝鮮鐘の華麗な装飾を取り入れた和鐘は，江戸時代から現代の鐘づくりにまで広く見られる．お寺の廊下に懸けられた江戸時代後期の喚鐘に，鐘身は和鐘なのに朝鮮鐘の龍頭や甬を備えた喚鐘を見ることがある．現代の鐘にも鐘身に飛天や仏像の文様を施した鐘が広く見られるが，その時代の流行を表している．

参考文献

1) 姜　健栄：梵鐘をたずねて，アジアニュースセンター (1999).
2) 眞鍋孝志：梵鐘遍歴，ビジネス教育出版社 (2002).
3) 坪井良平：新訂梵鐘と古文化，ビジネス教育出版社 (1993).
4) 坪井良平：朝鮮鐘，角川書店 (1974).
5) 香取忠彦：韓国の美術鋳物，総合鋳物 (1979-9) p.17.
6) 坪井良平：梵鐘，学生社 (1976).

7章　韓国鐘をつくる

7.1　はじめに

　これまで，日本における鋳造の伝統技法「惣型」による梵鐘づくりを取材し，さらに，慶長時代以前の梵鐘について，それぞれの角度から見た梵鐘について紹介して来た．古鐘について調べていくと，どうしても中国や朝鮮半島の鐘へといきつく．そこで，国内にある中国鐘，朝鮮鐘についての紹介記事も記した．

　そして，次は中国や韓国の鐘ならびに梵鐘づくりはどうなっているのかとなるが，国内を訪ね歩くようにはいかず，特に梵鐘の製作現場となると非常に難しい．しかし，筆者は韓国の梵鐘トップメーカー「聖鐘社」の工場を見学する機会を得た．このメーカーの特徴は，大物の梵鐘を手がけていること，従来の梵鐘づくりの惣型から社運をかけて有機自硬性鋳型への転換を図ったこと，さらに朝鮮鐘の蝋型技法を復元させたことである．そこにいきつくまでには長い年月と数々の失敗を重ねて，やっとつくり上げた技術である．そのため，製造のノウハウの流出を防ぐ意味からも，工場見学はほとんど断っていたそうである．筆者の取材も，ノウハウの公表につながるため，最初は難色を示されたが，鐘づくりの新しい姿を紹介するということで工場見学およびその公表の了解を得た．

　以下，その製作法および製品について記す．なお，すべてを見せていただいたわけではないので，筆者の推測もかなり含まれていることをご了承願いたい．

7.2　背　景

　韓国の梵鐘づくりの技術は一度途絶えてしまった．梵鐘づくりの再開では，韓国国内に梵鐘づくりに関する文献がほとんど残っていないため，日本の惣型技術を取り入れて，近年，梵鐘づくりが行われるようになった．そのため，韓国国内にある大小10社ほどの梵鐘メーカーは，日本と同様な惣型による梵鐘づくりが行われていた．しかし，ここで紹介する聖鐘社は，従来の惣型による梵鐘づくりを捨て，現代技術を取り入れて有機自硬性鋳型に変えた．

　聖鐘社は，韓国の梵鐘トップメーカー3社の内の一つで，つい最近まで図7.1に示すような引き型で造型を行っていた．そして，鐘身の文様は，図7.2のような各部の模型を鋳型に埋め込み写し取っていた．しかし聖鐘社は，従来の技法による朝鮮鐘の精緻で華麗な文様を表現することや，大物の梵鐘の品質向上，さらに将来の後継者育成などを考えると，それまでの惣型での造型法に限界を感じ，現代技術による有

図7.1　引き型による中子の造型（聖鐘社 会社案内）

機自硬性鋳型への転換を決意した．

有機自硬性鋳型は，惣型に比べて強度がはるかに高いため，模型に表した文様を正確に写し取ることができ，また，溶けた金属を流し込んだときの溶湯エネルギーによる鋳型の破損なども著しく減少できる．鋳型強度の向上により鋳造欠陥の発生率の低減は，仕上げるときのそれらの修正に要する時間を著しく減らすことができる．特に，聖鐘社のように10トンあるいは20トンのような大物の鐘をつくる場合，この影響は大きい．

有機自硬性鋳型による大きなメリットは，品質の向上ばかりでなく，適切な模型を製作すれば惣型のような特殊な技能を必要とせず，作業性も著しく向上することである．砂の強度が著しく向上したことにより，溶湯の熱と圧力による鋳型壁の移動がなくなり，その結果，金属も緻密になり，鐘の音色も澄んだ音になったのではないかと推察する．反面，金属が固まるときの凝固収縮によるき裂対策などに苦労したのではないだろうか．

図7.2 下帯部分の文様を写し取った鋳型と模型（聖鐘社 会社案内）

7.3 模型製作

有機自硬性鋳型に変えることにより大きなメリットがあるにもかかわらず他の鋳造メーカーが従来の方法にこだわるのは，模型に要する費用が桁違いに上昇するためである．惣型による引き型では，図7.1のように鐘断面の形状の板があればできる．惣型の砂は粘土と水による湿態強度があり，砂をある程度積み上げても崩れないため，引き型の板で掻きながら鋳型の形状をつくることができる．しかし，有機自硬性鋳型の砂は，惣型と異なり，湿態強度がなく，流動性がよいため，砂を積み上げることができない．また，砂の硬化速度が速いため，模型は図7.3に示すような，つくろうとする鐘と同じ形状の模型（原型）を必要とする．これは，外周面を形づくる外型の模型であるが，このほかに，鐘の中空部をつくる中子の模型も必要となる〔図7.4（a）の手前〕．

模型を現型でつくる場合，鋳物の価格より模型の方が高くなることが往々にしてある．依頼者にすれば，欲しいのは鋳物であり，模型の費用が高くなったから価格を上げてもらいたいなどと話しても到底納得は得られない．当然，価格は据え置きとなるので，模型はいかに安く，そして砂を込めても変形せず，いかに鋳型をつくりやすい構造にするかが大きな課題である．

図7.3 小型の鐘の模型（バックアップの型は3分割であるが，模型には分割面がなく一体にできている）

(a) 中子のガス抜きをよくするための芯金に荒縄を巻く作業

(b) より小さな鐘の中子の芯金にはダンボールを巻く

図7.4　中子の造型の段取り

どんなに工夫をしても模型の価格の上昇は避けられないので，あとは鋳物の製作日数を短縮し，品質のよいものをつくり，手直しに要する時間をなくし，模型と鋳物の費用の合計で従来どおりの価格以下に抑えなければならない．試行錯誤の結果，模型の材質はFRP（ガラス繊維強化プラスチック）とし，分割構造に決定した．ここにいきつくまでの時間と費用は莫大なもので，幸い開発当時の好景気に支えられ何とか乗り切ったそうである．造型に使用する模型はノウハウの流出防止もあり，工場内ですべて製作している．

7.3.1　大物の鐘の場合

この工場では，5トンから20トンを超えるような大物の鐘をつくるのを得意としている．このような場合，外型の模型は，図7.5や図7.6のように鐘の大きさや文様に応じて4分割から8分割にし，これらを組み合わせて用いる．図7.5は，文様が一定の標準型や注文者との取決めで

図7.5　外型の模型（標準型，一品もの）

図7.6　外型の模型（文様交換型）

図7.7 文様交換型用の乳郭部の模型（大型の鐘の乳郭部の模型のため，1/4に分割されている）

図7.8 重量30トンの鐘の模型（上帯，乳郭，乳，天人，撞座，銘，下帯の文様は製作中）

注文数以外つくらない場合に用いられる．図7.6は，撞座，上帯，下帯，天人などの文様を注文者の要望に応じて変えられるようにしたもので，図7.7のような各文様を取り付けられるようにした．図7.8は，重量30トンの鐘の外型の模型を組んだところで，これから各部の文様が取り付けられる．

文様製作はデザイナーが行う．標準の型を用いる場合は，各部の模型だけつくって標準型にはめ込んで使用する．それ以外，あるいは標準型の模型のつくり方について，以下，推測も交えながら紹介をする．

まず，現物と同じ模型をつくる（図7.9の左側）．その周囲にFRPを塗り，模型の形状および文様を写し取る．FRPが硬化後，切込みを入れて模型からはがし取り，それを元の形にする（図7.10）．

図7.9 大物の鐘用の模型（手前は外型の模型をつくるための模型．後方は中子の模型）

図7.10 大物の鐘の外型の模型をつくっているところ（下から右側はFRPを塗り終え硬化している．下のものは塗り終えたばかりで，左側はこれから塗るところ）

この内面にFRPを塗り外型の模型をつくる．図7.10の下側は，FRPを塗り終えた状態でこれをはがすと，図7.5のようになる．それぞれを内側でボルトにより固定すると現物と同じ模型ができ上がるが，最初につくった模型と異なるのは，ボルトを外せば内側に模型をはずせる構造にしたことである．

中子の模型は，中子の鋳型と同じ形状の模型をつくり，後は外型の模型づくりと同様にFRPを塗り重ね中子の模型にしたと思う．それを組んだ状態が図7.9の右側である．図7.9のように，高さが2mを超えるような中子の模型に砂を込めると模型が変形してしまう．そこで，砂を込めたときの変形を防止するために数多くの補強がなされている．

7.3.2 小型の鐘の場合

小型の鐘の模型は，中子については大物の鐘と同様で，補強がないだけである〔図7.4(a)の手前〕．しかし，外型の模型は分割しないで一体につくり，分割面のバリの発生を避け，バリの部分の仕上げの手間を省いている．構造としては，図7.10の状態で全周にFRPを塗り，形状，文様を一体で写し取る．このとき，模型が変形できるように調整する．そして，その上に，大物のときと同様に分割できるようにしたバックアップの型をFRPでつくる．そうしてできたのが図7.3の模型である．

7.3.3 龍頭の部分

韓国鐘の龍頭および甬は，特有の複雑な形状をしているため，日本の鐘のように模型を木型でつくると鋳型に写しとることができない．これも推測であるが，龍頭と甬の形状の模型を石膏などでつくり，それをシリコンゴムで写し取る．模型からシリコンゴムをはがし，それを補強して，その中に蝋を流し込み，模型と同じ龍頭と甬の形状とする．蝋の型を壊さないように，シリコンゴムをはがし，模型の形状を蝋に置き換える．

7.4 造型作業

7.4.1 小型の鐘

外型の造型は，図7.3の模型に金枠を置き，その中に砂を込め，砂が硬化したら模型を抜き取る．砂の硬化後，模型のバックアップの型が3分割にできるようにボルトで固定されているので，これをはずして型をそれぞれ内側に抜き取る．その後，鐘の文様のFRPの型を内側に抜き取り，外型の鋳型は完成する．

中子は中心部を中空にして，金属を鋳込んだときに鋳型から発生するガスを鋳型の外に抜けやすくする．小さなものは，図7.4(b)のように，ダンボールを巻いてテープで固定するだけでよい．少し大きくなるとガスの発生量も多くなるので，図7.4(a)のように芯金のまわりに荒縄を巻く．そして，図7.4(a)の手前の模型を反転し，芯金を中に入れて，そのすき間に砂を込める．中子の模型も，図7.4(b)に見られるように模型は3分割にすることができ，ボルトで固定する．中子の鋳型は，このボルトを緩めれば簡単に取り出すことができる．

7.4.2 大物の場合

大物の鐘の造型も基本的には変わらないが，鋳型を吊り上げたときに金枠から鋳型が落ちないような工夫が行われる．

7.4.3 龍頭および甬

蝋で現物と同じようにした龍頭および甬の型の周囲に泥状の耐火材料（スラリー）をコーティ

178   7章　韓国鐘をつくる

図7.11　蝋でできた龍頭，甬にスラリーをかけて硬化した状態（甬は中空でできている）

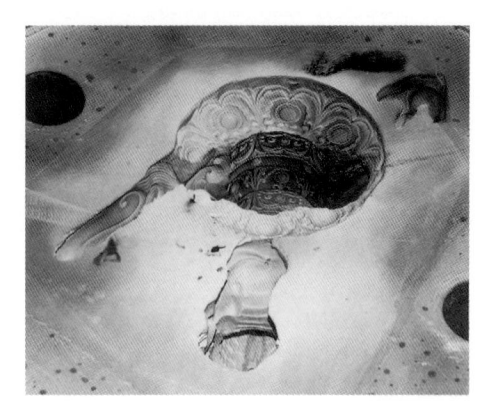

図7.12　龍頭，甬を溶かし出し，鋳型に納めた状態

ングする（図7.11）．乾燥後，これを加熱して中の蝋を流し出せば，薄い耐火物の型ができる．これを金枠に入れて砂を込めれば，龍頭および甬の上型の鋳型が完成する（図7.12，図7.13）．

7.5　型被せ

鋳型ができたら，溶湯と触れ合う鋳型表面に塗型材を塗る．塗型材は，鋳込んだ金属の熱から鋳型を保護し，同時に鋳物表面の鋳肌を滑らかにするために塗る．ここでは，黒鉛系の塗型材が使われていた．

最初に中子をピットに据える（図7.14）．次に，外

図7.13　龍頭，甬部が納まった上型

図7.14　中子の鋳型をピット内に据えた状態

図7.15　外型の鋳型を吊り上げた状態

図7.16 塗型前の外型の内面（模型の模様がきれいに写し取られている）

図7.17 上型を据え終えて，甬の中子を固定しているところ

図7.18 甬の中空部分に入れる中子

型の鋳型を中子とのすき間を確認しながら据える．なお，ピットは大物用に深さが5mを超えるようなものもある．図7.15は塗型前の外型の鋳型を吊り上げたところで，図7.16はその内面を示す．模型の模様がきれいに写し取られているのがわかる．次に，図7.13の鋳型をその上に据える（図7.17）．図7.18の甬の中子を図7.17に示したように取り付け，それが倒れないように丸棒を用いて鋳型に溶接で固定する．そして，掛堰（かけぜき）を取り付ける．最後に，鋳型が溶湯の浮力で上げられないように金枠を固定し，型被せは終了する．

7.6 溶解・鋳込み作業

溶解は，るつぼ炉で行っている（図7.19）．以前，石炭を燃料として使っていたが，作業性と作業環境が悪いため燃料を重油に変更した．炉本体は，そのときのものを流用している．るつぼは溶解が終了すると炉から取り出し，るつぼ内の清掃とき裂などの異常がないかを確認する（図7.20）．この炉は可搬式で，溶解量に応じて溶解ピットに炉を並べて溶解する．現在進行中の大型梵鐘の重量は30トンもあり，現在の溶解ピットでは炉が収まらないため，新規に溶解用の建屋を建設中である．

図7.19 溶解炉（重油を燃料としたるつぼ炉．以前は石炭を燃料として使用していたものを流用．1回に2.5トン溶解できる）

図7.20 るつぼ（溶解後，るつぼは炉から出して滓などの除去と破損箇所がないかを点検する）

図7.21 溶解炉はピットからクレーンで吊り上げ中の溶湯を取鍋にあける

　銅合金鋳物の製造に使用される原材料は，通常，価格も安く，形状も一定なことから合金地金を購入して使用する．しかし，合金地金は市中からのくず地金を原料とするため，微量の不純物を混入している．それが鋳造欠陥の原因になったり，鐘の音色に影響を及ぼすことがある．そこで，この工場では，純地金を配合して一度溶解してインゴットにしたものを再溶解して用いている（図7.21）．鐘は，姿，形を美しくつくるのと同時に，音色も重要である．そのため，溶解材料の成分のみならず微量の不純物に対しても注意を払っている．

　溶解金属が所定の温度に達すると，溶解炉を吊り上げて溶湯を取鍋に移し変える．その後，脱ガス，脱酸処理を行ってから鋳込みを行う．

　掛堰に流し込まれた溶湯は，鐘の鋳型とは別につくられた湯道を通り，鐘の下の方から鋳型内に溶湯が充満していく（図7.22）．図7.23のように，押湯から溶湯があふれ出るまで溶湯を流

図7.22 鋳込み作業（掛堰に溶湯を入れ，湯道を通って鐘の下から鋳込まれる．取鍋内に5トンの溶湯，鐘の重量は4トン）

図7.23 鋳込み終了（押湯から溶湯があふれ出た状態）

し込む．この取鍋には，5トンの溶湯が入っているが，これより大きな鐘を鋳込む場合は大きな取鍋を用いるか，取鍋の数を増やして行う．

図7.24は，5トン取鍋を4個同時にクレーンで吊り上げられるような治具を使い鋳込みを行ったときの写真である．通常，梵鐘の鋳込みは溶湯を鋳型の上部から流し込む．それを鋳型の下部の方から流し込むのは，溶湯の落下エネルギーによる鋳型の損傷を防止するためと思われる．その溶湯を鋳型内へ導く湯道を専用の鋳型を用いているが，工夫の跡が見られる．

図7.24　5トン取鍋を4個同時に吊り上げ鋳込みを行っている様子（聖鐘社 会社案内）

7.7　蝋型の復元

有機自硬性鋳型の転換に成功すると，次に朝鮮鐘の伝統技法の蝋型による造型に取り組んだ．そして，蝋型の技術も復活させ，朝鮮鐘の持つ優美な形態と華麗な文様をみごとに表現できるようにした．

先にも述べたように，韓国には梵鐘に関する文献がほとんど残っていない．そのため，朝鮮鐘の蝋型技法の復元にも，聖鐘社の社長の元 光植氏は非常に苦労をされたそうである．過去を知る文献として参照したのは，中国の明の時代，倭寇が中国の沿岸を荒らしていた頃に書かれた技術書『天工開物[1]』の鐘の項しかなかったそうである．あとは，現代の高性能と高信頼性が要求される航空宇宙産業などで使われている蝋型法の「インベストメント法」をもとに試行錯誤を

図7.25　蝋型の修正を行っている元光植社長（人間文化財第112号の認定を受けたときのポスター）

図7.26　蝋型の鐘にスラリーをかけた状態（聖鐘社 会社案内）

繰り返したそうである．商業的に用いられているインベストメント法の鋳造品の多くは，重量が10 kg以下で，最大の大きさは約100 cm，重量は約120 kgである[2]．

図7.25は，社長の元 光植氏が蝋型の天人像の修正を行っているところである．写真では見づらいが，この鐘は高さが2 m近くの大梵鐘である．蝋型の復元により，さらに精美な梵鐘をつくることができるようになった．この業績が認められ，人間文化財（日本の人間国宝に相当）にも選ばれている．図7.26は，蝋型でつくられた鐘にスラリーをかけた状態である．図7.27は，蝋型でつくった鐘で龍頭や文様の細部まで精緻に表現されている．

なお，蝋型の作業風景はノウハウ流出防止のため工場とは別棟で作業は行われていて，会社内でも限られた人しか入室できず，見学はできなかった．

図7.27 蝋型でつくった鐘（文様の細部まで精緻に表現されている）

7.8 製品例

この聖鐘社は数々の大物を手がけている．図7.28はその一例である．また，古鐘のレプリカ製作にも力を入れている．図7.29は朝鮮鐘で最も古いといわれる韓国上院寺の鐘のレプリカで，

図7.28 慶北大鐘（韓国，1996年製作．高さ423 cm，口径252 cm，重量28.9トン）

図7.29 朝鮮鐘最古の鐘，上院寺の鐘のレプリカ（韓国，1997年製作．高さ167 cm，口径91 cm，重量188 kg）（聖鐘社会社案内）

図7.30の左から2番目と3番目はいずれも日本の重要文化財に指定されている光明寺（島根県）と天倫寺（島根県）の朝鮮鐘のレプリカである．また，雲樹寺（島根県）の重要文化財の朝鮮鐘のレプリカも手がけている．朝鮮半島でつくられたこれらの鐘が再び韓国でレプリカとして再生され，そして，それぞれのお寺へ送られて鐘楼でその音色を響かせている．

図7.30 朝鮮鐘のレプリカ〔左から2番目は光明寺（島根県）の鐘，3番目は天倫寺（島根県）の鐘でいずれも本物は重要文化財〕

7.9 おわりに

一度途絶えた鐘をつくる技術を日本に学び，それに現代技術を取り入れ，いまや最先端の鐘づくりをしている工場を見学することができた．韓国での鐘づくりは，国内総数で年間200個弱と日本の総数とほとんど変わらない．しかし，個々の鐘の重量が大きいので，総重量では韓国の方がかなり上回っている．筆者の見学の際に鋳込まれた鐘は約4トンのもので，工場内には4トンと5トンの鐘が出荷待ちで，さらに，30トンの鐘がこれからの作業待ちであった．

これだけの仕事をしているからこそ思い切った改善をしたと思うが，その当時は大変だったそうである．その結果，よい品物を早く，誰でもとはいかないものの，いままでのような熟練した技能者でなくても鐘をつくれるようにした．また，環境改善効果は大きく，惣型鋳型の細かい砂による粉塵の発生が著しく減少した．

従来の惣型では，主に鋳込み終了後，鋳型を壊すときに発生する粉塵が工場内を舞い，これが建物の梁の上に堆積している．惣型では，造型の最後に鋳型表面に非常に細かな鋳物砂（肌真土）で仕上げ，製品の表面をきれいに仕上げる．そのときに，この梁の上の粉塵が用いられる．それをフルイでふるうのだが，そのとき用いられるフルイはキヌブルイと称し，昔は絹糸でつくられていたほど目が細かいものである．鋳型を壊したとき，これがまた工場内を舞うという悪循環をたどる．さらに，有機自硬性鋳型を軌道にのせた後は，朝鮮鐘古来の蝋型の技術再興に多くの時間と経費をかけたそうである．その結果，龍頭，甬や各部の文様をより精緻に表現できるようになった．

聖鐘社の社長の元 光植氏はまだまだ健在で，現在も工場に週に何日かは泊まり込み，次なる課題に取り組んでいる．「韓国の鐘づくり健在なり」という印象を強く持った．この工場見学に際しては，元 光植社長，そのご子息の元 千秀氏の格別なる取り計らいにより，また，この工場見学の仲介の労を取っていただいた（株）国際リオンセンターの田村社長のお蔭で実現したことに深謝いたします．

参考文献

1) 宗 応星（薮内 清訳）：天工開物，東洋文庫130，平凡社（1974）．
2) 日本鋳物協会 編：鋳物便覧，丸善（1986）．

8章　時の鐘

8.1　はじめに

　現代社会では1分1秒の時を争い，さらに時間をどこまで正確に計測できるかが問われている．日常の生活においても，時を知る時計の役割は大きい．その時計が身近なものとなったのはそれほど古くはないが，現代に至るまでめまぐるしい進歩を遂げている．腕時計の歴史にしても，歯車，ゼンマイを巧妙に組み合わせた機械時計から始まり，水晶振動子を取り入れ，正確さを増したクゥオーツ時計（誤差は1カ月で20秒前後[1]），そして，電波腕時計（誤差10万年に1秒[1]）と，その正確さはさらに増した．それとともに，人々はますます時間に縛られてさえいるようである．

　江戸時代，庶民に時刻を知らせるのに鐘が用いられた．この「時の鐘」により，一般の人々は時間に対する観念を強く持つようになったと考えられる．時刻を知らせる「時の鐘」は，それを設置する場所により，江戸市中にあるような鐘，またお城で使われた「城鐘」，さらに寺で使われていた「寺鐘」の大きく三つに分けられる．江戸市中では町内に鐘楼がつくられた．

　以下，その時を知らせるのに用いられた江戸市中の「時の鐘」に焦点を当てて紹介をする．

8.2　「時の鐘」を撞く数

　鐘によって，人々は時刻をどのようにして知ったのか．人々は，時代劇や落語などで「明六つ」とか「暮六つ」などといわれるように，鐘を打つ数によって時刻を知ることができた．それでは，どのように鐘を撞いたのかというと，最初に「捨て鐘」といわれる時を知らせることを喚起するための鐘が撞かれた．その数は，江戸では三つ，京阪では一つと地域によって異なっていた[2]．

　時刻の捉え方は，昼と夜を6等分し，干支の12支が当てられた．昼間の始まりと終わりは日の出と日の入ではなく，夜明けと日暮れで，夏と冬では日照時間が異なった．日の出前と日の入の薄明かりは昼間とみなされた[3]．その間の時間単位を一時（いっとき）と称し，現代の約2時間に相当する．しかし，この時間単位の一時は夏と冬ではその長さが異なり，夏至の昼の一時が最も長く，逆に冬至が最も短かった．

　現代の真太陽の南中を時刻の基準とする考え方を「定時法」といい，江戸時代の時刻の捉え方を「不定時法」と呼び，表8.1のように表され[1]，以下のように要約される．

(1) 昼と夜の時間をそれぞれ区別する．
(2) 昼夜おのおのを12時間に分割する．
(3) 昼夜の始点が変動する．

　日の出を「卯」で明六つ，「辰」で五つ，「巳」で四つ，真昼を「午」で昼九つ，「未」

表8.1　江戸時代の不定時法による時刻

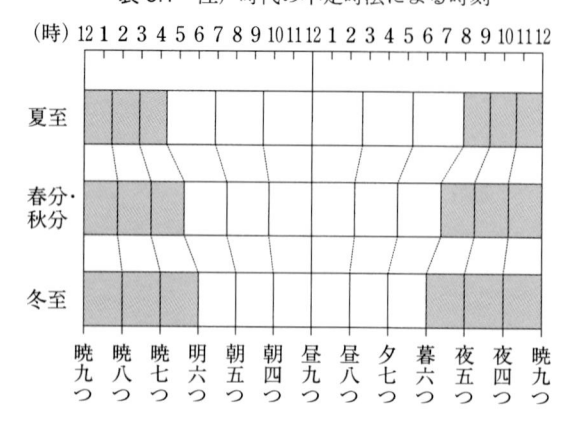

で八つ,「申」で七つ,日の入で「酉」で暮六つ,「戌」で五つ,「亥」で四つ,深夜を「子」で夜九つ,「丑」で八つ,「寅」で七つで,元に戻る.人々は時刻を捨て鐘の後に撞かれる4〜9回の鐘の音を聞いて判断していた.

8.3 江戸の「時の鐘」

　江戸の町に最初の「時の鐘」が設けられたのはいつか.これには諸説あり,「寛永3年(1626年)に本石町3丁目に鐘楼を建てて鐘を撞く」が定説のようである[5].お城では,時を知らせるのは鐘ではなく太鼓が使われた.江戸城においても太鼓が使われていたが,時の鐘とのからみで,以下のようなエピソードもある[5].

　大道寺友山『落穂集追加』享保12年(1727年)に「家康が江戸に入国したころ,城内に鐘楼堂があって6時の鐘を撞いていたが,御座所に近くやかましかったため,鐘をやめて太鼓を打たせた.しかし,秀忠の時代になって,従来鐘を聞きなれていた人々が難儀しているようなので,町内に場所を見立てて鐘を撞くようにと仰せられ,町奉行が石町(こくちょう)に鐘楼堂を造らせた」.そして,これが江戸での時の鐘の起こりとつながっていく.

　江戸の時の鐘について,天保7年(1836年)刊行の『江戸名所図会』では,石町,浅草寺,本所横川町,上野,芝切通,市谷八幡,目白不動,赤坂田町成満寺,四谷天龍寺の9箇所であった[5].その後,人口増加に伴い,居住地域の拡大などにより,先の9箇所のほかに幕府公認,未公認のものも含め西久保八幡,赤坂円通寺,深川富ケ谷八幡,巣鴨子育地蔵,品川寿昌寺,中目黒祐天寺,池上本門寺,深川永代嶋八幡宮(富岡八幡宮),市ケ谷月桂寺,目白新福寺など,多くの時の鐘が設置された[2),5),6)].江戸には鐘を備えた多くの寺院がこのほかにもあることから,これらの鐘が地域の人々の時の鐘として機能していたことは十分に考えられる.

8.3.1 石町の時の鐘(日本橋本石町)

　石町の時の鐘は,江戸の町内に鐘楼をつくり,江戸城にあった鐘楼堂の鐘を納めた江戸時代最初の時の鐘である.17世紀初期,この鐘は,江戸城内の鼓楼の音を受けて撞かれていた[5].その後,3度の火災に遭い破損したので,宝永8年(1712年)に新しく鋳造された.火災で鐘が破損し,改鋳されるまでは,江戸城西の丸の鐘を借り受けて時の鐘を鳴らしていた[7].

　本来は日本銀行本店のところにあったが,関東大震災や火災により何回か炎につつまれ,現在は昭和5年(1930年)に新しい鐘楼が中央区日本橋小伝馬町の十思公園内に建てられ,そこに納まっている.図8.1に見られるように,現在の鐘楼は,江戸時代の時の鐘とは不つり合いの近代的な建物である.このような建物にしたのは何度も火災に遭っているからであろうが,当時の鐘楼を再現した建物であったならば,さらに多くの人々に親まれたと思う.この鐘は,口径93cm,総高170cmで,この鐘のレプリカが江戸東京博物館に展示されている(図8.2).

図8.1　石町の時の鐘(十思公園内)

図8.2 石町の時の鐘のレプリカ（江戸東京博物館）

なお，この公園には小伝馬町牢屋敷跡や吉田松陰の石碑も建っている．安政の大獄で捕らえられた吉田松陰も，この牢屋敷に入れられた後，安政6年（1859年）に処刑された．

8.3.2 上野の時の鐘（台東区上野公園）

上野の時の鐘は，不忍池のほとりにある精養軒脇の小高い丘の上にある（図8.3）．丘の周囲は樹木で覆われているため，精養軒と台東区教育委員会の説明板を目印に探さないと，上野公園の人の流れで鐘撞堂をつい見落としてしまう．

最初の鐘は寛文6年（1666年）につくられたが，現在のものは天明7年（1787年）につくり直されたものである．鐘は口径116cm，総高212cmの大きさで，現在も朝夕6時と正午の3回撞かれている．

この鐘が都心にありながらも，現在も撞かれ，その音色が人々に受け入れられているのは立地条件に恵まれていることによる．鐘楼は広大な上野公園の小高い丘の上にあり，傍らには大きな不忍池がある．そのため，都心の真中にありながら，比較的鐘の音も響き渡る．公園を訪れる人々は，日常のあわただしさを忘れ，気持ちにもゆとりが生まれ，鐘の音色を風情として受け入れる余裕ができる．その結果，「日本の音風景100選」に選ばれたと思われる．

8.3.3 浅草寺の時の鐘（台東区浅草）

浅草寺の時の鐘は，雷門で有名な浅草寺の仁王門を過ぎ，右手にある小高い丘（弁天山）の弁天堂の傍らにある．鐘は元禄5年（1692年）につくられたもので，口径152cm，総高212cmである．昭和20年（1945年）3月の東京大空襲で鐘楼は焼け落ちたが，鐘は無事だった．昭和25年（1950年），鐘楼が再建され，鐘が懸けられ現在に至っている（図8.4）．鐘は毎朝6時に撞かれている．

図8.3 上野の時の鐘（上野公園）

図8.4 浅草寺の時の鐘

上野と浅草の鐘は，「花の雲鐘は上野か浅草か」という松尾芭蕉の句でよく知られている．しかし，この俳句が詠まれたのが貞亨4年（1687年）で，鐘の製作時期と合わないともいわれている[7]．また，鐘の音色について，香取秀眞氏は「浅草の鐘は新内の如く，上野の鐘は謡曲の如し」と評している[8]．ちなみに，新内は浄瑠璃の流派の一つで，心中や駆け落ち物を主とした男女の人情の機微を語り，謡曲は能の中で歌われる曲である．

この鐘を元禄5年に改鋳した際，五代将軍 徳川綱吉の御用人であった牧野成貞が寄進した黄金200両も一緒に溶かして鋳込まれたといわれている．これは，鐘の音色をよくするためといわれているが，もし事実なら，音響学的には逆効果のようである[9]．現代の鋳金工芸家の中には，作品の発色効果を増すことを目的に溶湯に金を添加する人がいると聞くが，その効果の程はわからない．

8.3.4 四谷天龍寺の時の鐘（新宿区新宿）

天龍寺は，新宿駅から500m位のビジネス街のビルの谷間にある．お堂は，近年建て替えられたものであるが，門は昔ながらの立派なつくりで，大都心に時間を超越したように存在している．鐘楼堂は山門を入って右側にある（図8.5）．

最初の鐘は元禄13年（1700年）につくられ，現在のものは明和4年（1767年）につくり直された3代目で，口径85cm，総高150cmのものである．この鐘も，先の牧野成貞が一般の人から募った金銀を溶湯に溶かしたものを鋳込んだといわれている．

8.3.5 本所横川町の時の鐘（墨田区緑）

この鐘は，本所横川が日光東照宮の修築作業に必要な材木置場として使われた際，時を知らせる鐘として寛永11～13年（1634～1636年）につくられたものと考えられている[7]．

本所横川の時の鐘は，大横川に架かる北辻橋西側にあったが，いまは何もなく，橋の上に小さな鐘撞堂のモンュメント（図8.6）があるだけである．また，この橋の西側に時の鐘があったことから，この橋は撞木橋といわれ，本所横川の時の鐘の名をかろうじて止めている．

8.3.6 芝切通の時の鐘（港区芝公園）

芝切通は，芝増上寺の飛び地境内に属していたものと考えられている[2]．そして，元和5年（1619

図8.5 四谷天竜寺の時の鐘　　　　　図8.6 本所横川の時の鐘のモニュメント

図8.7　市谷八幡の時の鐘（江戸名所図会）

図8.8　市谷八幡の鳥居（高さ4.6mの銅製）

年）に，この地に鐘楼が建てられたとあるが，これは江戸で最初の時の鐘といわれる日本橋石町の鐘より7年も前になる[7]．時の鐘があったのは現在の芝公園あたりであるが，いまは当時の面影を偲ばせるものは何も見当たらない．

8.3.7　市谷八幡の時の鐘（新宿区市谷八幡町）

市谷八幡は「亀ケ丘八幡宮」ともいわれた．文明10年（1478年）太田道灌が江戸城の鎮守として鎌倉鶴ケ岡八幡宮を勘定したのが始まりで，寛永年間（1624～1643年）にこの地に建立した[6]．

市谷八幡はJR市ケ谷駅前の外堀を越えた小高い丘の上にあるが，時の鐘はない．周囲はオフィス街ではあるが，正面は外堀そして皇居へと続き，見晴らしのよいところである．ここで撞かれた鐘の音は，遠く江戸城の方まで響き渡ったと容易に想像ができるような場所である．鐘は明治初年の神仏分離の際に撤去され，その姿を見ることはできない[2]．

図8.7は，その当時の描写である[6]．この絵の鳥居のそばに鐘楼が見えるが，鐘の音は遠くまで響き渡った様子がうかがえる．また，図8.8は文化元年（1804年）に建立された鳥居で，銅製の鋳物でつくられている．この絵が編纂されたのが1800～1843年なので，この絵に描かれているものと考えられる．この界隈は，当時も華やかな土地であったことがわかる．

8.3.8　目白不動の時の鐘（豊島区関口）

目白不動の時の鐘は，江戸川公園近くに新長谷寺（目白不動尊）の境内にあった[6]．この寺は，元和4年（1618年）に建立され，明治時代は鐘楼とともにその存在が確認されているが，その後は不明で廃寺となっている．

8.3.9 赤坂田町成満寺の時の鐘（港区赤坂）

赤坂の時の鐘は，いまの赤坂見附駅あたりにあったが，この界隈は高層ビルや飲食店街が建ち並び，江戸の時の鐘を捜し求めるなど場違いな様相を呈している．

赤坂の時の鐘は寛永2年（1625年）に建立された円通寺のものが最初で，天和3年（1683年）に鋳造された鐘が用いられた．その後，大火で焼失し，延亭5年（1748年）からは成満寺で鋳造された鐘がその役を引き継いだ．しかしその後，天明元年（1781年）に鐘楼堂は大破してしまい，その後の火災で廃寺となる[6]．

8.3.10 西久保八幡の時の鐘（港区虎ノ門）

西久保八幡は，度重なる火災や戦災により建物や宝物，記録などを焼失し，当時の面影はない．わずかに江戸名所図会にその姿を残すのみである．

8.3.11 赤坂円通寺深川富ヶ谷八幡の時の鐘（港区赤坂3丁目）

赤坂円通寺は，TBSテレビの北側にある円通寺坂上にある．円通寺の時の鐘は通称「迷い鐘」といわれた．現在，鐘楼に懸かる鐘は平成6年（1994年）に完成したものである．

8.3.12 巣鴨子育稲荷の時の鐘（文京区千石）

巣鴨子育稲荷の時の鐘は，巣鴨駅からおばあさんの原宿として知られる「とげぬき地蔵」とは反対方向にある．現在は，大鳥神社の鳥居の脇に小さな社があるだけで，時の鐘はない．この稲荷は貞亨5年（1688年）に祀られ，宝永5年（1755年）に鋳造された鐘を明治の初め頃まで撞いていた．

8.3.13 品川寿昌寺の時の鐘（品川区東五反田）

寿昌寺は，五反田駅と品川駅の中間あたりの清泉女子大学近くにある．そこは，周囲より小高い岡の上で，時の鐘が撞かれていたのも納得できる場所である．しかし，現在の寿昌寺には既に鐘はない．

この寺は，正保2年（1645年）に深川新田町にあったものが移転され，寛保3年（1743年）につくられた鐘が時の鐘として撞かれていた．

8.3.14 中目黒祐天寺の時の鐘（目黒区中目黒）

祐天寺は祐天寺駅からほど近いところにある．近くには目黒不動尊もあり，当時からにぎやかなところであった[10]．この鐘は，口径100 cm，総高192 cmで，享保14年（1729年）から時の鐘として撞かれ，現在も時を知らせる鐘として撞かれている（図8.9）．鐘の銘には享保13年（1728年）と記されている．なお，この鐘は寺の敷地内で鋳造が行われたことが知られている[7]．

現在も時の鐘として正午に撞かれているが，その撞き方が変わっている．最初に捨て鐘を2回，そしてその時の時刻の数だけ鐘が撞かれ，さらに捨て鐘が1回撞かれる．前後の捨て鐘は，時刻を知らせる鐘の音より幾分弱く撞かれる．明治時代に時刻が不定時法から定時法に変わったときから行われているようである[6]が，江戸時代の時の鐘からの名残かどうかは定かではない．

図8.9　目黒祐天寺の時の鐘

8.3.15 池上本門寺の時の鐘（大田区池上）

池上本門寺は小高い丘の上にある．境内には鐘が二つあり，一つは戦後につくられたものである．もう一方は正保4年（1647年）に寄進され，その後，正徳4年（1714年）に改鋳された口径170cm，総高225cmの大鐘である．これは，第二次世界大戦で鐘楼が焼失した際，き裂とひずみを生じ，現在は台座に置かれている（図8.10）．同じく戦災で焼失した鐘もあり，いずれが時の鐘であるかは不明である．

8.3.16 深川永大嶋八幡宮の時の鐘（江東区富岡）

深川永大嶋八幡宮は「富岡八幡宮」として知られる．鐘は元禄4年（1691年）に鋳造されたが，この鐘についての詳細は不明である．

8.3.17 市ヶ谷月桂寺の時の鐘（新宿区市ヶ谷）

月桂寺の鐘は元禄3年（1690年）に鋳造されたが，その後焼失し，現在のものは明治14年（1881年）ものである．現在も1日に1回撞かれている．

図8.10 池上本門寺の鐘

8.3.18 目白新福寺の時の鐘（文京区白山）

新福寺は，茨城県結城市から慶長13年（1608年）に江戸に出てきて，所在を変えながら寛文8年（1668年）に現在の地に移ってきた[2]．この寺の時の鐘についての詳細は不明である．

8.4 川越の「時の鐘」

本節では，城下町として栄え，小江戸と呼ばれた埼玉県川越市の「時の鐘」について記す．川越の時の鐘は，川越10カ町の中心に寛永年間（1624〜1644年）に創建され，承応2年（1653年）に再建されたものである（図8.11）．鐘楼は，火の見櫓形式で5丈3尺5寸（16.2m）と非常に高い．現在の鐘楼および鐘は明治26年（1893年）の川越の大火で焼失，破損したため，翌年につくり直された．なお，川越は「蔵造りの町」として知られているが，これは，この大火に耐えて焼け残った土蔵に着目し，町を再建するときに家屋を土蔵造りとしたものである．

小江戸と称される川越の地に，江戸にもないような16mにも及ぶ鐘楼が建てられたのはなぜなのだろうか．このように高いところから撞かれた鐘の音は，遠くまで響くことは間違いないが，それだけの理由からではない．恐らく，前年の川越の大火で焼失したものがあまりにも甚大だったため，火の見櫓の機能も併せ持たせたと考えられる．どちらかというと，火の見櫓が主目的で，時の鐘は庶民に利便をはかったのではないかと推察される．

図8.11 川越の時の鐘（鐘は電動式で，タイマで制御されている）

現在，鐘は小型コンピュータを内蔵した電動式で，午前9時，正午，午後3時，午後6時に自動的に1日に4回ずつ撞かれている．これは昭和50年（1975年）からで，昭和の初め頃は午前6時から午後10時まで，1時間ごとに人の手で撞かれていた．この鐘の音色は「日本の音風景100選」に選ばれている．

8.5 わが国の時計

日本に初めて機械式の時計がもたらされたのは室町時代の1551年といわれている[1]．現存する日本最古の時計は，静岡県久能山東照宮に保存されているスペイン国王から徳川家康に送られたものである．その後，海外からもたらされた時計を改良しながら，日本でも和時計（不定時法時計）と称されるものがつくられた．この時計が海外からもたらされた時計と大きく異なるのは，その当時用いていた時刻制度の不定時法，すなわち時間単位の一時は季節とともに変わるが，それに対応するように日本の職人の手によって様々な改良が行われた．

不定時法に対応する機械時計は世界に和時計しかない[11]．和時計の製作にはカラクリの技術が使われ，弾性を求められるゼンマイの機能部は鯨のひげが使われている．明治5年（1872年）の改暦で定時法が採用されると，安価な西洋式機械時計が大量に輸入され，和時計はその姿を消した[1]．参考までに，ヨーロッパで機械時計が出現したのは13世紀末頃といわれ，1360年につくられた塔時計がパリに現存している．この時計は，近代的な機械時計の要素をすべて備えている[3]．

8.6 韓国・中国の「時の鐘」

韓国や中国における「時の鐘」はどのようなものか．韓国，中国では，日本よりはるかに大きな鐘が用いられていた．韓国では，ソウルの地下鉄「鐘閣駅」の駅前にある普信閣（図8.12）が，その大きな鐘楼とともに知られている．鐘は，1395年につくられたもので，現在はソウルの国立中央博物館に展示され，鐘楼に懸かるのはレプリカである．鐘楼は李朝時代につくられたが，朝鮮戦争で焼失し，現在のものは1977年に再建されたもの

図8.12 ソウル地下鉄「鐘閣駅」前に建つ普信閣

図8.13 鼓楼から見た鐘楼（屋根の下のアーチ状の所に人が見えるが，その後ろに「北京鐘楼永楽大鐘」がある）

図8.14　鐘楼から見た鼓楼

図8.15　鼓楼にある「銅刻漏」の復元品（四つの銅の容器からなり，15分ごとに手前のシンバルが8回たたかれる）

である．

　中国ではさらに大きく，2章の「三大鐘」の中でも紹介した北京の鐘楼（図8.13）が，それと向かい合うように建つ鼓楼（図8.14）とともに知られている．鐘楼は，元の至元9年（1272年）に建てられ，現在のものは清の乾隆10年（1745年）に再建されたもので，高さが47.9 mある．この中に高さ702 cm，口径340 cm，重量約63トンの「北京鐘楼永楽大鐘」が吊り下げられ，1924年までは毎晩7時頃に鐘が撞かれていた．

　鼓楼も元の至元9年（1272年）に建てられ，現在のものは明の永楽18年（1420年）に再建されたもので，高さが46.7 mある．この中に時を告げる太鼓とともに銅製の水時計〔銅刻漏（図8.15）〕が置かれていた．人々に時を知らせる鼓楼は各省各県にそれぞれ一つ置かれ，初更（午後7時）に太鼓を打って時を知らせた．北京の鼓楼はその中でもはるかに大きいため，鼓楼がポツリと建っているのは寂しかろうということで，皇帝の命令で鐘楼が建てられたといわれている[12]．

8.7　おわりに

　本章では，江戸の時の鐘を中心に紹介した．時の鐘が設置された当時の江戸は，高層ビルもなく，関東平野の平らなところに庶民の家並みがあるだけで，これまでに紹介してきたような小高い丘の上や石を積み上げた上に建てられた鐘楼堂から撞く鐘の音でも周囲に十分響き渡ったのであろう．なにより，現代の東京のような都会の喧騒とは縁がなかった世の中である．

　なお，東京における時の鐘は明治4年に廃止され，明治5年には暦が改められた．それまでの太陰暦と太陽暦とを折衷した太陰太陽暦から，現在用いられている太陽暦の採用となった．

　時計の進歩とともに1分1秒を正確に知ることができるようになった現代社会は，それと引き換えに大人たちに時間的な余裕がなくなったように感じる．そして，子供たちも同じように時間に対してゆとりがなくなってしまったようである．それがストレスを生み，ささいなことから予期せぬ行動を引き起こしているように思える．たまには意識して，鐘の音や自然のうつろいに時を費やすのもよいと思う．無駄なようで大事なことではないだろうか．

　現代社会では，「時は金なり」と1分1秒を争うように生活をしている．時には，「時は鐘鳴り」

の世界にタイムスリップできたら，ストレスも癒すことができ，ゆとりを持った生活ができるのではないかと妄想を抱いてさえいる．しかし，いざそのような世界に放り出されたなら，時間を持て余して絶えられなくなるだろうとも思う．

参考文献

1) 吉岡安之：暦の雑学事典，日本実業出版社(1999).
2) 斉藤幸雄：江戸名所図会一，新典社(1979).
3) 小田幸子：「和時計の技術と系譜」，たばこと塩の博物館研究紀要『江戸のメカニズム』, **3**(1989) p.17.
4) 山口隆二：時計，岩波新書(1990).
5) 坂内誠一：江戸最初の時の鐘物語，流通経済大学(1999).
6) 川田 壽：続江戸名所図会を読む，東京堂出版(1995).
7) 吉村 弘：大江戸時の鐘音歩記，春秋社(2002).
8) 香取秀眞：金工史談，桜書房(1941).
9) 青木一郎：鐘の話，弘文堂(1948).
10) 斉藤幸雄：江戸名所図会三，新典社(1979).
11) 菊竹清訓：江戸東京博物館，鹿島出版会(1989).
12) 村松一弥訳：北京の伝説―中国の口承文芸4，東洋文庫287，平凡社(1976).

9章 半鐘

9.1 はじめに

　半鐘は，本来，寺院または陣営において合図に打ち鳴らす用具として用いられた．その後，火災や自然災害など，人々に緊急事態を伝える道具として使われるようになる．昔は，各町内，部落ごとに高さ10mほどの「火の見櫓」が置かれ，櫓の上から火災発見の見張りを行ったり，火災や自然災害発生時には，櫓の上に取り付けられた半鐘を打ち鳴らし，災害の発生を住民に知らせる重要な役目を担っていた．その後，半鐘はサイレンに変わり，さらに，都心では建築物の高層化に伴い火の見櫓の運用も休止してしまった．

　本章では，この半鐘について述べる．

9.2 梵鐘と半鐘（喚鐘）

　半鐘は，梵鐘に対して小さな鐘を指すことはおおよその検討がつくが，どのくらいの大きさをいうのだろうか．梵鐘メーカーでは，口径1尺8寸（約55cm）以上を梵鐘といい，それより小さいものを半鐘または喚鐘と称している．通常，半鐘は，直径が30cm位で高さ50〜60cmのものが多い．梵鐘をそっくり小さくして龍頭や乳を配したものは，梵鐘と全く同じように引き型を用いてつくられる．龍頭の部分を単純形状の鐶とし，乳のような突起物をなくした簡易な形状のものは，木型を用いてつくられる．木型を用いてつくれる形状であれば，大量に早く，安くつくることができる．

　梵鐘は，寺院の鐘楼に吊るし，撞木で撞かれ，大衆を集める合図や時報として用いられる．そして，その響きは，大衆が地獄への迷いを覚まし，極楽世界に往生できるように導くといわれている．それに対して半鐘（または喚鐘）は，木ハンマのようなT字型の撞木で鳴らされる．近年では，火災や自然災害発生時に使われるようなことは少なくなったが，寺院やお茶の席で人を集めたり，行事を行う際の合図に使われている．そのため，鐘の音色も遠くまで響き渡るような音よりも，梵鐘のように余韻のある音色が好まれ，製作者も鐘の厚みや金属の配合に工夫を凝らしている．

　実用上では，梵鐘と半鐘（喚鐘）の明確な分類はない．図9.1は，神奈川県鎌倉市円覚寺の仏殿軒下に吊り下げられた鐘で，口径が約69cmある．この鐘は，仏殿で僧侶が経を唱えるときに経に合わせて喚鐘として撞かれる．また，鐘を撞くときは梵鐘と同じように棕櫚の撞木で撞かれる．

図9.1　口径 約69cmと大きいが，喚鐘として使われている〔天和3年（1683年）の鐘〕（鎌倉市 円覚寺）

9.3 火消しと火の見櫓

9.3.1 消防組織

「火事と喧嘩は江戸の華」といわれるように，江戸は，火災の発生が名物として挙げられ，火災は頻繁に発生していた．当時の建物は，木と紙を主体に組み立てられた木造家屋で，そして密集していたため，火災が発生すると大火になりやすかった．さらに，冬の北西風や春の南風による激しい風が加わると大火となり，その被害の規模も大きなものであった．中でも，明暦3年（1657年）1月の3回にわたる大火（振袖火事），明和9年（1772年）2月29日の大火（目黒行人坂火事），文化3年（1806年）3月4日の大火（丙寅火事．牛町火事）は，三大火事と呼ばれ，数百町以上（1町は約109m）が罹災した火災であった．この当時，火災は日常的な事件であったため，防災に対する意識や組織も整備されるようになった[1)~3)]．

幕府は，江戸城を火災から守ることと火災に乗じて起こる変乱を警戒して，寛永20年（1643年）に「大名火消し」を設置した．そして，明暦の大火の翌年，万治元年（1658年）に「定火消し」といわれる武家による消防隊を組織した．その後，八代将軍徳川吉宗による享保改革の諸改革の一環として，享保5年（1720年）に町人による消防組織「町火消し」が誕生した．それが「いろは組」47組の編成となる．いろは47文字の中で，「ひ」は火に，「へ」は屁に，「ら」は摩羅（男性器）に通じるので，それぞれを百，千，万と呼び換えられた[3)]．

江戸時代の消火方法は，消火器具も整っていなかったため，放水ではなく，延焼を防止するために，火災が発生した周辺の家屋を破壊する「破壊消防」であった．そのため，消火活動は命がけであった．

9.3.2 火の見櫓

火災の発生を知らせる方法として，火の見櫓がある．現代のように高層ビルが立ち並ぶ都心では，火の見櫓はとるにたらない存在かも知れないが，江戸の町並みでは，要所要所に街全体を見渡すことができる火の見櫓が建てられ，防災に役立っていた．図9.2は，関が原の戦いの馬揃えをしたといわれる江戸馬喰町の馬場の一つである[4),5)]．この絵の正面，そしてその後方に火の見櫓が大きくそびえ立っている．火の見櫓が享保改革の一環として，江戸の街に数多く建てられたことがうかがえる．

火の見櫓には細かな制約があり，組織ごとに区別されていた．本格的な消防組織としては，寛永20年（1643年）に武家方の火消しとして「大名火消し」が成立する．そのうちの定められた方面の火災だけに出動する「方向火消し」は，高さ3丈（約9.1m）の火の見櫓を持つことを許された．他の大名は許可

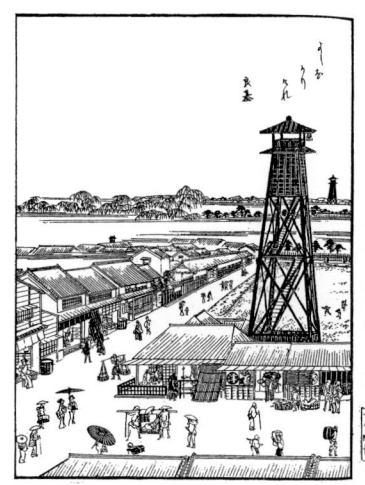

図9.2 江戸馬喰町の馬場の様子（火の見櫓がひときわ高くそびえ建ち，その後方にも見える）（江戸名所図會）

されても高さ2丈5尺（約7.6m）に制限された．また，大名の火の見櫓は，江戸城の方向を必ずふさぐことになっていた．

　幕府の負担で武家方の火消しとして，万治元年（1658年）「定火消し」が創設された．これには，比較的財力のある旗本（5000～6000石）が選ばれ，江戸城を囲むようにその屋敷に火の見櫓は配置された（図9.3）．火の見櫓は，5丈（約15m）の高さがあり，外囲の蔀（しとみ）は素木生渋塗り（しらき）であった．定火消しだけが，櫓の上層部の四方を開閉することが許された[6]．櫓の中央には，太鼓を吊り下げ，四隅には半鐘が吊り下げられていた．火災は，大太鼓によって知らせたが，近火のときは太鼓と半鐘を交互に打ち鳴らした．大名屋敷では，版木（はんぎ）をたたいて知らせた．それに対して，その後の「町火消し」は，半鐘だけであり，定火消しに対しては権威が与えられていたことが知られる[6]．

　町方の火消しとしては，享保3年（1718年）に「町火消し」が結成された．町方の火の見櫓は10町に一つずつ配置された．町火消しの火の見櫓は，武家方の櫓とは異なり，櫓の下部は板で囲まず，骨組がむき出しの構造であった（図9.4）．出動範囲は，火の見櫓を中心にだいたい8町（873m）以内であった．この火の見櫓がない町には，自身番の上に「枠火の見」という火の見櫓が設けられた（図9.5）．これらは，見通しがきくような場所に置かれ，これでだいたい周囲約2町（約218m）が見渡せるように配置された．火の見櫓の構造には，細かな規制があったが，時代とともに火の見櫓のつくりも立派になり，高さも本来の高さを超えるものも出てきた．なお，半鐘は，定火消しの太鼓が鳴らされなければ他の櫓で半鐘をたたくことは許されていないなど，火事のような緊急の場合でも封建的な面は見られた[2),3),7)]．

　半鐘は，高さがある火の見櫓に吊るされていることから，昔は背が非常に高い人を揶揄して「半鐘泥棒」という言葉があったが，半鐘が姿を消した今日では，この言葉も死語となってしまった．しかし，現代では，半鐘を骨董品として盗む「泥棒」が出没している．そのため，鋳造メーカーに失われた半鐘の代替品を発注する市町村がたまにあると聞く．なお，火の見櫓は大正時代になると「望楼」と

図9.3　定火消しの火の見櫓（写真では櫓の全面の囲いがはずされている）（消防博物館）

図9.4　町火消しの火の見櫓（享保年間には10町に1箇所ずつ建てられた）（消防博物館）

図9.5　枠火の見（火の見櫓のない町内では，自身番屋の上に火の見櫓の代用として建てられた）（江戸東京博物館）

呼ばれるようになるが，一般的には火の見櫓の名称の方が親しまれている．

9.4 半鐘の鳴らし方

　江戸時代の音による火事の合図は，半鐘のみならず，太鼓や銅鑼，拍子木と多岐にわたっていた．その合図の仕方は，嘉永期に最も細かく整えられた．合図により，火災現場が近いのか遠いのか，あるいは消火隊が出動したかどうかわかるように定められていた．その考え方が近年まで半鐘の鳴らし方の合図として受け継がれている．

　図9.6は，横須賀市の消防団の建物脇に掲示された消防信号の鳴らし方を示したものである．半鐘の鳴らし方（打鐘信号）の下には，サイレンの鳴らし方も示されていて，その鳴らし方により，火災あるいは災害の状況がわかるようになっている．この掲示板の周囲には，残念ながら半鐘はおろか，火の見櫓も見ることはできなかった．

　火災発生場所が近い場合の半鐘による「近火信号」は，「擦り半」と呼ばれる鐘を連打する方法で急を伝える．時代劇で火事のときに，江戸火消しが出かけるときに鳴らす打ち方である．子供のときに「近火信号」の鐘の音が聞こえると，深夜でも親は雨戸を開けて外の状況を確認していたのが思い出される．子供心にも「近火信号」の鐘の音が聞こえると緊張したものである．その反対に，遠方の時は鐘を二つ鳴らし，近くなるに従い三つ，四つとその数を増やした．鎮火して，出動した消防車が帰ってくるときに打ち鳴らす「鎮火信号」の鐘を聞くと安心したものである．

　なお，物事が不成功に終わったときに「おじゃんになった」というが，火事が鎮火したときに打つ半鐘の音が語源といわれている[9]．反対に，危険の予告や警戒のために鳴らす鐘からきた言葉として「警鐘を鳴らす」という表現があり，現在もよく用いられている．

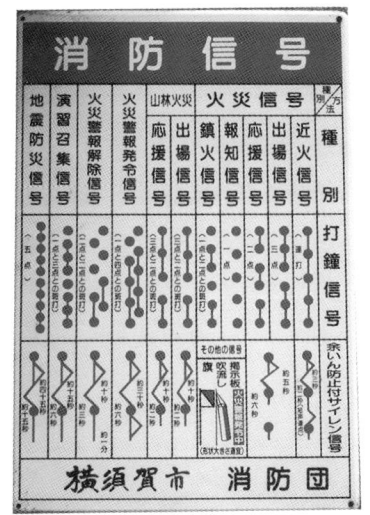

図9.6　消防信号の鳴らし方

9.5 半鐘の行方

　半鐘は，現在でも地方へ行くと見ることができる．図9.7の火の見櫓は，福島県いわき市の山間部の集落のものである．この半鐘は，T字型の撞木でたたくのではなく，半鐘の中に吊るした鉄の棒で内面をたたくようになっている．緊急時に撞木がなく，梯子を上り下りしたことから生まれた智恵なのかも知れない．半鐘の脇には電動のサイレンが見られることから，通常はこのサイレンが使われていると考えられる．

(a) 火の見櫓　　(b) 半鐘とサイレン

図9.7　火の見櫓と半鐘（福島県いわき市）

(a) 火の見櫓　(b) 半鐘とその脇の台はサイレンか

図9.8　火の見櫓と半鐘（広島県竹原市）

図9.8は，広島県竹原市の消防署のものである．半鐘の脇に台が見られるが，恐らくサイレンが置かれていると思われる．火の見櫓は高さがあることから，現在はホースを干すのに使われるようで，フックや滑車が取り付けられている．

図9.9は，神奈川県湯河原市の消防団のものである．ここの半鐘は，火の見櫓の途中に吊り下げられている．年配の方の話では，火の見櫓は50年以上前に現在の場所に移されたが，そのときから半鐘は現在の場所にあり，それ以降鳴らされることもなく現在に至っているようである．恐らく，火の見櫓を移設したときには半鐘の必要性もなくなったが，かといって保管する場所もないので現在のような形をとったと思われる．

図9.10は，神奈川県横須賀市の海辺にある消防団のものである．この火の見櫓は，木の電信柱を支柱に流用してつくられている．この半鐘は現在も使われていて，近隣の火災に応援で出動するときには鳴らさないが，部落の火災のときには鳴らすそうである．恐らく，津波のような海難事故のときにも鳴らされるのであろう．写真には見えないが，半鐘の下にはサイレンも置かれている．

図9.11は，横浜市金沢区の国道16号線沿いの消防団のものである．都心近郊でもまだ火の見櫓と半鐘がセットで残っている一例である．

以上は街で見かけた半鐘の一部だが，いずれも龍頭や乳が施され，「おらが町の半鐘」と自慢できるものばかりである．それだけに，大きさも手ごろなことから骨董品として狙われてしまうのであろう．

(a) 火の見櫓　(b) 半鐘は火の見櫓の途中にある

図9.9　火の見櫓と半鐘（神奈川県湯河原市）

(a) 火の見櫓（4本の支柱は電信柱の廃材を流用している）　(b) 半鐘

図9.10　火の見櫓と半鐘（神奈川県横須賀市）

(a) 火の見櫓　　　(b) 半鐘

図9.11　火の見櫓と半鐘（横浜市金沢区）

図9.12は，嘉永2年（1849年）に鋳造されたもので，江戸の駒込町の自身番屋の火の見梯子に吊るして使われていたものである．現在は，東京都の消防博物館に展示されている．

図9.13は，福岡県芦屋町歴史民族資料館に展示されているもので，撞座の部分の摩耗は激しく，鐘身にはき裂が入り溶接されていることから，長い間使われていたことがわかる．

図9.12　半鐘〔嘉永2年（1849年）に鋳造されたもので，駒込町の自身番の火の見櫓に吊り下げられていた〕（消防博物館）

半鐘の意外な使われ方として，関西地方の祭礼の曳物，だんじり（山車）に太鼓や鉦とともに半鐘も乗せ，お祭りのお囃子で一定のリズムをとるのに用いているところがある．また，競輪場から梵鐘メーカーに注文があることから，西洋のベルだけではなく，半鐘を使っているところもあるようである．

図9.13　半鐘（福岡県芦屋町歴史民族資料館）

9.6　寺院の半鐘（喚鐘）

現在でも半鐘が最も用いられているのは寺院で，梵鐘

図9.14　寺の行事に使われている半鐘（横浜市・称名寺）

9章 半鐘

図9.15 応永20年（1413年）につくられた半鐘（鎌倉市・円覚寺）

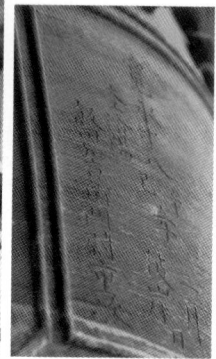

図9.16 寛永18年（1641年）につくられた半鐘（京都市・龍安寺）

メーカーへの注文もほとんどが寺院である．

図9.14は，横浜市の称名寺の儀式の合図に使われているところである．なお，寺院の半鐘には100年以上も使われてきたものや和鐘とは異なる形状のものも見られる．

図9.15は，鎌倉市の指定文化財となっている円覚寺の応永20年（1413年）につくられた半鐘である．これは，姿，形もよいことから博物館に貸し出され，展示されることがある．

図9.16は，枯山水庭園で有名な京都市の龍安寺の本堂軒下に懸かる寛永18年（1641年）のものである．

図9.17は，広島県竹原市の照蓮寺本堂軒下に懸かる口径 約48 cm，高さ 約79 cmの嘉慶24年（1819年）につくられた中国鐘である．

9.7 おわりに

地方に行くと，いまでも集落の中心部に火の見櫓があり，時には手動のサイレンや半鐘が吊り下げられているのを目にすることがある．しかし，火の見櫓も，現在ではほとんど使われていないようである．鉄製の火の見櫓がつくられた昭和20～40年頃には，半鐘は

図9.17 嘉慶24年（1819年）につくられた中国鐘（広島県竹原市・照蓮寺）

地域の住民に災害の急を知らせる道具として活躍していた．火の見櫓は，その後，消火活動後の濡れたホースを干す「物干し」となってしまった．現在では，使用後ホースを干さなくてもよくなり，都心では火の見櫓も次々と撤去されている．

しかし，不幸にして大震災などの大きな災害が発生し，電気などの社会基盤が機能しなくなっ

たときなどは，地域住民への通信手段として半鐘の出番があるように思える．現在でも，地域によっては半鐘を近火のような近隣の災害の急を知らせるときに用いて，住民の安全に役立てているものもある．都市部の合理性や機能性とはまた違った地域密着型の文化を見る思いである．地域住民の安全に寄与している半鐘を骨董品として持ち去る人がいるのは残念である．また，盗まれるのを恐れ，持ち去られないようにしてしまい，緊急時の対応が遅れるようでは本末転倒である．

東京消防庁では，昭和48年（1973年）6月1日から望楼の平常時の運用を休止したが，異常気象や震災時および大規模な電話回線の断線時などには，いつでも運用再開ができる状態が保たれている．

参考文献

1) NHKデータ情報部 編：ヴィジュアル百科江戸事情 第3巻政治社会編，雄山閣(1992).
2) 山本純美：江戸の火事と火消，河出書房(1993).
3) 黒木 喬：江戸の火事，同成社(1999).
4) 斎藤幸雄：江戸名所図會一，親典社(1979).
5) 川田 壽：江戸名所図会を読む，東京堂出版(1990).
6) 藤口透吾 編：江戸火消年代記，創思社(1962).
7) 鈴木 淳：町火消たちの近代，吉川弘文館(1999).
8) 浦井祥子：嘉永期における江戸の音，『日本近世国家の諸相』西村圭子 編，東京堂出版(1999) pp.332-359.
9) 新村 出 編：広辞苑 第2版，岩波書店(1969).

10章　音を奏でる鐘

10.1　はじめに

　前章まで，鐘を訪ねて梵鐘を中心に紹介した．鐘は音を発するためにつくられたものである．それは，人類が金属を溶かし形づくることを知ったとき，すなわち鋳物をつくれるようになったときに，金属の音を意識した結果生まれたものと思われる．そして，幾つかつくるうち，大きさが異なれば，当然その音色も異なることも知り，さらに，音色の違いを認識し，それらを組み合わせて音を奏でようとしたのは想像に難くない．青銅器文化が栄えた中国において，鐘を組み合わせて音を奏でる楽器「編鐘」が，約3000年前の西周時代の出土品に見られることからも知られる．

　鐘を訪ね，鐘の音に注意を払っていると，梵鐘や教会の鐘のほかに大きな公園などでメロディーを奏でる鐘の音を聞くことがある．それは，大小様々なベルを制御して音楽を演奏している．鐘も，正確な音階を整えれば単に音を発するだけでなく，メロディーを奏でる楽器である．本章では，音を奏でる鐘に焦点を当てて紹介する．

10.2　編　　鐘

表10.1　周礼考工記に記された銅錫合金6種類の標準値[1]

分類	合金比率	用途
鐘鼎（しょうてい）の斉	Cu 86％，Sn 14％	鐘，鼎
斧片（ふきん）の斉	Cu 83％，Sn 17％	斧
戈戟（かげき）の斉	Cu 80％，Sn 20％	鉾
大刃（だいじん）の斉	Cu 75％，Sn 25％	刃物
削殺矢（さくさつし）の斉	Cu 70％，Sn 30％	矢じり
鑒燧（かんすい）の斉	Cu 50％，Sn 50％	鏡，火打金

（注）研究者により銅錫の割合が多少異なるが，いずれも上から下に行くに従いSnの含有量は増加し，硬くなっている．また，鉛の含有については触れていないが，一定の鉛が含有していると考えてよい．なお，斉（せい）とは，「等しくする，そろえる」という意味である．

10.2.1　編鐘の歴史

　青銅の発見は古く，その鋳造技術は中国で大きく発展したが，特に，殷（BC 16世紀～BC 11世紀）や周（BC 11世紀～BC 256年）の時代には優れた青銅芸術が見られる．また，周の時代に書かれた『周礼考工記』には，表10.1[1]に見られるように銅と錫の合金比率が青銅品の用途により使い分けられている．

　編鐘は，中国特有の古代打楽器で，音階の異なる鐘を幾つも吊り下げたものである．編鐘の歴史は古く，既に西周時代（BC 1027～BC 771年）の初期の出土品に見られ，その数は中国全土で数百にも及ぶ．図10.1は総重量388gと小型ではあるが，春秋時代（BC 770～BC 403年）の編鐘である．大きさは，手のひらに乗るような小さなものを数個組み合わせたものではあるが，そ

図10.1　春秋時代の編鐘（北京市 大鐘寺古鐘博物館）

の後の編鐘の姿・形を既に整えている.

　編鐘は，宮廷での演奏に用いられたほか，青銅礼器と同様に貴族統治階級の権勢のシンボルと考えられている．そのため，統治者の地位や儀式の違いにより，編鐘の数もそれぞれ異なり，天子は「宮懸」で4面に鐘を懸け，諸侯は「軒懸」で2面，士は「特懸」で1面であった[2].

10.2.2 曽侯乙墓の編鐘

　数ある編鐘の中でも，「曽侯乙墓の編鐘」は中国の歴史的文化遺産とされている．これは，1978年に湖北省随州市近郊で，戦国時代（BC 403～BC 221年）初期の曽国（南方姫姓諸侯国）の支配者の墓（曽侯乙墓）の中から，礼器，楽器，兵器，車・馬器，金玉器，漆木製工具，竹簡など15 000余点の文物とともにほとんど無傷で発掘された．編鐘を支える台は，高さ265 cm，長さ748 cmで，3層8組に分かれ，合計65個の鐘が取り付けられている．最大のものは，高さ約153 cm，重量約204 kg，最小のものは高さ約20 cm，重量約2 kgである．鐘の総重量は，約2 567 kgにも及ぶ．そのほかに，木素材を保護する銅製のカバー，人形，柱，それに鐘を懸ける鍵などの装飾品がある．曽侯乙が埋葬されたのはBC 433年と記されていることから，編鐘の製造はそれ以前に行われたことが知られている.

　この編鐘は，5オクターブと4音の音域，12の半音があり，調音，変調が可能で，ハ長調の5音，6音，7音音階を持つことから，音域も広く，音色の美しいことでも知られる．また，編鐘，その台，鐘を懸ける鍵には，合計3 755文字の銘があり，当時の音楽理論を知るための貴重な手掛かりとなっている．それらは，音律名称やオクターブ，音階の相互関係を表し，戦国末期にギリシアから伝えられたとされる平均律は既に成立していたと考えられている．その後，青銅を大量に使う編鐘は，漢の武帝（BC 141～BC 87年），魏の文帝（220～226年）らの政策によりつくられなくなり，その後，途絶えたと考えられている.

　曽侯乙墓の編鐘が出土してから，中国では編鐘のレプリカが盛んにつくられるようになり，博物館などに展示されたり，レプリカを使った演奏も行われたりするようになる．図10.2，図10.3もその一例で，北京市の大鐘寺古鐘博物館に展示されている曽侯乙墓の編鐘のレプリカである．レプリカからも，当時の高度な鋳造技術，工芸技術のすばらしさが伝わってくる．2005年に開催された愛知万博でも「中国館」にそのレプリカが3個展示され（図10.4），実際に叩いてその音色を確かめられた方もいたと思う．本

図10.2　曽侯乙墓編鐘のレプリカ（写真には写っていないが，手前には玉や石でつくられた編磬がある）（北京市 大鐘寺古鐘博物館）

図10.3　曽侯乙墓編鐘のレプリカ（北京市 大鐘寺古鐘博物館）

図10.4 愛知万博「中国館」の編鐘のレプリカ

図10.5 黄金の編鐘と編磬（北京市 故宮博物館）

図10.6 黄金の編鐘（北京市 故宮博物館）

図10.7 黄金の編鐘（北京市 故宮博物館）

物は湖北省博物館に展示され，また，そこではレプリカを用いて編鐘の演奏会も行われている．

10.2.3 故宮博物館黄金の編鐘

北京の故宮博物館には16個からなる黄金の編鐘がある．これは，清（1616～1912年）の乾隆帝が11,459両（1両は約38g）の金を用いて鋳造したもので，黄金の輝きを放ち，極めて美しく，細部の文様まで精緻にできている（図10.5，図10.6，図10.7）．

図10.8 日光東照宮の編鐘（日光東照宮宝物館パンフレット）

10.2.4 わが国の編鐘

(1) 日光東照宮宝物館の編鐘

寛永13年（1636年），日光東照宮に板倉周防守重宗が奉納した編鐘があり，現在は日光東照宮宝物館に展示されている（図10.8）．16個の鐘からなる黄銅製の編鐘で，16音階に分かれ，それぞれに金の象嵌で銘文が施されている．

全体の大きさは総高85cm，総幅119cmで，個々の鐘は小さく，高さ約9cm，口径約8cm，厚さ4～11mmで，楽器として使用するのみでなく，音律を合わせるためにも使用された．撥の先端は鯨の骨が用いられている．なお，銘文には浪華（大阪市およびその近郊）で製作されたと記されているが，その手法から朝鮮半島で製作されたと考えられている[3],[4]．

図10.9 昭和女子大学人見記念講堂

(2) 昭和女子大学人見記念講堂の編鐘

人見記念講堂のロビーに上海交通大学から贈られた「楚形昭韻の編鐘」が展示されている．これは，上海交通大学付属中国芸術研究所が曽侯乙墓の編鐘から，西洋音階（12平均律音）を6オクターブ分演奏できるように複製したものである．編罄も整った立派なものである（図10.9）．

10.3 銅 鐸

10.3.1 謎を秘めた青銅器

銅鐸は，よく知られているように，わが国固有の大きなベルのような青銅器で，祭器の一種であったと考えられている．編鐘のように音階を鳴らすような規則性は確認されてはいない[5]が，銅鐸は大小様々な大きさのものが出土しているので，数は少ないものの数個並べて音を奏でたと考えられる．

銅鐸は，天智天皇の時代（668年），現在の滋賀県大津市で崇福寺という寺を建設中に掘り出されたという記録が『扶桑略記』に記され，また，銅鐸という言葉は，『続日本紀』で最初に使われている[5]．その出土数は300個を越す．これまでに多くの研究や学説が唱えられているが，いまだに未知の部分が多い謎に包まれた青銅器である．

銅鐸の「鐸」の字は，大きなれい（鈴）を意味する．「れい」は「すず」とは異なり，「すず」は神社などに見られるような中空の器体に丸を封じ込めたものをいい，「れい」はベルに相当し，器体内部に舌が吊り下がり，それが揺れ動いて器体に当たり音を発する．すなわち，銅鐸には内部に舌が吊り下がり音を発していたと考えられる．

しかし，この舌の出土はほんの数例しかない．その材質として銅と石が知られている[6]．銅鐸の厚みは薄く，3mmあるいはもっと薄い箇所もある．このような薄いものをたたくとしたら，石や金属，骨，角あるいは硬い木が用いられたと考えられる．柔らかい木でたたくと鍋をたたいたような音で，祭器としての荘厳さに欠けると思われる．

10.3.2 銅鐸の歴史

銅鐸は，銅剣や銅矛と同じ頃の弥生時代の代表的な製作物であるが，弥生時代初めBC2世紀

10章　音を奏でる鐘

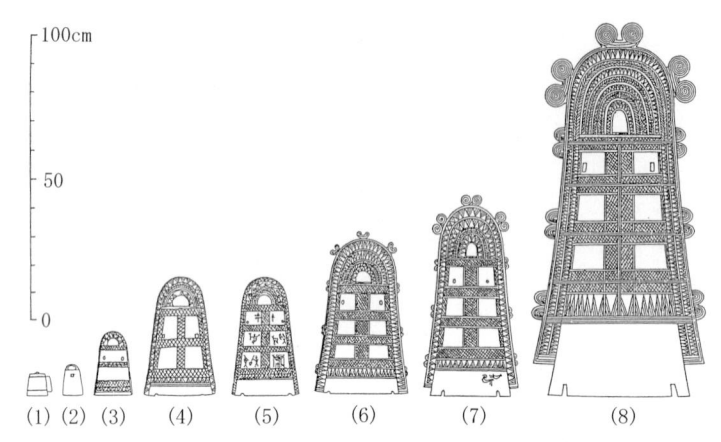

図10.10　中国最古の銅鈴から日本最新の銅鐸までの変遷[6]
(1) 中国の銅鈴（高さ 8.0 cm，重さ 0.1 kg）
(2) 朝鮮半島の銅鈴（高さ 11.8 cm）
(3) 日本最古の銅鐸〔高さ 22.3 cm，1.1 kg（BC 2 世紀）〕
(4) 兵庫県中山1号銅鐸〔高さ 42.6 cm, 重さ 4.8 kg（BC 2 世紀～1 世紀）〕
(5) 兵庫県生駒銅鐸〔高さ 53.2 cm，重さ 約5.5 kg（BC 1 世紀～1 世紀）〕
(6) 大阪府天神山銅鐸〔高さ 60.5 cm（2 世紀）〕
(7) 和歌山県荊木1号銅鐸〔高さ 82.2 cm，重さ 11.7 kg（2 世紀）〕
(8) 和歌山県大久保谷銅鐸〔高さ 113.6 cm，重さ 約18.5 kg（2 世紀）〕
(3)～(5) は音を聞くカネから，(7), (8) では見るカネへ変質するとともに大型化する

からAC 2世紀にその歴史を閉じてしまうという特殊性がある．また，近畿地方を中心に広く出土しているが，ほとんどの場合，居住地から離れた地点に単独で埋められていることが多く，ますます謎を深めている．

　図10.10[6]は，銅鐸の変遷を示したもので，図10.10 (1) が中国の土鈴，図10.10 (2) が朝鮮半島の銅鈴，図10.10 (3) が日本で一番古い銅鐸で高さが20 cmほどである．その後，時代を経るに従い大型化し，高さ134 cmのものが知られている．銅鐸は，弥生時代中期までは音を奏でる銅鐸（聞くカネ）であったが，弥生時代後期には崇める銅鐸（見るカネ）となったと推察されている．それは，銅鐸の内面の舌による摩耗痕から図10.10 (6) くらいからと考えられている[6]．図10.10 (6) 以降に装飾的な「鰭」が見られるようになるが，これは，鋳造時に鋳型と鋳型のすき間にできたバリをヒントに，それを加工したり，それを利用して文様としたのではないかといわれている[6]．中国の鐘にも，図10.11のような形状のものや図10.12のように鰭のようなものをさらに装飾的な形状につけたものも見られるが，これらとの関係はないのであろうか．

　ある限られた期間に存在し，その後は地中に埋められ，多くの謎に包まれた銅鐸について，近年，銅鐸に刻まれた絵に注目した謎解きが行われている．そこには，鹿や鳥などの動物，船，

図10.11　漢の時代の編鐘（北京市 大鐘寺古鐘博物館）

人，高床倉庫などの絵が描かれている．当時の人たちが漠然と絵を描いていたわけではなく，彼らの世界観に基づいて描いていたと考え，それを詳細に観察すれば，そこには彼らのメッセージがあるのかも知れないとする見方である[7]．どのようなメッセージがあるのか結末が楽しみである．

10.3.3 どのようにしてつくられたか

遺物から，初期の銅鐸は石を削ってつくられた鋳型が知られている．全く同じ文様の銅鐸も出土していることから，一つの鋳型で5個くらいつくったと考えられている（同范鐸）．石は，加工しやすい凝灰岩が用いられている．石の鋳型の鋳造で心配されるのは，ガス抜けが悪いため，鋳型を十分に乾燥して湿気（水分）を完全に除去しないと，水分が急激に気化し，鋳型のガス抜きや溶湯の注ぎ口から溶湯が噴出することである．それほどひどくない場合は，発生したガスにより品物に空孔が発生する．そこで，鋳型は高温で十分に乾燥して用いられたと考えられる．

図10.12 戦国時代の（BC403～BC221年）鐘（北京市 大鐘寺古鐘博物館）

同時に，高温にした鋳型に溶湯を流し込めば，金属の冷却速度が著しく遅くなり，銅鐸のように肉厚が3mmを下回るような鋳物の製造も可能となる．逆に，肉厚を厚くして冷却速度を遅くすると，金属の凝固時に細かな孔（鋳造欠陥の鋳巣）が分散して生じる．石の鋳型なら強度があるため，一度使っても溶湯の熱で文様端部の角は丸くはなるが，まだまだ使えたと考えられる．そこで，鋳込み後，金属が固まったら鋳型が高温のうちに型から銅鐸を取り出し，そこへ新たな中子をセットして，すぐに鋳込みを行ったと思われる．それを何度か繰り返すと，鋳型の損傷が増し，5回目くらいで破棄したのではないかと考えられる．

ところで，外型は石の鋳型の出土により石でつくられたことは知られているが，中子はどのようにしてつくられたのであろうか．もし，中子を石でつくれば，鋳型の強度がありすぎて，溶湯の凝固収縮および凝固後の温度低下の収縮時に品物にき裂が入ってしまうので，中子は土でつくられたと考えられる．それは，外型を組んでその中に土を込め，それを取り出して乾燥し，品物の厚さだけ土を削り落とし中子にしたと思われる．銅鐸には「型持ち」の孔が見られる（図10.13[5]）が，この土を削るときに削り落とさずに残したものと考えられる．なお，銅鐸に見られる孔を天体観測，音響効果のためにつけられたとする説もある[8]．鋳造上からは「型持ち」として，以下のような目的で用いられたと考えられる．そして，その位置は重要である．

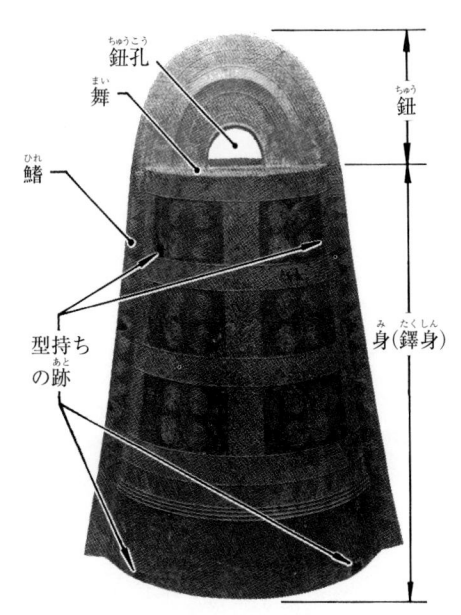

図10.13 銅鐸の各部名称[5]

(1) 外型に対し，わずかなすき間を保持し中子を安定に置く．
(2) 溶湯が鋳込まれたときに中子が動かされないようにする．
(3) 溶湯による浮力で中子が浮かされないようにする（溶湯と鋳型の密度差に中子の体積を掛けた力で中子が浮かされる）．

　砂型（外型）の鋳型の出土により，後期になると鋳型は砂（土）でつくられたことが知られている．砂型は石の鋳型と比べて作業はやりやすく，文様も複雑なものをつくれるようになる．なお，砂型の鋳型の出土例が少ないのは，鋳込み後，鋳型は壊され，その土は再度使われたためと考えられる．特に中子の鋳型が出土されないのは，鋳込み後中子の砂は壊しながら型ばらしを行うためである．もし，その一部が出土しても，関連したものがなければ，それが銅鐸の中子の鋳型と断定するのは難しい．

10.4 カリヨン

　カリヨンとは，フランス語で「組鐘」を意味し，調律された音の高さが異なる鐘を数個あるいは数十個組み合わせ，手または機械を使って打ち鳴らし，メロディーを演奏する装置をいう．教会などで見られる鐘のように，鐘を揺らして鐘の中にある舌によって鳴らすものは「スイングベル」と呼ばれ，たとえ，幾つもの鐘がついていてもメロディーを奏でることはできないのでカリヨンとは呼ばない．

　カリヨンはハンマで打ち鳴らすので，スイングベルに比べてはるかに大きな音を発する[9]．ヨーロッパの教会に見られるような大型のカリヨンは，鐘を打つハンマも大きく，鐘の外側から打つ構造になっているものもある．それに対して，日本で見られるような小型のものはほとんどが鐘の内側から叩く構造になっている．

　梵鐘の荘厳さに対して，カリヨンには華やかさがある．そのため，モニュメントとともに設置されることも多く，その場合，設置する景色に鐘の音とモニュメントが合うように設計される．また，電子制御で音楽を奏でることができるので，教会や学校などにも見ることができる．

　鐘でメロディーを奏でるには8鐘あれば，ド，レ，ミ，ファ，ソ，ラ，シ，ドが表現でき曲目を幾つか演奏できる．音域の広い曲を演奏するにはさらに多くの鐘を必要とする．

10.4.1 カリヨンの起源

　教会の塔の鐘はスイングベルが最初であった．この鐘は主に修道士が鋳造していたが，14世紀の初めに大砲が出現したことにより鋳物をつくっていた人の仕事量は急激に増したため専業化し，それとともに，鐘の製造も鋳物をつくる専業の人が行うようになったと考えられる．

　1568年に出版されたヨーロッパの木版画には，鋳物をつくる人は，鐘のほか大砲や壺など様々な銅製品をつくっているのが見られる[9]．さらに，鋳物用のヘラが使われるようになると，品物の出来も向上し，鐘の音をより正確に表現できるようになり，カリヨンの形態が整ったと考えられている．特に，オランダやベルギーのフランドル地方でカリヨンは大きな発展を遂げた[10]．

10.4.2 カリヨンの演奏

　カリヨンは，15世紀ベルギー北部の古都メッヘレンで生まれたとされている．この地にある聖ロンバウツ聖堂には，大小100近いカリヨンが高さ30mの塔の最上階にあり，現在もその音色を響かせている．しかし，その音色は現代の電子制御ではなく，木製の棒を握りこぶしで叩いて演奏をする．

また，この地には，その奏者を養成する世界最初の学校アントワープ国立音楽院もある．そこの校長ヨー・ハーゼン氏は，「カリヨンは自由を愛する人たちの音楽で，混沌とした世界にある私たちの精神や感情を清めてくれる」といい，そこで学ぶ学生の一人は，「パイプオルガンは教会の中で響く楽器で，それに対し，カリヨンは教会の塔から外へ響かせる楽器であり，奏者は大空に向かって演奏しているような魅力がある」と語っている[11]．

10.4.3 サグラダ・ファミリア教会の鐘

ヨーロッパの大きな教会では，着工から数百年をかけて建設されたり，中には，現在も建設中という教会が幾つもある．スペインのバルセロナのサグラダ・ファミリア教会もその一つで，1882年に始まった建設作業は現在も行われていて，さらに200年くらいかかるだろうといわれている．この教会は，スペインの天才建築家，アントニオ・ガウディ（1852～1926年）の生涯を掛けた大作といわれる建造物であるが，そこには84個の鐘が吊るされて一つの楽器になる計画があった[12]．

ガウディ生誕150周年に，ガウディが目指した教会の完成予想図とともに，そして鐘とそのメロディーのシュミレーションに挑んだドキュメンタリーがテレビで放映された（2002年3月24日，朝日テレビ）．ガウディがイメージした音に近づけるべく製作された鐘，それに合わせた音楽もつくられ，鐘は鳴らされた．

教会の設計者は，生存中に完成した建物の姿，ましてや鐘の音色を知ることもなくこの世を去る．特に，この教会のように設計図もなく，鐘の音色については何も書かれたものがない中で，後世の人たちは設計者の思いをどのように受け継いでいくのであろうか．ほかの教会におけるスイング・ベルについても同様であるが，数百年をかけて建設される間に昇華されていくのだろうか．モノづくりの壮大さが感じられる．

10.4.4 日本のカリヨン

カリヨンの演奏は，奏者が両手両足を使って鍵盤を叩きペダルを踏んで行っていたが，1980

図10.14　関東学院大学教会のカリヨン

図10.15　関東学院大学教会のカリヨン

年初めに電子制御で行えるようになった．それ以降，カリヨンは急速に普及し，日本でも公園などのような公共の空間にモニュメントとともに取り付けられたり，大学や教会などの施設に設置されたりするようになった．以下，その中の幾つかを紹介する．

(1) 横浜市関東学院大学教会のカリヨン（京浜急行「金沢八景駅」徒歩10分）

教会の建物の脇に12鐘のカリヨンがある（図10.14，図10.15）．この鐘で24曲が自動演奏されるようにプログラムされている．曲目は，校歌，賛美歌，そしてポピュラーな曲がプログラムされているが，微妙な音のずれから2曲が割愛され，現在22曲が季節と時間帯により使い分けられている．選曲や設定は，制御盤上で簡単に行えるようになっていて，その中は図10.16のような集積回路が配線された基板があるだけである．

図10.16 制御盤内の集積回路

(2) 立川市国立音楽大学講堂中庭のカリヨン（西武拝島線「玉川上水駅」徒歩10分）

ここのカリヨンは，図10.17，図10.18に見られるように47個の鐘が大学講堂中庭に置かれ，カリヨンそのものの存在感を強調している．このカリヨンには，広い音域を持つ本格的なカリヨンというだけでなく，講堂の中に設置されたオルガンにより手動で演奏ができるという特徴がある．カリヨンを見下ろしながら演奏する奏者は，音を大気に放つような爽快感を感じるのではないかと思われるような設計である．

なお，このカリヨンの自動演奏はコンピュータ制御ではない．オルゴールの原理と同じで，ピンを打った巨大なドラムが回転し，それぞれのピンがハンマを結んだワイヤを引張って鐘を叩く仕組みになっている[9]．そのため，音域が広いカリヨンではあるが，自動演奏できる曲目数は12曲と少ない．カリヨンは演奏会があるときに開会に先立ち鳴らされる．

(3) 調布市神代植物公園のカリヨン（JR「三鷹駅」または京王線「つつじヶ丘駅」から神代植物公園行バス下車）

図10.17 国立音楽大学講堂のカリヨン

図10.18 国立音楽大学講堂のカリヨン（左側2階に設置されたオルガンにより手動演奏ができる）

図 10.19　神代植物公園のカリヨン

図 10.20　新宿中央公園のカリヨン
（右後方は東京都庁の建物）

　神代植物公園は，広大な敷地内に四季折々に様々な花が咲いて人々の目を楽しませている．そこのシンメトリックな沈床式庭園の前に，9鐘のカリヨンを取り付けたモニュメントがある（図10.19）．カリヨンは，10～15時の間，1時間ごとに季節にあった童謡を鳴らし，モニュメントは風に揺らぐ．ここのカリヨンはロールテープ方式で，回転するロールテープに穴があいていて穴にピンがはまると鐘を打つ仕組みになっている[9]．

　(4) 新宿区都庁前中央公園のカリヨン（JR「新宿駅」徒歩10分）

　東京都庁前の中央公園にカリヨン12鐘が縦方向に取り付けられたモニュメントがある（図10.20）．公園は大都会のビルの谷間にあるものの，その広大さが都会の喧騒を消し去ってしまい，その中で時を告げるカリヨンはメロディーを周囲に響き渡らせている．

　(5) 荒川区天王公園のカリヨン（JR常磐線「南千住駅」徒歩10分）

　天王公園は，江戸時代，隅田川の橋の中で最初に架けられた橋「千住大橋」の近くにあり，小川が流れ，岩肌を滝が流れ落ちるなど，水辺をテーマにした公園である．水ぬるむ季節になると多くの子供たちが水とともに戯れる．そこにあるカリヨンは9鐘で（図10.21），童謡を季節ごとに変えて鳴らしている．周囲を住宅に囲まれているが，鐘の音色は流れ落ちる水の音と調和して時を知らせている．

　(6) 品川区大井町駅のカリヨン（JR京浜東北線「大井町駅」東口前ロータリー）

　周囲が高層ビルに囲まれ，多くの人が足早に通り過ぎていく大井町駅前のロータリーに12鐘のカリヨンがある（図10.22）．近年，都市化が急激に進み，都会の喧騒には合わなくなったのか，カリヨンは現在鳴らされてい

図 10.21　天王公園のカリヨン

10章 音を奏でる鐘

図10.22 大井町駅東口前ロータリーのカリヨン

図10.23 「篠崎駅」入口のビル壁面のカリヨン

ない．

(7) 江戸川区篠崎駅のカリヨン（都営新宿線「篠崎駅」入口のビル壁面）

駅の人の話では，鐘の音色を聞いた記憶がないという．以前は，時間になると図10.23の中央の時計の下からカラクリ人形が出てきて，鐘の音とともに動く仕組みになっていた．このカリヨンは24鐘と数も多く，音域も広く取れたので，楽しい演奏が聞けたのではないかと思われる．もし，鳴らされていないようなら，近年建設されたと思われる駅前のマンションと関係があるのかも知れない．

(8) 千代田区有楽町交通会館のカリヨン（JR「有楽町駅」前）

ここのカリヨンは，鐘ではなく，図10.24，図10.25に見られるような調律された金属の管を吊り下げ，一端を打って鳴らすチューブラー・ベルである．これら24本がクリスマスツリー状のモニュメント"Crystal tree"に取り付けられている．これが地下から吹き抜け部分の建物内

図10.24 有楽町交通会館のカリヨン（チューブラー・ベルが"Crystal tree"の中に取り付けられている）

図10.25 交通会館のチューブラー・ベル（金属の管の上端を打って鳴らす）

に設置され，道行く人にもその音色が響くように設計されている．しかし，現在は地下のペットショップの熱帯魚が驚くため，10〜21時の間，時報代わりに1回鳴されるだけでメロディーは演奏されていない．

10.5 ハンドベル

音を奏でる小型のベルにハンドベルがある．これは，17世紀以降に調律された柄のついた小型のベルがつくられるようになったのが始まりといわれている．鐘の数は，演奏する曲目により，2オクターブなら25個，6オクターブなら73個とオクターブが上がるに従いその数は増し，多いものは100個以上で構成されている．それを一人が数個ずつ分担し，十数名で演奏する楽器である．この楽器の難しさは，演奏される曲の中から担当する音程のベルをハーモニーに合わせ，音量を調節して鳴らさなければならないことである．

10.6 おわりに

中国の編鐘そして日本の銅鐸と，同じ音を発する青銅器が，ある限られた期間でその姿を消してしまった．しかし約2500年前の「曽侯乙墓の編鐘」から中国の青銅器の高度な鋳造技術，工芸技術のすばらしさのみならず，西洋音楽の平均律に匹敵する音楽理論も存在していたことは驚きである．また，謎の青銅器「銅鐸」，現在の鋳造技術からも厚さ3mmの銅鐸をつくることは難しい．島根県の荒神谷遺跡のように，それまでわが国で知られていた弥生時代の銅剣出土数を上回る銅剣358本が一度に出土したように，銅鐸についても今後何が起きるかわからない．これから先，どのような展開になるか楽しみである．

カリヨンは，その透き通るような音色とモニュメントとを組み合わせて華やかさを醸し出すことから，10数年前に日本でも設置されるようになった．ここ10数年，都心のカリヨンの姿は大きく二つに分かれてしまった．一つは生活の中に溶け込んで，現在も取り付けられたときと同じように澄んだ鐘の音色を響かせている．もう一方は，初めの頃のもの珍しさも失せてメロディーを奏でなくなってしまっている．鳴らされなくなったカリヨンは，総じて周囲にマンションのような高層ビルなどが建つなど，設置されたときと環境が大きく変わり，鐘の音色も騒音の一つとなってしまったようである．都心のお寺の鐘と同様なプロセスをたどっている．除夜の鐘ではないが，カリヨンの鐘の音も静かな状況で聞く機会があると，またその価値が見直されるのかも知れない．現代社会における音との調和の難しさをつくづく感じさせられる．

参考文献

1) 仲田進一：銅のおはなし，日本規格協会 (1987).
2) 東京美術，人民中国雑誌社共同編集：中国博物館めぐり (上巻)，東京美術 (1998).
3) 日光東照宮社務所編：東照宮寶物志，日光東照宮社務所 (1927).
4) 日光東照宮社務所編：東照宮の寶物，日光東照宮社務所 (1993).
5) 石野 亨・稲川弘明：鋳物の文化史銅鐸から自動車エンジンまで，小峰書房 (2004).
6) 国立歴史民俗博物館：日本楽器の源流，第一書房 (1995).
7) 工楽善通編：弥生人の造形，講談社 (1990).

8) 寺井秀七郎：近江の銅鐸物語，近代文藝社 (1995).
9) ヨートス・アマン，小野忠重解題：西洋職人づくし，岩崎美術社 (1975).
10) 海老沢敏・田村紘三：世界カリヨン紀行，新潮社 (1994).
11) 朝日新聞：2002.5.18 夕刊
12) 朝日新聞：2002.3.24 朝刊

11章 鐘こぼればなし

11.1 はじめに

筆者は，鐘の製作法について関心を持ち，それらを製作している工場を訪ねて来た．また，それをきっかけに，かねてより興味を抱いていた鐘を訪ねる旅を始め，関心の赴くままに紹介して来た．最後に，本章ではこれまで鐘について調べている中で興味をひかれた事柄について紹介させていただく．

11.2 金石文

梵鐘は，金石文，考古学，文学，工芸，冶金などの幅広い分野で研究されている．梵鐘がわが国で研究の対象となるのは江戸時代からで，最初は金石文において関心が高まった[1]．中国ではその歴史は早く，宗の時代から盛んであった．それに比べれば，わが国での歴史はさほど古くはなく，江戸時代中期から銘文のある鐘にその関心が集まった[2]．現代においても書道博物館（東京都台東区）の収蔵品の中に，殷の時代の甲骨や文字の刻まれた青銅器に混じって鐘が収蔵されていることからも金石文として関心が持たれていることが知られる．

蛇足ではあるが，金石文とは金属に刻まれた文字の金文，石に刻まれた石文の略称である．しかし，金属や石といった材料に限らず，瓦，陶器，漆器，木材，布など，紙以外に記された文字や文章，ときには文様なども含まれる[2]．

11.3 国宝，重要文化財の鐘

梵鐘は，金属工芸において国宝，重要文化財に占める割合が非常に高い．国宝としては表11.1，また重要文化財としては表11.2がある[1),3),4)]．

国宝，重要文化財とはよく耳にする言葉であるが，その定義づけはどのようになっているのだろうか．重要文化財とは，日本にある有形文化財（美術，工芸，書籍・典籍，考古資料，歴史資料，建造物など）のうち，芸術上・学術上などの見地から特に重要とみなされたものをいう．鐘は工芸の分野に入る．

古くは1893年の古社寺保存法，1929年の国宝保存法

表11.1 国宝の鐘一覧表[1), 3), 4)]

No.	保管場所	所在地	大きさ, cm	備考
1	建長寺	神奈川県 鎌倉市	φ125, 207H	建長7年（1255年）
2	円覚寺	神奈川県 鎌倉市	φ142, 259H	正安3年（1301年）
3	剣神社	福井県 丹生郡	φ74, 110H	神護景雲4年（770年）
4	常宮神社	福井県 敦賀市	φ67, 112H	太和7年（833年）
5	妙心寺	京都府 京都市	φ86, 151H	戊戌年（698年）
6	佐川美術館	京都府 京都市	φ55, 116H	天安2年（858年）
7	神護寺	京都府 京都市	φ80, 148H	貞観17年（875年）
8	平等院	京都府 宇治市	φ124, 199H	平安時代
9	興福寺	奈良県 奈良市	φ91, 149H	神亀4年（727年）
10	栄山寺	奈良県 五条市	φ90, 155H	延喜17年（917年）
11	当麻寺	奈良県 北葛城郡	φ87, 151H	奈良時代
12	東大寺	奈良県 奈良市	φ277, 386H	奈良時代
13	西光寺	福岡県 福岡市	φ77, 136H	承和6年（839年）
14	観世音寺	福岡県 太宰府市	φ86, 159H	奈良時代

注）No.4は朝鮮鐘

11章 鐘こぼればなし

表11.2 重要文化財の鐘一覧表[1), 3), 4)]

No.	保管場所	所在地	大きさ, cm	備考	No.	保管場所	所在地	大きさ, cm	備考
1	長勝寺	青森県弘前市	φ77, 130H	嘉元4年(1306年)	61	鶴満寺	大阪府大阪市	φ59, 93H	太平10年(1030年)
2	出羽三山神社	山形県東田川郡	φ168, 286H	建治元年(1275年)	62	大峯山寺	奈良県吉野郡	φ67, 120H	天慶7年(944年)
3	個人蔵	岩手県	φ38, 58H	大和6年(1206年)	63	金峰山寺	奈良県吉野郡	φ123	永暦元年(1160年)
4	長谷寺	新潟県	φ61, 108H	高麗時代	64	玉置神社	奈良県吉野郡	φ47, 84H	應保3年(1163年)
5	五尊教会	栃木県足利市	φ56, 98H	弘長3年(1263年)	65	東大寺真言院	奈良県奈良市	φ57, 99H	文永元年(1264年)
6	等覚寺	茨城県土浦市	φ74, 132H	建永元年(1206年)	66	戒長寺	奈良県宇陀郡	φ66, 121H	正応4年(1291年)
7	般若寺	茨城県土浦市	φ69, 115H	建永元年(1206年)	67	東大寺二月堂	奈良県奈良市	φ21, 31H	徳治3年(1308年)
8	長勝寺	茨城県行方郡	φ63, 115H	元徳2年(1330年)	68	法隆寺西院	奈良県生駒郡	φ118, 187H	奈良時代
9	慈光寺	埼玉県比企郡	φ89, 148H	寛元3年(1245年)	69	法隆寺東院	奈良県生駒郡	φ105, 162H	奈良時代
10	養寿院	埼玉県川越市	φ57, 97H	文應元年(1260年)	70	新薬師寺	奈良県奈良市	φ104, 173H	奈良時代
11	聖天院	埼玉県日高市	φ46, 81H	文應2年(1261年)	71	薬師寺	奈良県奈良市	φ132, 199H	奈良時代
12	喜多院	埼玉県川越市	φ60, 112H	正安2年(1300年)	72	唐招提寺	奈良県奈良市	φ91, 156H	平安時代
13	眼蔵寺	千葉県長生郡	φ61	弘長4年(1264年)	73	奈良国立博物館	奈良県奈良市	φ21, 39H	陳・太建7年(578年)
14	本土寺	千葉県松戸市	φ70	建治4年(1278年)	74	泉福寺	和歌山県海草郡	φ46, 79H	安元2年(1176年)
15	小網寺	千葉県館山市	φ62, 108H	弘安9年(1286年)	75	金剛三昧院	和歌山県伊都郡	φ53, 96H	承元4年(1210年)
16	日本寺	千葉県安房郡	φ62	元亨元年(1321年)	76	金剛峯寺	和歌山県伊都郡	φ61, 104H	弘安3年(1280年)
17	個人蔵	東京都世田谷区	φ16, 23H	貞元2年(977年)	77	金剛峯寺	和歌山県伊都郡	φ80, 147H	永正元年(1504年)
18	個人蔵	東京都	φ33, 48H	乾統11年(1107年)	78	徳照寺	兵庫県神戸市	φ75, 128H	長寛2年(1164年)
19	深大寺	東京都調布市	φ69, 124H	永和2年(1376年)	79	神橋寺	兵庫県西宮市	φ75, 124H	寛元2年(1244年)
20	星谷寺	神奈川県座間市	φ71, 126H	嘉禄3年(1227年)	80	千光寺	兵庫県洲本市	φ78, 135H	弘安6年
21	鎌倉国宝館	神奈川県鎌倉市	φ68, 130H	寶治2年(1248年)	81	英賀神社	兵庫県姫路市	φ66, 116H	正中2年
22	長谷寺	神奈川県鎌倉市	φ90, 166H	文永元年(1264年)	82	鶴林寺	兵庫県加古川市	φ54, 93H	高麗時代(11世紀)
23	国分寺	神奈川県海老名市	φ71, 139H	正應5年(1292年)	83	尾上神社	兵庫県加古川市	φ74, 124H	高麗時代(11世紀)
24	東漸寺	神奈川県横浜市	φ70, 125H	永仁6年(1298年)	84	観音院	岡山県岡山市	φ65, 112H	高麗時代(10世紀)
25	称名寺	神奈川県横浜市	φ64, 117H	正安2年(1301年)	85	大聖院	広島県佐伯郡	φ68	治承(1177年)
26	宝城坊	神奈川県伊勢原市	φ80, 138H	暦応3年(1340年)	86	照蓮寺	広島県竹原市	φ41, 61H	岐豊4年(963年)
27	個人蔵	神奈川県鎌倉市	φ27, 44H	承安6年(1201年)	87	不動院	広島県広島市	φ65, 110H	高麗時代(11世紀)
28	神宮寺	新潟県佐渡郡	φ66, 103H	永仁3年(1295年)	88	島根県立博物館	島根県松江市	φ63, 113H	寿永2年(1183年)
29	長安寺	新潟県両津市	φ61	高麗時代	89	天倫寺	島根県松江市	φ53, 87H	辛亥年(1011年)
30	諏訪神社	長野県南佐久郡	φ76, 126H	弘安2年(1279)	90	雲樹寺	島根県安来市	φ44, 75H	新羅時代(8世紀)
31	個人蔵	長野県佐久市	φ31	平安時代	91	光明寺	島根県益田市	φ51, 95H	新羅時代(9世紀)
32	永平寺	福井県吉田郡	φ74, 133H	嘉暦2年(1327年)	92	防府天満宮	山口県防府市	φ75, 128H	文應2年(1261年)
33	勝善寺	愛知県渥美郡	φ46, 98H	寛喜2年(1230年)	93	興隆寺	山口県山口市	φ112, 189H	享禄5年(1532年)
34	八社神社	愛知県知多市	φ63, 105H	寶治元年(1247年)	94	住吉神社	山口県下関市	φ79, 143H	新羅時代(10世紀)
35	大御堂寺	愛知県知多市	φ47, 86H	建長2年(1250年)	95	賀茂神社	山口県光市	φ43, 68H	高麗時代(11世紀)
36	三河国分寺	愛知県豊川市	φ82, 118H	平安時代	96	屋島寺	香川県高松市	φ64, 102H	貞應2年(1223年)
37	曼荼羅寺	愛知県江南市	φ31, 46H	二十一甲午年(1234年)	97	長勝寺	香川県小豆郡	φ48, 85H	建治元年(1275年)
38	徳勝寺	岐阜県大垣市	φ70, 122H	弘安3年(1280)	98	讃岐国分寺	香川県綾歌郡	φ90, 117H	平安時代
39	新宮神社	岐阜県郡上郡	φ47	観應3年(1352年)	99	石手寺	愛媛県松山市	φ60, 105H	建長3年(1251年)
40	真禅院	岐阜県不破郡	φ102, 165H	奈良時代	100	興隆寺	愛媛県周桑郡	φ68, 119H	弘安9年(1286年)
41	日吉神	滋賀県伊香郡	φ67, 118H	寛喜3年(1231年)	101	出石寺	愛媛県喜多郡	φ56, 89H	高麗時代(11世紀)
42	菅山寺社	滋賀県伊香郡	φ70, 124H	建治3年(1277年)	102	延光寺	高知市宿下市	φ23, 34H	延喜11年(911年)
43	蓮華寺	滋賀県坂田郡	φ71, 118H	弘安7年(1284年)	103	土佐国分寺	高知県南国市	φ47, 80H	平安時代
44	園城寺	滋賀県大津市	φ133, 197H	奈良時代	104	正念寺	高知県土佐市	φ18, 29H	平安時代
45	龍王寺	滋賀県蒲生郡	φ66, 118H	奈良時代	105	金剛頂寺	高知県室戸市	φ43, 65H	高麗時代(12世紀)
46	石山寺	滋賀県大津市	φ89, 151H	平安時代	106	承天寺	福岡県福岡市	φ44, 76H	清寧11年(1065年)
47	善徳寺	滋賀県蒲生郡	φ78, 149H	平安時代	107	円清寺	福岡県朝倉郡	φ50, 93H	清寧11年(11世紀)
48	西教寺	滋賀県大津市	φ74, 116H	平安時代	108	聖福寺	福岡県福岡市	φ61, 98H	清寧11年(11世紀)
49	園城寺	滋賀県大津市	φ50, 78H	太平12年(1032年)	109	志賀海神社	福岡県福岡市	φ31, 53H	清寧11年(13世紀)
50	西本願寺	京都府京都市	φ106, 144H	永萬元年前後(1165年)	110	宇佐神社	大分県宇佐市	φ47, 67H	天復4年(904年)
51	笠置寺	京都府相楽郡	φ66, 136H	建久7年(1196年)	111	中川神社	大分県竹田市	φ66, 81H	1612年
52	称名寺	京都府宇治市	φ64	承元4年(1210)	112	健福寺	佐賀県佐賀市	φ48, 82H	建久7年(1196年)
53	広隆寺	京都府京都市	φ31, 46H	建保5年(1217年)	113	恵日寺	佐賀県唐津市	φ52, 73H	太平6年(1026年)
54	清水寺	京都府京都市	φ124	文明10年(1478年)	114	多久頭魂神社	長崎県下県郡	φ61, 99H	康永3年(1344年)
55	方広寺	京都府京都市	φ227, 412H	慶長19年(1614年)	115	厳原測候所	長崎県下県郡	φ76, 140H	應仁3年(1469年)
56	東福寺	京都府京都市	φ100, 155H	奈良時代	116	首里城正殿	沖縄県那覇市	φ94	天順2年(1458年)
57	勝林寺	京都府京都市	φ76, 43H	平安時代	117	円覚寺殿前	沖縄県立博物館	φ71	弘治8年(1495年)
58	報恩寺	京都府京都市	φ81, 124H	平安時代	118	円覚寺殿中	沖縄県立博物館	φ49	弘治8年(1495年)
59	妙心寺春光院	京都府京都市	φ45, 61H	1577年	119	円覚寺楼閣	沖縄県立博物館	φ119	康熙36年(1697年)
60	長宝寺	大阪府大阪市	φ62, 115H	建久3年(1192年)	120	波上宮: 龍頭のみ	沖縄県	φ57, 82H	光宗7年(956年)

注) No.3, 4, 18, 27, 37, 49, 61, 82, 83, 84, 86, 87, 89, 90, 91, 94, 95, 101, 105, 106, 107, 108, 109, 110, 113, 120は朝鮮鐘；No.73は中国鐘；No.59, 111は洋鐘

によって指定されていた．1950年に文化財保護法ができ，それまでの国宝（旧国宝）は重要文化財と改められた．その後も，新たに選考して重要文化財の追加指定を受けている．重要文化財のうち，さらに製作が優れ，学術的価値が高いもの，かけがえがなく歴史上極めて意義が深いものを国宝（新国宝）に指定している．1983年現在，美術・工芸などについては9 224件が重要文化財，そのうち825件が国宝に指定されている[5)～7)]．

なお，国宝，重要文化財は海外でつくられたものを1割くらい含み，すべてが日本でつくられたものではない．

11.4 妙心寺の鐘

日本に現存する在銘の和鐘で一番古いのは，戊戌年（698年）の銘がある京都市の妙心寺の総高151 cm，口径86 cmの鐘である（図11.1）．戊戌年とは，文武天皇即位2年の年である．そして鐘には現在の福岡県糟屋郡の広国という名が鋳出し文字で記され，それは鋳物師または施主の名前と考えられている．鐘の内面は，通常無地であるが，この鐘には内面にも銘文が施されている[8)]．

この鐘は，口径に対して総高が高く，また胴が張り出していないため，すんなりとした形をしている．もう一つの特徴としては，撞座の位置がかなり高いところにある．さらに，この鐘は形が美しいだけではなく，その音色も「黄鐘調の鐘」として古来より知られている．この鐘は，もとは浄金剛院（廃寺）にあったもので，徒然草に「およそ鐘のこえは黄鐘調なるべし…浄金剛院の声また黄鐘調なり」と記されている．黄鐘調とは，雅楽十二律の黄鐘に合うところから名づけられたもので，鐘の音の理想とされている．

なお，この鐘はひびが入ったため撞かれることもなく，現在は狩野探幽作の『雲龍図』の天井画のある法堂に安置されている．この鐘は，雲龍図とともに妙心寺の見学コースに入っていて，鐘を正面から見ることができる．さらに，CDに録音された鐘の音色を名鐘を目の前にして聞く

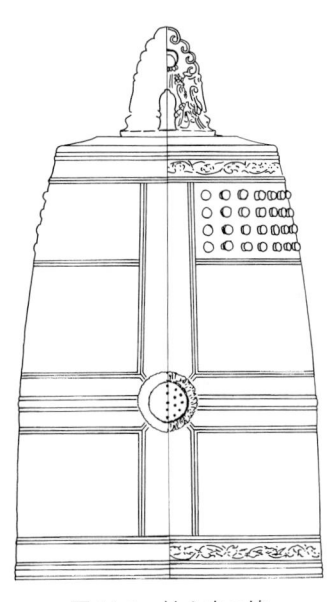

図 11.1　妙心寺の鐘　　　　　図 11.2　観世音寺の鐘

ことができるが，何か味気なさを感じる．鐘楼に懸けられている鐘は，昭和49年（1974年）に複製されたものである．

　福岡県太宰府市にある観世音寺(かんぜおんじ)の鐘は（図11.2），龍頭の形および上下帯の文様に違いが見られるものの，袈裟襷(けさだすき)の構成，乳や撞座の寸法・形状などは妙心寺の鐘と同一で，鐘身の形状も同じである[9]．したがって，鋳型をつくるときに使う木型は同じものを用いたといわれている．この鐘には銘がないが，妙心寺の鐘と相前後してつくられたものとみて間違いないようである．さらに，製作に関わった鋳物師も同じではないかと考えられている[9]．

　菅原道真公が大宰府に左遷されたときに詠んだ「不出門」の中で「一たび凋落して柴荊についてより，万死兢々踢躇(ばんしきょうきょうきょくせき)の情(とふろう)，都府樓わずかに瓦色をみる，観世音ただ鐘声をきく」の鐘声とは，観世音寺の鐘で道真公の不遇の晩年を慰めたといわれている．観世音寺は，菅原道真公を祀る大宰府天満宮からそれほど離れていないところに位置する．現在，この鐘は心ない人からの投石やいたずらを避けるために金網で覆われている．鐘は毎月18日の午後1時に撞かれているが，果たして昔日のように人々の心に響いているであろうか．

　昔は，重量物を運搬するのは困難を要した．江戸時代の様子を描いた江戸名所図會に鐘を大八車に載せて運搬している様子が描かれている[10]．妙心寺の鐘ぐらいのものが多くの人によって曳かれている．それでも，そう遠くには運べなかったと思われる．梵鐘に限らず重量がある鋳物は，製作したものを運搬するのではなく，現地に道具を運び，その場で製作が行われた．これを「出吹き(でぶき)」または「出職(でしょく)」という．当時の鋳物をつくる道具は比較的簡単なものが多く，金属を溶かす溶解炉にしても現代のような大掛かりなものではなく，「こしき炉」と呼ばれる3段に分割できる簡単な形状のものを用いて現地で組み立てて溶解を行った．どちらかといえば，鋳型をつくるのに適した鋳物砂が現地で調達できるかが重要であった．

　梵鐘をつくる鋳物砂は，外周は荒く，品物の周囲は粒径が非常に細かい粘土分を含んだ土を用いるが，遠方から運ぶのは大変な労力を要した．通常は，品物の出来映えに影響を及ぼす表面の細かな土を少量運び，その他は現地で調達された．ほかに大量に使用するものとして燃料の木炭も現地で調達された．運ぶものとしては，若干の道具類と銅などの金属材料であったが，金属材料も重量があるので，なるべく現地に近いところから調達された．妙心寺の鐘と観世音寺の鐘が「出吹き」によってつくられたとすれば，京都と福岡と遠く離れたそれぞれの鐘が同じ木型で，福岡の芦屋（博多）の鋳物師によってつくられたこともうなずける．

11.5 興福寺の鐘

　在銘鐘で2番目に古いとされているのは，興福寺の総高149 cm，口径91 cmで，神亀4年（727年）につくられた鐘である．この鐘は，口径に対して高さがあまりないため，重厚な感じを与える．この鐘が特異なのは，鐘の上部の笠形に人工的に開けられた穴が開いているということである[1]．それは，明治5年（1872年）頃，東大寺大仏殿の回廊に博物館をつくり奈良県の物産を展示したとき，この梵鐘の笠形に穴を開けて噴水の出口にしたためと記されている[1]．

　筆者は，その真偽を確かめたく，数々の国宝とともに安置されている興福寺国宝館へ足を運んだ．しかし，笠型の位置は高すぎて確認することはできなかった．もし事実であれば，いまではとても考えられないことである．

11.6 大聖院の鐘

　大聖院の鐘はつくづく辛い運命をたどる鐘である．この鐘は，銘文に治承元年酉丁二月日と刻まれていることから，平安時代末につくられた鐘とされている．しかし，治承元年は安元3年（1177年）8月4日に改元されたことから，治承元年2月はありえない．したがって，この銘文は偽りだとされ，一時期「偽銘鐘」の汚名をきせられていた．しかし，当時の改元法では安元3年をもって治承元年とするのが建前であることから，何ら問題はなく，さらに，その製作手法からみても平安時代末につくられた鐘に間違いないということになった[8]．しかし，下記のように時代を経た現在，またまた辛い思いをしている．

　大聖院は，1996年，世界文化遺産に登録された宮島にある．宮島といえば，海上にそそり立つ朱塗りの厳島神社の社殿が有名であるが，世界文化遺産としての厳島神社は，社殿と前面の海，背後の弥山原始林を含む431ha（1ha＝10 000 m^2）と広範囲にわたり，島全体がご神体である．厳島神社の背後にそびえる弥山（529m）は，人が足を踏み入れることがなく，多くの野生動物が暮らす照葉樹の森で，1万年前からその姿を変えてない．弥山とは，その山の容姿が仏教の宇宙説にある想像上の霊山，須弥山に似ていることから命名されたといわれている．大聖院は，神仏習合説に基づいて厳島神社に設けられた神宮寺で，その伽藍は弥山に点在している．

　大聖院の梵鐘は御成門手前にもあるが，これは昭和の時代につくられたもので，重要文化財の鐘は弥山山頂付近にある．ここへはハイキングコースも幾つか整備されていて1時間強をかけて歩いて行けるが，勾配はかなりきつい．しかし，山頂からは遠くは四国，九州の山並み，近くは瀬戸内海の島々や弥山の原始林や奇岩怪石の数々を眺めることができ，大自然を満喫できる．ロープウェイを使えば駅から20分位で行くことができるが，それでも，訪れる人は少ない．

　山頂付近には大聖院のお堂が幾つも点在し，鐘楼堂もその一つである．そこには，1177年につくられた重要文化財の口径68cmの鐘がある．しかし，そのあり様は鐘楼の屋根は崩れ落ち，鐘は落下寸前であった（図11.3）．鐘にはき裂が入っているうえ（図11.4），風雨にさらされ，傷みの激しさは著しかった．その姿は，鐘楼とともに朽ちるのを待つような哀れさで，端正な龍頭も（図11.5）

図11.3　大聖院の鐘楼と鐘（鐘楼の屋根は崩れ落ちている．2003年秋撮影）

図11.4　大聖院の鐘（鐘にはき裂が見られる．2003年秋撮影）

どこか悲しげに見えた．これまで幾つもの鐘を訪ね歩いたが，これほど厳しい状態にさらされた鐘を見たことがない．

山を下りると，厳島神社から桟橋にかけては観光客であふれ，人々の目は海に浮かぶ厳島神社の荘厳華麗な社殿に注がれていた．世界遺産に指定された地域に，しかも重要文化財の指定を受けた工芸品が風雨にさらされ，その傷みを増している姿とはあまりにも対照的であった．鐘楼の修理が1日も早く行われるか，鐘を降ろしてお堂の中に移されることを願うばかりである．

図11.5 大聖院の鐘の龍頭

11.7 広隆寺の鐘

京都市の広隆寺の鐘は，材質が銅合金ではなく，日本には数少ない鋳鉄製の鐘である．この鐘は，鎌倉時代の建保5年（1217年）に，秦末時が薬師仏に奉納したことが銘文に記されている．総高46 cm，口径31 cmと小さいものの，裾が広がり安定感がある．ほかに，鋳鉄製のものとしては，福寿寺（三重県志摩郡）に口径26 cmと，やはり小ぶりではあるが室町時代の鐘がある．銅製の鐘に比べてすこぶる小型なのは，鋳鉄の融点は高く，溶けた金属が鋳型内のすみずみまでいきわたる流れやすさ（流動性）に劣ることによると思われる．また，この鐘は乳郭を中心に大きなき裂が半周以上にわたって入っている．恐らく，鋳鉄が白銑化して硬く脆くなったために，鐘を撞いているうちにき裂が入ったものと推察できる．鋳鉄の鐘が少ないのは，白銑化して硬く脆いために，き裂が入りやすく，そのために普及しなかったと思われる．

広隆寺の鐘の銘文は，「陽起」と呼ばれる方法で記されている．これは，鐘ができた後，鐘に文字を書き，文字の周囲をタガネで彫り込み，文字が浮き出るようにその周囲を削り落としていく手法である．注意してみないと鋳出し文字と間違えてしまう．

11.8 龍王寺の鐘

龍王寺は，琵琶湖南東の雪野山の山麓にあり，観光客とはあまり縁がなさそうな静寂なたたずまいを見せている．この寺は，奈良時代，行基によって「雪野寺」として創建されたが，度重なる火災により消失し，その後，平安時代に再興された．そのときに，一条天皇から「龍寿鐘殿」の勅額を賜り，以来「龍王寺」と改められた．

寺とともに，この鐘は古くから多くの人に親しまれ，和泉式部，柿本人麻呂や藤原定家らの歌にまで詠まれている．いまでも，お寺は土地の人々と密接な関係を持っているようで，朝から地元の人の読経がお堂から響いていた．この静かな境内に，図11.6に見られるようなこじんまりとした鐘楼があり，中に口径 約66 cm，高さ 約118 cm，鐘銘はないものの奈良時代の鐘がある（図11.7）．龍頭が布で覆われているのは，この鐘が霊鐘として尊び崇められ，人目に触れるのを避けるためである．

11.8 龍王寺の鐘

図11.6 龍王寺の鐘楼

図11.7 龍王寺の鐘（龍頭は人目に触れるのを避けるために布で覆われている）

　図11.8は，この鐘を下から見たものであるが，底面の内側から約2cmの幅で円周状に厚さ約3mmの突起の段差がある．このような段差は，ほかにほとんど例を見ない．III部の図2.9の外型の造型からわかるように，鐘の底面は鋳型をつくるときは一番上の面となり，引き板の形状も突起がつくように製作しなければならない．すなわち，何かの意図があってこのような形状にしたと思われる．しかし，何のためにこの段差をつけたか，その後の鐘でなぜ踏襲されなくなったのかが疑問である．考えられるのは，一つは鐘を吊り下げたとき，下から見上げるように見ることを意識して意匠としてつけられたこと，また二つ目は移動するとき，この段差は小さいものの鐘の片側を傾ければ，反対側には約5cmのすき間ができ，そこに棒を入れることは可能であるということである．

図11.8 龍王寺の鐘（下から見上げる）

　撞座は，奈良時代の鐘に見られるようにその位置は高い．興味を引かれるのは，その撞座の文様である．約10cmの円の中に球形の文様が15個，それが2箇所あるのだが，図11.7に見られたように，大きさもまちまちなら，その配置も整然としていない．さらに，乳の間は，4区画には簡単な形状の乳が4段5列に20個あるが，これもまた無造作に配置されている．撞座や乳の形状がシンプルであるのは，奈良時代のほかの鐘にも見られるが，その配置がこれほど無秩序なのも気にかかる．鐘の形状はいたって簡素ではあるが，端正な形状をしていることから，製作者が手を抜いているとは思えない．しかし，鐘をじっと眺めていると，不揃いの撞座や乳の配置も不思議と収まりがよく思えてくる．きっちりしたものより，少し力の抜けたところがあった方が，かえって落ち着きを与えるのではない

かと思える．この鐘は重要文化財に指定されている．

11.9 円照寺の鐘

国宝でも重要文化財でもないが，特異な例として神奈川県横須賀市走水の円照寺に総高48cm，口径29cm，元徳2年（1330年）銘の海中より出現した鐘がある（図11.9）．この鐘は，竜宮城へ奉納のため海中に投下されたといういわれがある．鐘が海中や川底から出現した例は幾つもあり，鐘ノ岬（例えば，九州博多），鐘ケ淵（例えば，東京隅田川）などの地名が各地に残っている．しかし，この鐘は内部に経文を封じ込めて海中に沈めたものとして，わが国唯一の実例である．

この鐘は，文政5年（1822年）春に，走水の沖合いで漁師の網にかかった．鐘の口縁部は厚い檜の板で蓋がされ，鐘の内部には墨で書かれた2巻の法華経が納められていた．その奥書きには，元徳2年（1330年）8月の彼岸に竜宮城に献じたことが書かれている．鐘が海中より出現した由来は，安政4年（1857年）に記された『海中出現法華経並半鐘略縁起』などに詳しく書かれている[9),11)]．

図11.9　円照寺の鐘

坪井氏の文献[8)]に見られる写真には銘文がはっきりと見られたが，現在は，海に長い間沈んでいた影響で，腐食はさらに進行し，銘文の判読は難しい状態である．しかし，鐘全面は緑青で覆われているものの，古鐘の形態は兼ね備えている．普段は本堂の厨子に納められ，一般の人の目に触れることはない．経文も現在は傷みがひどいため，箱に収められている．紙に書かれた経文が海水中にありながらその形を失わなかったのは，鐘の中に入ってきた海水により鐘から溶け出した緑青と混ぜ合わさった中に浸っていたことと，さらに蓋があることにより，海水が入れ変わらなかったことによると考えられている[11)]．そして，その筆跡は，日蓮聖人，日郎上人により記されたと伝えられている．これらは，寺宝ご開帳として年に3回，1月1日，8月11日，11月1日に拝観できる．

竜宮城へ鐘を奉納したことだけを考えるとロマンを感じる．しかし，寺にとって貴重な鐘や経文を海に投じるということは，その当時，村全体に疫病のような大きな災いが発生し，その拡大を鎮めるために仏に念じ，これらを海に投じたと推察される．

11.10 ドラム缶の鐘

本節で紹介する鐘は，これまでの鋳物でできたものではなく，ドラム缶でつくられた鐘である．なぜ鋳物ではなくドラム缶で鐘をつくったかは，以下のような背景がある．

1995年1月17日未明に起きた「阪神・淡路大震災」（兵庫県南部地震）は，マグニチュード7.2と大型のもので，兵庫県を中心に死者6000人以上，負傷者40000人以上と大惨事をもたらした．家屋やビルは倒壊し，仮設住宅に住む人も多くあり，それも長期間にわたった．全国から様々な支援も寄せられたが，寒さに震える人にとって，日常生活における風呂の問題があった．そのとき，兵庫県芦屋市茶屋之町の西法寺では，境内にドラム缶を20個ほど置き，被災者のた

めの仮設の風呂を用意した．本堂は壁にひびが入ったものの，倒壊は免れたため，近くの人たちの避難所として，多いときは70人ほどが寝泊りをした[12]．

2003年9月に西法寺の本堂が再建された．そのとき，鐘楼に懸けられたのが新品のドラム缶でつくられた鐘であった（図11.10）．鐘には「阪神・淡路大震災追悼之鐘」と書かれ，震災で亡くなられた犠牲者のことをいつまでも忘れることがないようにとの思いが込められている．その鐘の音は，音色というには程遠いものであろう．しかし，そのときの状況を知る人にとっては，どんな名鐘の響きよりも心にしみ入ることと思われる．

図11.10 西方寺のドラム缶でつくられた鐘

西法寺の取材後，平成16年（2004年）10月23日にマグニチュード7の「新潟県中越地震」が再び日本列島を襲った．その年の暮れに，全村非難した山古志村の人たちが3箇所に分かれて暮らす町の一つにドラム缶の鐘が届けられた．これは，「除夜の鐘を撞きに，お寺に行けないだろうから」と京都のお寺から送られてきたものであった．村長は「必ず帰れるように，一から始める．来年は戦いの年だ」と決意を語った．このような悲しい鐘が鳴らされることがないように祈るばかりである．

11.11 関東大震災慰霊鐘

震災で亡くなられた方を慰霊する鐘としては，関東大震災の慰霊鐘がある．これは，東京都墨田区横綱町の横綱町公園の慰霊堂に懸けられている（図11.11）．関東大震災は，大正12年（1923年）9月1日午前11時58分に起きた．震源は相模トラフ沿いの断層で，マグニチュード7.9，関東地方南部では震度6と，京浜地帯は壊滅的な打撃を蒙った．死者は99 000人，行方不明者43 000人，負傷者100 000人を超えた．さらに，震災の混乱に際し，朝鮮人虐殺事件，亀戸事件，甘粕事件が発生して世間は混乱した[13]．

このような中，中華民国の仏教普済日災会は，慰問品のほか，慰霊鐘の鋳造と寄贈を決め，その準備が進められた．その年の9月30日に鐘は横浜に到着したが，大正14年（1925年）11月中旬まで仮安置台に置かれたままであった．昭和5年（1930年）9月に現在の慰霊堂が完成し，鐘はそこに懸けられた．鐘の完成から慰霊堂に懸けられるまでに長い年月を要したのは，社会状況や建設資金に様々な障害があったためである[14]．

この鐘は，図11.11に見られるようにベルのように裾広がりのある中国鐘で，総高169 cm，口径121 cm，重量1.56トンの鐘である．これまでに紹介した中国鐘と比べて，裾に切込みも

図11.11 関東大震災慰霊鐘（東京都墨田区横綱町公園）

なく，文様も異なる．鐘の外周面には慰霊のことが書かれ，かなり感じが異なる．龍頭の形状は単純化されている．その中央の形状は，図11.12に見られるように，どこか不自然で，宝珠か何かがあったのが破損して欠落しているように思える．龍頭の下に，これまで紹介した中国鐘のように，穴があいているかどうかは確認できなかった．

　公園内には慰霊堂や復興記念館もあり，館内には遭難者の遺品，被災品および絵画や写真などの資料が展示され，当時の様子を知ることができる．

図11.12　関東大震災慰霊鐘の龍頭

11.12　おわりに

　鐘は，本来は鐘楼にかけられ，そして撞木で撞かれて音を発するものである．国宝・重要文化財の指定を受けた鐘の多くは，長い年月を経てき裂が入ったりして傷みもひどくなり，博物館，国宝館，本堂などの建物の中に保管されている．博物館，国宝館などでは常設展示とは限らないため，常に見ることもできないものもある．また，2階建ての鐘楼では，現役であってもその姿を見ることはできない．しかし，中には現在も鐘楼で時を知らせたり，大晦日に除夜の鐘として撞かれるものもある．

　最後に紹介したドラム缶の鐘のように，鐘はその時代の人々の思いとともにつくられる．また，それをつくった鋳物師たちも，その人たちの思いを込めて鐘づくりに励んだと思われる．それだからか，鐘の音は『平家物語』の冒頭に「祇園精舎の鐘の声，諸行無常の響きあり」とあるように，古くから悲哀に満ちたイメージがあるように思える．

参考文献

1) 坪井良平：新訂梵鐘と古文化，蔦友印刷株式会社 (1993)．
2) 下中邦彦：書道全集第9巻，平凡社 (1974)．
3) 眞鍋孝志：梵鐘遍歴，ビジネス教育出版社 (2002)．
4) 毎日新聞社「重要文化財」委員会事務局 編：重要文化財24 工芸品Ⅰ，毎日新聞社 (1976)．
5) 下中直也編：世界大百科事典10，平凡社 (1988)．
6) 渡邊靜夫編：日本大百科全書9，小学館 (1994)．
7) 渡邊靜夫編：日本大百科全書11，小学館 (1994)．
8) 坪井良平：梵鐘，学生社 (1976)．
9) 河野良治郎：総合鋳物，'76.5 (1976) p.19．
10) 斎藤幸雄：江戸名所図會 (復刻版) 1，親典社 (1979)．
11) 赤星直忠：中世考古学の研究，有燐堂 (1980)．
12) 朝日新聞社：2003年12月28日朝刊
13) 新村　出編：広辞苑 第5版，岩波 (2002)．
14) 石田　肇：史跡と美術，634号 (1993) p.136．

索　引

ア　行

合印 …………………………………… 36, 40
赤坂田町成満寺の時の鐘 ……………… 189
浅草寺の時の鐘 ………………………… 186
芦屋釜 …………………………………… 25
荒らし …………………………………… 39
荒仕上げ ………………………………… 14
鋳掛け …… 24, 54, 69, 70, 72, 73, 75, 153
鋳掛け師 …………………………… 70, 72
いからくり ………………………… 48, 54, 55
鋳掛け …………………………………… 48
鋳ぐるみ ………………………………… 75
池上本門寺の時の鐘 …………………… 190
池の間 …………………………………… 90
鋳込み …………………………………… 41
鋳込み作業 ……………………………… 66
石火矢 …………………………………… 10
居職 ……………………………………… 72
市ヶ谷月桂寺の時の鐘 ………………… 190
市谷八幡の時の鐘 ……………………… 188
一子相伝 …………………………… 15, 23
鋳物 …………………………… 61, 87, 91
鋳物師 …………………… 70, 83, 84, 88, 89,
　　　　　　　　　　 130, 138, 141, 142
慰霊鐘 …………………………………… 223
いろは組 ………………………………… 195
イワン大帝の鐘 ………………………… 133
インベストメント法 …………………… 181
上野の時の鐘 …………………………… 186
宇佐神宮の鐘 …………………………… 161
打ち肌 …………………………………… 27
ウブ底 …………………………………… 28
うま ………………………………… 33, 92
漆 …………………………………… 28, 42
雲樹寺 …………………………………… 183
雲樹寺の鐘 ……………………………… 159
栄山寺の鐘 ……………………………… 127
越前大仏 ………………………………… 57
Fe–Si …………………………………… 116
Fe–Mn ………………………………… 116
エミレの鐘 ………………………… 135, 156
円覚寺の鐘 ………………………… 139, 141
円照寺の鐘 ……………………………… 222
老子製作所 ……………………………… 98
黄鐘調 …………………………………… 217
近江八景 ………………………………… 124
大粗引き ………………………………… 34

覆垂釜 …………………………………… 28
大井町駅のカリヨン …………………… 211
大倉集古館の鐘 ………………………… 149
大阪四天王寺の鐘 ……………………… 136
押湯 ………………………… 66, 100, 101, 103
小田部鋳造 ……………………………… 93
尾垂釜 …………………………………… 28
尾上神社の鐘 …………………………… 168
おはぐろ ………………………………… 42
折り返し三枚 …………………………… 17
折り返し鍛錬 ……………… 6, 14, 16, 20
御し鉄 …………………………………… 13
御鋳物師 …………………………… 70, 71
音管 ……………………………………… 135
園城寺 ……………………………… 121, 124
園城寺の鐘 ……………………………… 166

カ　行

掻き板 ……………………… 91, 94, 106, 107
鶴満寺の鐘 ………………………… 166, 169
掛木 ………………………………… 102, 108
掛け堰 ……………………………… 66, 100
笠形 ………………………………… 90, 101
鍛冶 ……………………………………… 83
鍛冶研ぎ ………………………………… 15
下帯 ……………………………………… 90
型被せ …………………………………… 40
刀 ………………………………………… 21
刀鍛冶 …………………………………… 11
型ばらし …………………………… 61, 67
型持ち ……………………………… 40, 63, 207
金漆 ………………………………… 29, 42
刀鍛冶 …………………………………… 13
鐘 …………………………………… 90, 99
鐘の起源 ………………………………… 144
金屋子神 ………………………………… 9
釜鐶 ………………………………… 37, 30
鎌倉の三名鐘 ……………………… 138, 139
鎌倉の大仏 ………………… 50, 52, 57, 113, 141
カリヨン ………………………………… 208
川越の時の鐘 …………………………… 190
皮鉄 …………………………………… 14, 17
寛永の三筆 ……………………………… 124
韓国鐘 ……………………………… 144, 155
韓国・中国の「時の鐘」 ……………… 191
韓国の梵鐘 ……………………………… 173
喚鐘 ……………………………… 194, 199
間接法 …………………………………… 2

観世音寺の鐘	218
鐶付	30, 37
関東学院大学教会のカリヨン	210
関東大震災	223
鉄穴流し	8
観音院の鐘	166
ガス溶接	76, 77, 78, 79, 81
ガス溶接補修	80
機械送風	109
木型方案	62
北山別院の鐘	150
キュポラ	114, 115
木呂管	3
金石文	215
凝固収縮	35, 29, 41, 59, 66, 108
凝固収縮分	100
草の間	90
口造り	26
国立音楽大学講堂中庭のカリヨン	210
組鐘	208
袈裟襷	90, 146
削り型	26
削り中子	92, 93
削り中子法	122
毛引き	34, 35
けら	2, 4, 5, 8
鏨押法	29
けら出し	1
ケレン	40, 63
建長寺の鐘	139, 140
コークス	109
洪鐘	142
鋼屑	116
交通会館のカリヨン	212
興福寺の鐘	218
甲伏	17
光明寺	183
光明寺の鐘	160
高麗時代	155
高麗時代の鐘	164
広隆寺の鐘	220
高炉	1, 2, 9, 11, 20, 29, 40
故宮博物館黄金の編鐘	204
石町の時の鐘	185
国宝	217
こしき	40, 46, 48, 71
こしき炉	29, 105, 108, 111, 113, 114, 115, 146, 218
古鐘	138
古鐘博物館	154
国家安康	129
古天命	26
小鉇	22
駒の爪	91, 96
小廻	3
小割り	13
金剛峯寺 大塔の鐘	131
金剛峯寺の鐘	132
五徳	27

サ 行

サグラダ・ファミリア教会	209
差しふいご	10
サラン紐	64, 66
三条釜座	25, 27
三絶の鐘	125
三大火事	195
三大鐘	129
三哲の鐘	125
志賀海神社の鐘	169
品川寿昌寺の時の鐘	189
支那鐘	90, 144
縞	20
篠崎駅のカリヨン	212
芝切通の時の鐘	187
撞木	91, 95
星谷寺の鐘	140
照蓮寺の鐘	165
鐘楼	110, 184
昭和女子大学人見記念講堂の編鐘	205
書道博物館の鐘	146
シリコンゴム	38
真形	25, 33
新羅時代	155
慈光寺の鐘	141
地紋板	158
地紋付け	38, 39
十文字鍛錬	16
重要文化財	215
序	128
上院寺の鐘	182
常宮神社の鐘	160
上古刀	20
上帯	90
浄金剛院	217
承天寺の鐘	167
定火消し	195, 196
常楽寺の鐘	139
縦帯	90
磁力選鉱機	8
神護寺	121
神護寺の鐘	125

神代植物公園のカリヨン	210	鍛接	17
水蒸気爆発	2	短刀	21
スイングベル	208	鍛錬	13, 14, 16, 20
巣鴨子育稲荷の時の鐘	189	大塔の鐘	132
透木釜	27	大仏鐘	121
すくわれ	123	大名火消し	195
鈴	130	打鐘信号	197
鈴木鋳工所	91, 86	脱炭	15
鈴木文吾	86	知恩院の鐘	129, 131
捨型	58	地下構造	2
素延べ	14	近火信号	197
炭炊	3	乳	90, 91, 99, 107
住吉神社の鐘	161	乳の間	90, 91
銑押法	29	茶の湯釜	24, 25, 32
聖火台	86, 89	チューブラー・ベル	212
聖鐘社	173	紐	90
西大寺	166	中粗引き	34
青銅鋳物	73	中国鐘	90, 144, 146
西法寺	222	鋳造	61
堰	65, 66	鋳造方案	62
世尊寺	132	中帯	90
石灰石	116	鋳鉄の溶接	77
セメンタイト	71	朝鮮鐘	90, 122, 144, 155
セン	41	長徳寺の鐘	147
銑鉄	116	直接法	2
惣型	33, 35, 91, 98, 144, 173, 174, 183	陳太建鐘	146
曽侯乙墓の編鐘	203	撞座	91, 94, 99
相州正宗	23	造り込み	14, 17
塑像	46	積み沸かし	13, 14
反り	20	釣釜	27
聖徳大王神鐘	135, 156	鶴岡八幡宮の鐘	171
象嵌	48, 54	剣	21
塑像	50	低温還元	6
増福院の鐘	150	定時法	184, 191
蔵鷺庵の鐘	151	てこ棒	13

タ 行

大願寺の鐘	170	天工開物	123, 144, 181
大黒寺の鐘	147	天水鉢	87, 88, 92
大鐘寺永楽大鐘	133, 134	天王公園のカリヨン	211
大鐘寺古鐘博物館	157	天秤ふいご	8, 10
大聖院の鐘	219	天明釜	25
太平寺の鐘	152	天倫寺	183
高殿式	2	転炉	73, 75
高野四郎	132	出職	72, 218
高野二郎	132	出吹き	111, 114, 218
タガ	108, 111	出羽四郎	142
たたら	1, 6, 7, 8, 11, 24, 40	出羽神社の鐘	131, 142
太刀	21	殿中差し	21
玉鋼	1, 6, 8, 11, 13, 15, 19	刀匠	17
炭酸ガス型法	59	東大寺	121
		東大寺の大鐘	121
		東大寺の鐘	129, 131

道中差し……………………………………21
塗型材………………………………………63
時の鐘…………………………………184, 192
鍍金……………………………………49, 55, 60
鍍金鐘………………………………………170
都庁前中央公園のカリヨン………………211
取鍋…………………………………………66
鳥目…………………………………………33
鳥目付け……………………………………34
銅刻漏………………………………………192
銅鐸…………………………………………205
ドラム缶の鐘………………………………222

ナ 行

茎……………………………………………15
中子切り…………………………………36, 41
中子削り……………………………………35
中目黒祐天寺の時の鐘……………………189
奈良太朗……………………………………131
奈良の大仏………45, 50, 51, 52, 57, 113
南都の太朗…………………………………131
鉇……………………………………………22
鉇出来………………………………………23
煮え鳴り…………………………………29, 42
匂……………………………………………22
肉張り……………………………………35, 36
CO_2 プロセス………………………………59
西久保八幡の時の鐘………………………189
西澤梵鐘鋳造所……………………………105
日光東照宮宝物館の編鐘…………………205
日刀保たたら…………………………1, 7, 9
日本三奇鐘…………………………………140
日本刀………1, 5, 6, 8, 13, 19, 20, 21, 24
ねずみ鋳鉄………………………71, 73, 77
根津美術館の鐘……………………………151
粘土板………………………………………35
ノロ……………………………………3, 4, 8

ハ 行

廃世尊寺の鐘…………………………131, 132
破壊消防……………………………………195
白銑…………………………………………116
白銑化……………………………………29, 77, 116
白鋳鉄………………………………………71
箱ふいご…………………………………10, 72
弾き肌………………………………………39
はじろ……………………………………33, 34
旗挿し………………………………………156
肌打ち………………………………………39
八角燈籠……………………………………84
初湯…………………………………………117

刃紋……………………………………22, 14, 18
阪神・淡路大震災…………………………222
半鐘……………………………………90, 194, 197
ハンドベル…………………………………213
半溶融状態…………………………………9
番子………………………………………8, 10
引き板……………………………………33, 34
引き型……………26, 32, 33, 38, 87, 91, 92,
                  95, 122, 146, 173, 174
比重選鉱……………………………………8
ヒッタイト…………………………………1
火造り………………………………………14
火縄銃………………………………………11
火の見櫓……………………………190, 194, 195
火吹き竹……………………………………72
被覆アーク溶接………………………77, 79, 81
表面仕上げ…………………………………42
平等院………………………………………121
平等院の鐘…………………………………125
ふいご…………………………………16, 48, 72
風鐸…………………………………………130
深川永大嶋八幡宮の時の鐘………………190
不定時法…………………………………184, 191
不定時法時計………………………………191
不動院の鐘…………………………………169
踏み返し……………………………………83
踏みふいご………………………3, 9, 10, 91
フラン砂……………………………………64
風炉…………………………………………27
平和の鐘……………………………………96
ヘソ押し…………………………………38, 41
編鐘…………………………………………202
ベンガラ……………………………………43
弁慶の引き摺り鐘…………………………124
北京鐘楼永楽大鐘………………………133, 192
方広寺の鐘…………………………………129
包丁鉄………………………………………15
奉徳寺の鐘………………………………135, 156
火床…………………………………………15
ホド穴………………………………………4
蒲牟…………………………………………90
本所横川町の時の鐘………………………187
望楼…………………………………………196
梵鐘………90, 91, 92, 94, 98, 106, 109, 194
梵鐘の起源…………………………………146

マ 行

町火消し……………………………………195
真継家………………………………………84
真土…………………………………………33
守り刀……………………………………20, 21

マルテンサイト……………………14, 22	湯流れ………………………………34, 37
曼陀羅寺の鐘…………………………170	甬……………………………135, 156, 177
三井……………………………………125	溶剤……………………………………77
三井寺…………………………………124	溶接補修……………………68, 76, 77, 79, 81
三井の晩鐘……………………………124	溶接棒…………………………………77
見切り…………………………………36	吉野三郎………………………………133
ミグ溶接………………………………59	寄せ中子……………………………63, 99
水時計…………………………………192	四谷天龍寺の時の鐘…………………187
水減し…………………………………13	
脈状絞られ……………………………136	ラ 行
妙心寺…………………………………146	螺髪…………………………………49, 55
妙心寺の鐘………………………143, 217	李朝時代…………………………155, 172
ムラクモノツルギ……………………6	立正大学博物館の鐘……………148, 150
村下…………………………2, 3, 4, 9	リトルワールドの鐘…………………150
銘…………………………………15, 128	龍王寺の鐘……………………………220
銘文…………………………99, 103, 107	龍頭……………………………90, 99, 103
目釘穴……………………………15, 21	立礼式…………………………………28
目白新福寺の時の鐘…………………190	るつぼ炉……………29, 40, 101, 115, 179
目白不動の時の鐘……………………188	炉………………………………………27
もののけ姫……………………………7	蝋型………………………………84, 181
	蝋型鋳物………………………………153
ヤ 行	蝋型法……………………38, 43, 181, 122
焼入れ…………………14, 17, 20, 22, 23	
焼型……………………………………86	ワ 行
焼締め…………………………………42	沸かす…………………………………14
焼なまし……………………72, 78, 79, 80	脇差……………………………………21
焼抜き…………………………………42	枠火の見………………………………196
焼刃土……………………………14, 17, 22	和鐘……………………………90, 144
八岐大蛇……………………………1, 6	和銑…………………………………29, 40
有機自硬性鋳型…………………173, 174	和鉄…………………………………7, 20
湯汲み…………………………………70	和鋼……………………………………29
湯口…………………………65, 100, 101, 103	和時計…………………………………191
湯口系………………………………65, 66	鰐口……………………………………142
湯境い…………………………………153	侘茶………………………………24, 25, 27

あとがき

　本文は，取材をもとに文献や書物で調べたことをわかりやすく書くことに心がけた．取材では，下調べをして現地に赴き，現物を見ながらお話を伺うが，当然知らないことやわからないことがたくさん見つかる．その疑問を解消するために，再度文献や書物で調べることになるのだが，そのときはわかったような気がする．しかし，文章に起こしてみると，わかったつもりでいたものが表現できず，再び調べるといった繰返しである．それで，納得がいって書くのだが，編集の方に見ていただくと，数多くの指摘を受ける．いざ活字になって読んで見ると，またまた不備が見つかる．そんなことの繰り返しで本文を書き，出版社の好意でこの本が世に出る機会を与えられた．そして，読者の方に手にしていただいたことに厚く感謝する．記述内容に関し，異論や疑問に感じたりしたことがあったかと思うが，著者の意図を汲んで頂ければ幸いである．

　本文を書き終え，現地で多くの方々のお話を伺ったり，本文との関わり合いで多くの名所旧跡を訪ねるきっかけにもなり，様々なことを知る喜びを得た．また，伝統の技術を伝承する人，そして後世に残るモノづくりをする人，その人たちからは仕事に対する厳しさと同時に，情熱と誇りを強く感じた．しかし，技術の伝承は非常に難しいと思った．それは，一通りの技術を習得するまでに長期間を要することや仕事に見合うだけの収入の確保ができているかどうかである．その結果，後継者問題がつきまとってくる．現在は，個人が後世に残るモノづくりという使命感や生きがいを感じている人たちによって支えられている．

　個人が切磋琢磨している一子相伝のような社会では，その技を公開するなどもってのほかで，現代の情報化社会においては孤独である．それに対し，(社)日本鉄鋼協会，(社)日本金属学会が協賛し，伝統技術を伝承する人，研究機関，大学，小・中・高等学校の関係者，そして市民グループと幅広い層が参加して活動している「たたらサミット」という組織がある．ここでは『たたら』に関連した様々な匠の技や研究および活動内容が講演され，そして，ざっくばらんな雰囲気で，それぞれがさらなる飛躍を目指して，情報や意見の交換が行われている．「たたらサミット」における匠の講演を聞いていると，昔なら秘伝といわれるようなことまでが発表や討議されている．講演をする匠にとってそれぞれが持つ匠の技は，話を聞いたからすぐにまねできるものではないという力強い自負が感じられる．このような講演や日本伝統工芸展のような場は，それぞれの社会に対し，多くの人の関心を抱かせる場であると同時に，それぞれの匠が尊厳を受ける場でもあり大切にしたい．

　文章の校正を通しては，文書の書き方，時代考証の再確認などこれまで経験しなかったことを体験できた．物事を知る楽しみを教えてくれた多くの方々にお礼申し上げる．

　最後に，取材をさせていただいた多くの関係者ならびに文中に引用させていただいた参考文献，図書，資料，パンフレットの著者に深く感謝する．また，本書出版に際して，文章の校正にご指導を賜った(株)養賢堂三浦信幸様と編集実務を担当していただいた照内洋子様に深謝する．

著　者

―― 著者略歴 ――

塚原 茂男 (つかはらしげお)

1952年　横須賀市に生まれる
1976年　横浜国立大学 金属工学科卒業
1976年　株式会社電業社 機械製作所入社
1976年　早稲田大学 鋳物研究所 委託研究員
1977年　株式会社電業社 機械製作所勤務
1992年　関東学院大学 工学部技師 博士（工学）

著書「鋳鉄の熱処理と力学的性質」共著，アグネ技術センター（2004年）

JCLS 〈㈱日本著作出版権管理システム委託出版物〉

2007　　2007年7月31日　第1版発行

―今昔:鉄と鋳物―

著者との申し合せにより検印省略

©著作権所有

定価 3780円
（本体 3600円）
（税 5%）

著作者	塚原 茂男
発行者	株式会社 養賢堂　代表者 及川 清
印刷者	新日本印刷株式会社　責任者 望月節男

発行所　〒113-0033 東京都文京区本郷5丁目30番15号
株式会社 養賢堂
TEL 東京 (03) 3814-0911　振替00120-7-25700
FAX 東京 (03) 3812-2615
URL http://www.yokendo.com/

ISBN978-4-8425-0423-0　C1040

PRINTED IN JAPAN　　製本所　株式会社三水舎

本書の無断複写は、著作権法上での例外を除き、禁じられています。
本書は、㈱日本著作出版権管理システム (JCLS) への委託出版物です。
本書を複写される場合は、そのつど㈱日本著作出版権管理システム
（電話03-3817-5670、FAX 03-3815-8199）の許諾を得てください。